定期テスト対策 高校入試対策の基礎固めまで

中1数学

が面

河合塾講

横関 俊

数学は，苦手な人の多い教科です。

私は長く色々な生徒に数学を教えていますが，苦手な原因は共通しています。それは，ひと言でいえば「教わったことに納得ができていない」ということです。だから，「なんとなくわからない」「面白くない」と感じてしまうのです。

もし苦手意識を持たずに，むしろ楽しみながら数学を勉強し，点数も伸ばせるのであれば，これ以上によいことはないでしょう。それを実現するために，みなさんが数学を勉強する際，どの単元でも必ず踏んでほしい3つのステップがあります。

それは，①納得と理解⇒②正確な基礎固め⇒③演習です。それぞれ，どういうことなのかを簡単に説明していきます。

1．納得と理解が数学の出発点である

「なるほど，そういうことなのか」という，納得と理解こそが数学の出発点です。

この段階を飛ばしてしまうことこそが，数学の点数が伸び悩んだり，苦手意識を持ったりしてしまう原因であることが多いのです。

しかし，数学を自学自習しようとするとき，この段階をきちんと踏むというのは，1人では負担の大きい部分でもあるでしょう。理解できないストレスや，早く正解にたどりつきたいという焦りなどもあり，解き方を覚えて点数を上げることを重視してしまいがちです。

本書では，そんなストレスを解消すべく，1人で学習しても「数学なんて嫌だ」と投げ出したくならないよう，何より「納得できる説明」や「なぜそうなるのか」がわかる解説にこだわりました。

2．正確に知識を身につけることが伸びる基盤となる

次に必要とされるのが，「納得したことを自分の頭で理解し，それを正確に覚えてしまう」ことです。

数学は暗記科目ではありません。しかし，土台となる知識は正確に覚えておかないといけません。

こういう性質があるんだった，こんな決まりがあるんだったという「数学の決まりごと」については，正確に自分のものにしていってください。

より高く飛ぼうとするとき，土台がしっかりしているにこしたことはありません。基盤をきちんと固めることで，点数の伸びにもつながります。

3．演習を重ね，自力で解けるようにすることで得点力が上がる

最後に，数学の力を伸ばすのに欠かせないのが演習です。わかったことや，身につけた知識を使っていろいろな問題にあたり，自力で解けるようにしていってください。これが不足すると，わかってはいるのに得点が伸びないという，最も残念なことが起こってしまいます。

しっかり演習し，わかったという段階から，自分の力で正解にたどりつけるという段階に上がるための訓練をしていってください。

ここまでできれば，決して数学は難しい教科ではなく，楽しい教科になってくるでしょう。必ず面白いように解けるようになり，数学が得意になってくるはずです。

• 解説は，自学自習できるよう，授業の実況中継を盛り込みました。

式や解き方しか書いていない本で勉強するのは，その意味をすべて自分の力で解釈する力を要します。そこで，本書では，私が長年授業を通じて生徒に説明してきたことがらをできるだけ再現し，理解しやすいようにしました。そして，生徒たちが疑問に思うことやつまずくこと，誤解しやすい点を，生徒とのやり取りを交えて解説するよう心がけました。

ぜひ自分のペースで読み込んでいってください。きっと納得や理解がしやすいと思います。

読者のみなさんが本書にじっくり取り組んでくだされば，きっと数学の学力が飛躍することと確信しています。

そして，本書を通じて一人でも多くの生徒さんが数学を得意になり，数学という教科を面白いと思ってくれること，さらには好きになってくれることを願ってやみません。

横関俊材（よこぜきとしき）

中１数学が面白いほどわかる本

もくじ

第3章　方程式

第4章　比例と反比例

第5章 平面図形

第6章 空間図形

第7章 データの整理と確率

本書の使い方

イントロダクション：テーマごとの、学習項目と学習のねらいが書かれています。

例題：それぞれのテーマにおける典型問題を取り上げて解説してあります。決して読み飛ばすことなく、じっくり納得・理解できるまで読み込んでください。

確認問題：例題で理解できた内容を使って、自力で解けるレベルに引き上げるための問題です。実際に解いて、解き方を身に付けることができます。したがって、例題の解説を理解しただけで満足せず、確認問題に取り組んでください。

トレーニング：そのテーマにおける、解ける力を伸ばすために必要な演習問題です。数多く問題演習を重ね、定着していってください。

定期テスト対策：単元ごとに、定期テストを想定した対策問題です。
　A レベルは、基本問題が中心です。まずはこの問題を確実に解けるようにしてください。
　B レベルは、標準・発展問題が中心です。定期テストで高得点をねらうため、この問題にも取り組んでください。
　この定期テスト対策問題では、その単元で重要なテーマを中心に練習できるようになっています。

なお、確認問題・トレーニング・定期テスト対策の解答・解説は巻末に掲載してあります。

第1章 正の数・負の数

テーマ1 素数・素因数分解

イントロダクション

- 素数 ➡ 素数とは何か
- 素因数分解 ➡ 素因数分解のしかたと意味を知る
- 素因数分解の利用 ➡ 素因数分解を用いて約数を求める

素　数

1以上の整数のことを**自然数**（しぜんすう）といいます。つまり，1，2，3，4，…です。そして，自然数の中で，1とその数自身しか約数をもたない数のことを**素数**（そすう）といいます。

たとえば，5は，約数が1と5だけなので，素数です。

一方6は，約数が1と6のほかに2や3もあるので，素数ではありません。このちがい，わかりましたか？

例題 1

1けたの素数をすべて求めなさい。

1とその数以外に約数をもたない自然数を小さい順に求めましょう。

2, 3, 5, 7 答

というわけで，1，4，6，8，9は素数ではありません。

1は素数ではないんですか？

約数が1とその数自身の2個である自然数が素数なんです。ところが，1には約数が1だけで，1個しかありませんね。

したがって，**1は素数ではありません**。覚えておいてください。

素数を小さい方から並べてみると，

2，3，5，7，11，13，17，19，23，29，31，37，…となります。

確認問題 1

次の数のうち，素数を選びなさい。

㋐ 51，㋑ 47，㋒ 0，㋓ 13，㋔ 91

素因数分解

自然数を，**素数だけの積**(かけ算)の形で表すことを**素因数分解**といいます。

たとえば，6は2×3と表せますね。したがって，6＝2×3です。

素数↗ ↖素数　　　　　　素因数分解（2×3）

さらに例を出すと，18は2×3×3と表せますね。

そして，同じ数どうしの積は3×3＝3^2と表し，「3の2乗(じょう)」と読みます。このような表し方のことを**累乗(るいじょう)**といいます。

したがって，18を素因数分解すると，18＝2×3^2となります。

大きい数の素因数分解って，むずかしそう……。

いい方法があります。90を素因数分解してみましょう。

右のように，素数でどんどんわっていくんです。

2でわって45，45を3でわって15，15を3でわって5。

最後が素数になったら終わりです。

外側にある素数の積の形にして，90＝2×3^2×5となります。

```
2 ) 90   ÷2
3 ) 45   ÷3
3 ) 15   ÷3
    ⑤  素数
```

例題 2

次の数を素因数分解しなさい。

(1) 72　(2) 120　(3) 98

(1)
```
2 ) 72
2 ) 36
2 ) 18
3 )  9
     3
```
72＝2^3×3^2 答

(2)
```
2 ) 120
2 )  60
2 )  30
3 )  15
      5
```
120＝2^3×3×5 答

(3)
```
2 ) 98
7 ) 49
     7
```
98＝2×7^2 

わるときの順番に，決まりはあるんですか？

いいえ，どんな順番でわっても大丈夫ですよ。

たとえば，90を右のようにわっていっても，素因数分解は$90=2\times3^2\times5$となりますね。

$$\begin{array}{r|l} 3 & 90 \\ 3 & 30 \\ 2 & 10 \\ & 5 \end{array}$$

ただし，答の書き方は，小さい素数から順に並べます。

では，もう少し練習してみましょう。

確認問題 2

次の数を素因数分解しなさい。

(1)　54　　(2)　126　　(3)　180

素因数分解の利用

例題 3

素因数分解を用いて，105の約数を求めなさい。

105を素因数分解します。右のようになるので，$105=3\times5\times7$となります。

$$\begin{array}{r|l} 3 & 105 \\ 5 & 35 \\ & 7 \end{array}$$

したがって，105の約数は，素数の組み合わせを考えて，

1，3，5，7，15，21，35，105 答　と求まります。

15 (3×5)　21 (3×7)　35 (5×7)　105 (3×5×7)

かけられた素数の組み合わせで，約数が求まるんですね！

はい，そのとおりです。

1はすべての自然数の約数なので，書き忘れないよう，注意してください。

確認問題 3

素因数分解を用いて，63の約数を求めなさい。

ある自然数を2乗した数のことを**平方数**といいます。たとえば，$6^2=36$なので，36は平方数です。1，4，9，16，25，36，49，64，…などです。

(平方数)
ある自然数を2乗した数

ここまでわかりますか？

次に，ある整数が平方数かどうかを判断することを考えてみます。たとえば16や100は平方数ですね。

これらを素因数分解してみてください。もう慣れてますね。$16=2^4$，$100=2^2\times5^2$となります。どんな特徴がありますか？

素因数分解したとき偶数乗になっているんでしょうか？

よく気づきましたね。その通りです。

(平方数)
素因数分解したとき，すべてが偶数乗

$$16=2^4 \\ =2\times2\times2\times2 \\ =(2\times2)^2 \\ =4^2$$

$$100=2^2\times5^2 \\ =2\times2\times5\times5 \\ =(2\times5)^2 \\ =10^2$$

このように直せるからです。

この性質を用いた問題にチャレンジしてみましょう。

例題 4

360にできるだけ小さい自然数をかけて，ある自然数の2乗にしたい。どんな数をかければよいか。

ひとまず360を素因数分解してみます。

右のようになって，$360=2^3\times3^2\times5$となります。

3だけが偶数乗で，他はちがいますね。

そこで，2と5をかけてみます。

すると，$(2^3\times3^2\times5)\times2\times5$
$=2^4\times3^2\times5^2$

これで平方数になりました。

したがって，かける数は$2\times5=10$ 答

考え方がわかれば簡単ですね。

```
2 ) 360
2 ) 180
2 )  90
3 )  45
3 )  15
      5
```

(平方数の作り方)
偶数乗になっていない素数をかけて，すべてを偶数乗にかえる。

確認問題 4

56にできるだけ小さい自然数をかけて，ある自然数の2乗にしたい。どんな数をかければよいか。

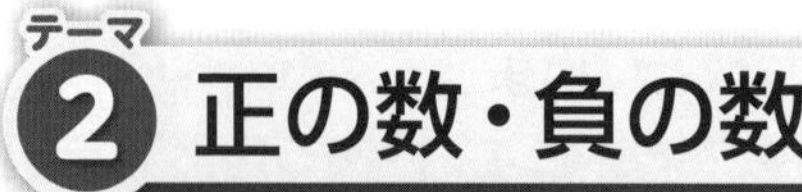

テーマ 2 正の数・負の数

イントロダクション

- ◆ 正の数と負の数 ➡ 数の範囲を，0 より小さい数まで広げて考えよう
- ◆ 反対の性質をもつ数量 ➡ 正の数・負の数を用いて表す
- ◆ 数直線と絶対値 ➡ 数の大小関係を理解する

正の数と負の数とは

0より大きい数を**正の数**といいます。そして，正の数には**正の符号**[＋]（プラス）をつけて表します。

たとえば，$+5$，$+2.7$，$+\frac{2}{3}$ のように表します。

そして，正の符号は省略することができます。つまり書かなくてもよいのです。

0より小さい数を**負の数**といいます。そして負の数には**負の符号**[－]（マイナス）をつけて表します。

たとえば，-3，-1.4，$-\frac{1}{5}$ のように表します。

ただし負の数は，負の符号を省略することはできません。これも省略してしまうと，正の数なのか負の数なのかわからなくなってしまいますからね。

0にはどんな符号をつけるんですか？

0は，正の数でも負の数でもありません。

したがって，**0にはどちらの符号もつけてはいけません。**

次に，整数について考えてみましょう。

整数は正の整数と0と負の整数に分類されます。

そして，正の整数を**自然数**といいましたね。整理しておきましょう。

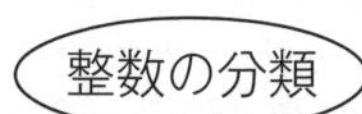

整　数

…，-3，-2，-1，0，1，2，3，…

負の整数　　正の整数（自然数）

反対の性質をもつ数量

たとえば，500円の収入を＋500円と表すことにしてみましょう。すると，300円の支出は－300円と表すことができます。

このように，反対の性質をもつ数量は，正の数，負の数を使って表すことができます。

ある地点から北に100m進むことを＋100mと表したとします。

南に300m進むことは，－300mと表せますね。

では，正の数，負の数について今までに学んだことを確認しましょう。

例題 5

次の問に答えなさい。

(1) 次の数の中から，①～④にあてはまる数を答えなさい。

$-2,\ +6,\ -1.5,\ 0,\ +\frac{1}{3},\ -\frac{4}{5},\ +25$

①正の数　②負の数　③負の整数　④自然数

(2) 温度が5℃上がることを＋5℃と表すとき，温度が2℃下がることは，どのように表すことができるか。

(3) 2年後を＋2年と表すとき，－3年とは何を表しているか。

(1) ①は，正の符号がついた数なので，$+6,\ +\frac{1}{3},\ +25$ 答

②は，負の符号がついた数なので，$-2,\ -1.5,\ -\frac{4}{5}$ 答

③は，負の符号がついた数のうち，整数なので，-2 答

④自然数とは，正の整数のことなので，$+6,\ +25$ 答

(2) 下がるのは，負の数で表すから，－2℃ 答

(3) 「後」の反対なので，**3年前** 答 を表します。

どうですか？　ここまでわかったでしょうか。

確認問題 5

次の問に答えなさい。

(1) 次の数を，符号を使って表しなさい。

① 0より2大きい数　② 0より7.5小さい数

(2) ある商品の価格を10円値上げすることを，＋10円と表すとき，20円値下げすることは，どのように表すことができるか。

数の大小

小学校で習った数直線を覚えていますか？

負の数は，これを0より左の方にのばした直線上に表します。

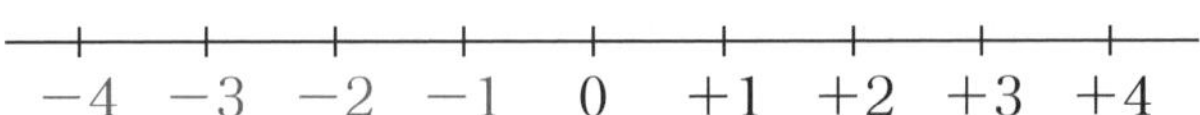

負の数まで含めたこの直線を，やはり**数直線**といいます。

数直線で，0を表す点を**原点**(げんてん)といいます。

また，数直線の右の方向に行くほど数は大きくなり，**正の方向**といいます。左の方向に行くほど数は小さくなり，**負の方向**といいます。

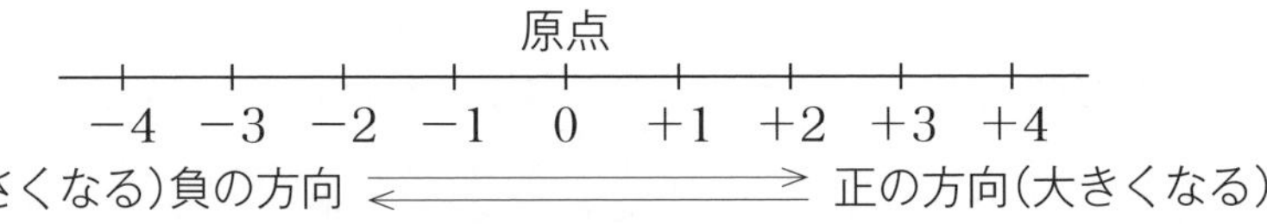

数直線に関する問題を解いてみましょう。

例題 6

下の数直線で，点A～Eの表す数を求めなさい。

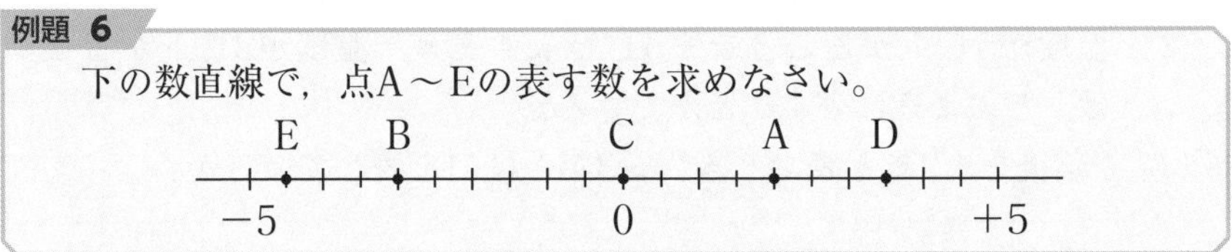

大きい1目盛りは1，小さい1目盛りは0.5を表していますね。

したがって，**A…+2，B…−3，C…0，D…+3.5，E…−4.5** 答

正の数では，＋を書かなくてもOKです。0には符号はつきません。DやEは，分数を用いて，D…$+3\frac{1}{2}$，E…$-4\frac{1}{2}$ としてもかまいません。

確認問題 6

次の数を表す点A～Dを，下の数直線に示しなさい。

A　+4　　B　−2　　C　−3.5　　D　+1.5

−5　　　0　　　+5

数直線上で，ある数を表す点と原点との距離をみてみましょう。

たとえば，＋4を表す点と原点との距離は4，−3を表す点と原点との距離は3ですね。

この距離のことを**絶対値**(ぜったいち)といいます。

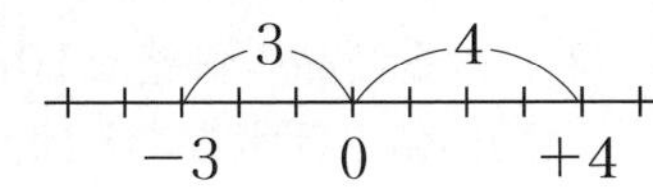

数直線上で，ある数を表す点と原点との距離を絶対値というわけです。

たとえば，+5の絶対値は5，−5の絶対値も5です。

絶対値は原点からの距離を表すので，符号をつけません。

絶対値の等しい数が2つあるんですね。

はい，その通りです。ただし，絶対値が0の数は0だけです。

この絶対値を用いれば，次のことがいえます。

正の数は，絶対値が大きいほど大きい。 （例）$+3<+5$

負の数は，絶対値が大きいほど小さい。 （例）$-5<-3$

ポイント

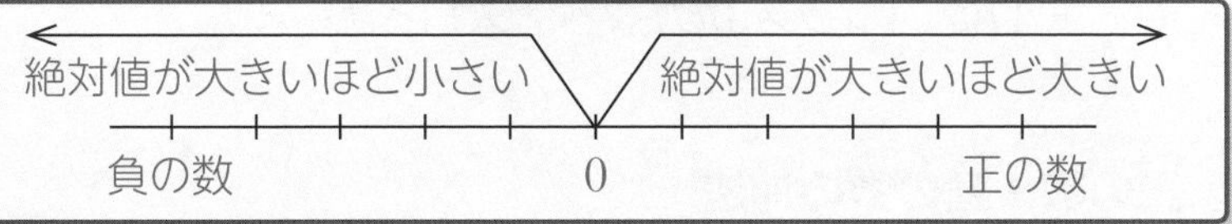

例題 7

次の問に答えなさい。

(1) 次の数の絶対値を答えなさい。

① +3　② −2　③ −1.6

(2) 絶対値が6である数をすべて求めなさい。

(3) 次の数の大小を，不等号を使って表しなさい。

① +1，−1　② +5，+4　③ −8，−5.3

(1) ①+3を表す点は，原点からの距離が3なので，絶対値は3 答

②原点からの距離が2なので，絶対値は2 答

③小数や分数でも同じように考えて，絶対値は1.6 答

(2) 原点からの距離が6の数は**−6と+6** 答

(3) ①正の数の方が大きいので，$+1>-1$ 答

②正の数は，絶対値が大きいほど大きいので，$+5>+4$ 答

③負の数は，絶対値が大きいほど小さいので，$-8<-5.3$ 答

確認問題 7

次の問に答えなさい。

(1) 絶対値が3以下である整数をすべて求めなさい。

(2) 次の数を，小さい方から順に，左から並べなさい。

−1.8，+2，0，+3.6，−4，−3.1

テーマ3 正の数・負の数の加法と減法

イントロダクション

- ◆ **加法の計算** ➡ **いろいろな数の加法の計算のしかたを知る**
- ◆ **減法の計算** ➡ **加法に直して計算する**
- ◆ **加法と減法の混じった計算** ➡ **複雑な加法・減法を計算する**

たし算のことを**加法**(かほう)といい，その結果を**和**といいます。

ひき算のことを**減法**(げんぽう)といい，その結果を**差**といいます。

たとえば，(+3)+(−1)という式があったとします。

(　　)に入ったものは「数である」ことを示し，+や−は符号です。

(+3)+(−1)は，「プラス3たすマイナス1」と読みます。

正の数・負の数の加法

まず同じ符号(同符号といいます)の2数の和はどうなるでしょうか。

(+2)+(+3)
　右に3
=+5

数直線で考えれば，+2まで行って，さらに右に3移動するので，+5となります。

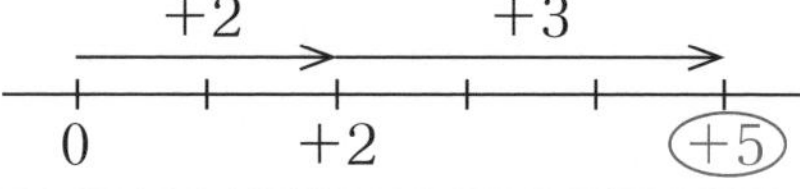

答えは数なのにカッコはいらないんですか？

はい。答えは数であることが明らかなので，カッコはいりません。

(−4)+(−1)
　左に1
=−5

同じように考えれば，−4まで行って，さらに左に1移動するので，−5となります。

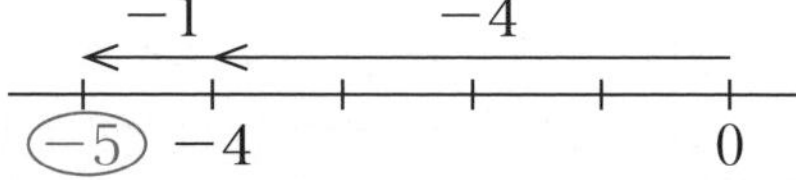

このことから，**同符号の2数の和**は次のようになることがわかります。

絶対値の和に，共通の符号をつけるということになりますね。

(⊕2)+(⊕3)=⊕(2+3)　　(⊖4)+(⊖1)=⊖(4+1)

共通の符号　たす　　共通の符号　たす

次に，異なる符号(異符号といいます)の2数の和について考えます。

$(-2)+(+5)$　　−2まで行って，右に5移動するので，

　右に5　　　　+3となります。

$=+3$

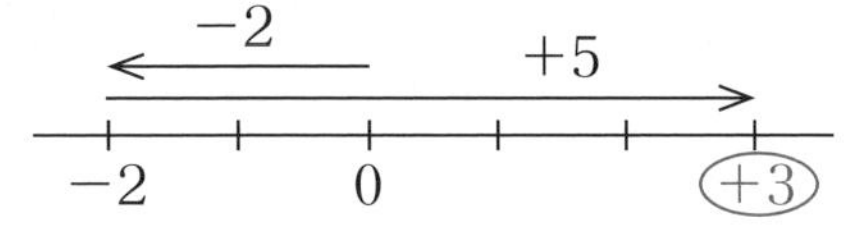

このように**異符号の2数の和は絶対値の差に，絶対値の大きい方の符号をつける**ということになります。

$(-2)+(\oplus 5)=\oplus(5-2)$

絶対値の大きい方の符号　ひく

同符号の2数の和は，同じ方向につなをひっぱるイメージです。

異符号の2数の和は，反対方向につなをひっぱって，勝負するイメージです。右の例では，+の方が3人分勝ちますね。

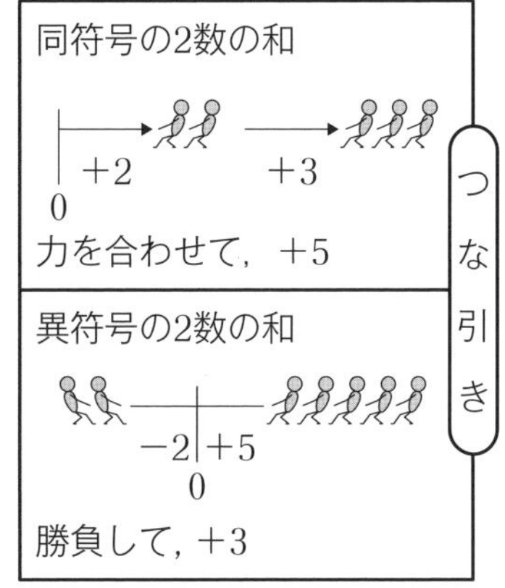

つな引きみたいですね！　わかりやすいです。

例題 8

次の計算をしなさい，

(1)　$(+4)+(+6)$　　(2)　$(-8)+(-5)$

(3)　$(+7)+(-3)$　　(4)　$(+2)+(-9)$

(1)　同符号なので，$+(4+6)=+10$　答

(2)　同符号なので，$-(8+5)=-13$　答

(3)　異符号なので，$+(7-3)=+4$　答

(4)　異符号なので，$-(9-2)=-7$　答

確認問題 8

次の計算をしなさい。

(1)　$(+2)+(+8)$　　(2)　$(-7)+(-13)$

(3)　$(+5)+(-12)$　　(4)　$(+6)+(-2)$

正の数・負の数の減法

今まで，加法について学びましたが，減法の計算についても考えます。
(+3)−(+5)という式を，数直線を使って計算してみましょう。

左に5

=−2

まず，+3まで行き，左に5移動するので，−2となります。

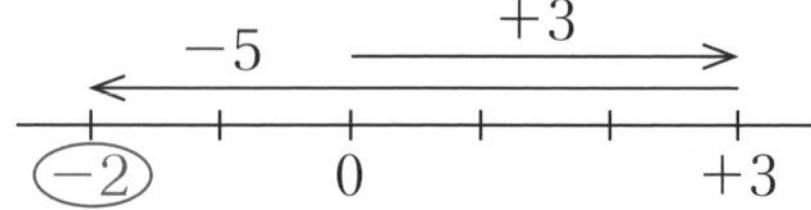

ところが，この計算は，加法の(+3)+(−5)と同じです。

次に(−2)−(−4)=+2ですね。

右に4

これは加法の(−2)+(+4)と同じです。何か法則がありそうです。

後ろの数の符号をかえると，加法にできそうですが……。

よく気づきました，その通りです。

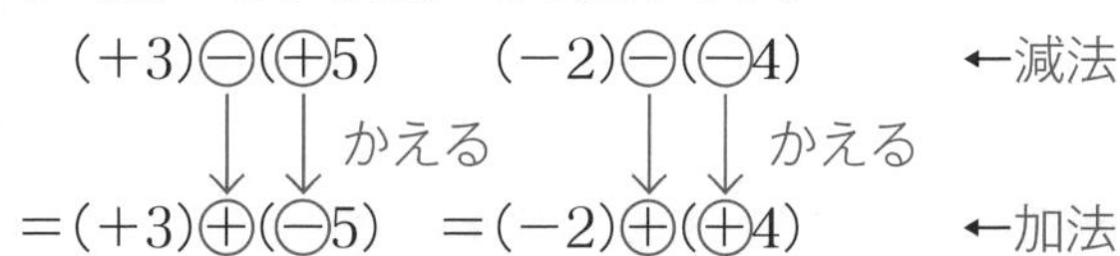

正の数・負の数をひく **→ひく数の符号をかえて加える**	…−(+○) =…+(−○)	…−(−○) =…+(+○)

例題 9

加法に直すことによって，次の計算をしなさい。

(1) (+6)−(+4)　(2) (−5)−(+3)

(3) (−2)−(−7)　(4) (+1)−(−8)

(1) (+6)−(+4)
=(+6)+(−4)　かえる
=+2 答　異符号

(2) (−5)−(+3)
=(−5)+(−3)　かえる
=−8 答　同符号

(3) (−2)−(−7)
=(−2)+(+7)　かえる
=+5 答　異符号

(4) (+1)−(−8)
=(+1)+(+8)　かえる
=+9 答　同符号

確認問題 9

加法に直すことにより，次の計算をしなさい。

(1) $(+10)-(+6)$ (2) $(-9)-(+4)$

(3) $(-5)-(-12)$ (4) $(+7)-(-3)$

加法と減法についておさらいしましょう。

（まとめ）

加法…｛同符号のとき…**絶対値の和に，共通の符号**
　　　　異符号のとき…**絶対値の差に，絶対値の大きい方の符号**

減法…**ひく数の符号をかえて加法にする**

正の数・負の数の加法・減法について，さらに練習しよう。

トレーニング 1

次の計算をしなさい。 ▶解答：p.183

(1) $(+2)+(+5)$ (2) $(+7)+(+6)$

(3) $(-2)+(-4)$ (4) $(-12)+(-15)$

(5) $(+12)+(-3)$ (6) $(+24)+(-36)$

(7) $(-7)+0$ (8) $(-6)+(+6)$

(9) $(+3)-(-7)$ (10) $(-7)-(-5)$

(11) $(+25)-(+8)$ (12) $0-(+6)$

(13) $(+0.5)+(-0.7)$ (14) $(+0.8)-(+0.3)$

(15) $\left(+\dfrac{5}{6}\right)-\left(+\dfrac{1}{6}\right)$ (16) $\left(-\dfrac{2}{3}\right)-\left(-\dfrac{1}{2}\right)$

加法と減法の混じった計算

加法と減法の混じった計算は，まず，加法だけの式に直します。

$(+4)\ominus(+6)\ominus(-3)+(-10)$

↓　↓　↓　↓　加法にする

$=(+4)\oplus(-6)\oplus(+3)+(-10)$

このように直したとき，$+4$と$+3$を**正の項**，-6と-10を**負の項**といいます。

このあと，正の項どうし，負の項どうしの和を求めます。

$(+4)+(-6)+(+3)+(-10)$

$=(+7)+(-16)$

$=-9$　　　　　　　　これで計算ができました。

ここまでわかりましたか？　では，さらに発展させます。

加法だけの式にしたあと，加法の記号＋とカッコを省いてしまうと…

$((+4))+((-6))+((+3))+((-10))$

$=4-6+3-10$　←はじめの項が正のとき，符号＋も省きます。

$=7-16$

$=-9$　∘∘∘（つな引き）

例題 10

次の計算をしなさい。

(1)　$(-4)-(+5)+(+3)$

(2)　$(-6)-(+2)-(-7)+(-4)$

(1)　$(-4)-(+5)+(+3)$

$=(-4)+(-5)+(+3)$　加法に

$=-4-5+3$　加法の記号＋とカッコを省く

$=-9+3$

$=-6$　答　∘∘∘（つな引き）

(2)　加法に直す作業と，加法の記号やカッコを省く作業を同時にやってみますね。

$(-6)-(+2)-(-7)+(-4)$

$=-6-2+7-4$

$=-12+7$

$=-5$　答

楽にカッコをはずす方法はないんでしょうか？

はい，ちょっと苦しいですよね。

実は，良い方法があります。

カッコの前の記号と，カッコの中の符号が**同じときは＋**，**ちがうときは－ではずす**と考えてください。

カッコのはずし方

…⊕(⊕○)	同じ →	…⊕○
…⊕(⊖○)	ちがう →	…⊖○
…⊖(⊕○)	ちがう →	…⊖○
…⊖(⊖○)	同じ →	…⊕○

たとえば，

$-7\ominus(\ominus 15)+2\oplus(\ominus 10)$

$=-7\oplus 15+2\ominus 10$

$=-17+17$

$=0$　　　　これができると，速くて楽ですね。

トレーニング2

次の計算をしなさい。　▶解答：p.183

(1) $(+2)-(+6)-(-5)$

(2) $(+1)-(+6)-(-3)$

(3) $(-4)-(-5)-(+2)+(-1)$

(4) $5-(-3)-9-1$

(5) $-2-(+1)-3-(+9)$

(6) $2-(-4)-7-(+6)-8$

(7) $-(+15)+27-30+(+12)$

(8) $-0.3-(-1.2)+(-0.7)-1.6$

(9) $-\frac{1}{3}+\left(-\frac{1}{2}\right)-\left(-\frac{5}{6}\right)$

(10) $\frac{4}{5}-\frac{1}{2}-\frac{3}{4}+\frac{7}{10}$

正の数・負の数の乗法と除法

イントロダクション

- 2 つの数の乗法 ➡ かけ算の計算のしくみを知る
- 2 つの数の除法 ➡ わり算と逆数の利用のしかたを身につける
- 3 つ以上の数の乗法と除法 ➡ 符号がどうなるか，累乗の計算法とは

正の数・負の数の乗法

かけ算のことを**乗法**（じょうほう）といい，その結果が**積**です。正の数をかけることは，数直線上で，原点を基準に，かけられる数と**同じ方向に拡大**することです。

たとえば，(＋3)×(＋2)は，原点から＋3と同じ方向に2倍するので，＋6となります。

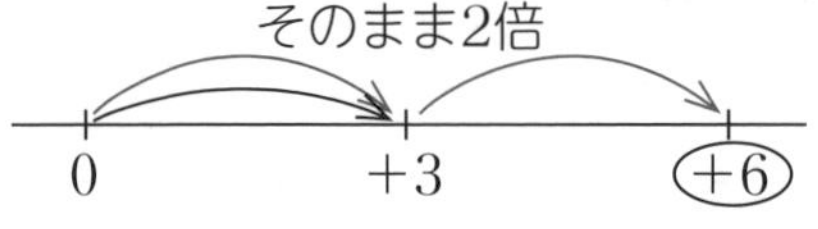

よって，

(＋3)×(＋2)＝＋6…①

(−2)×(＋3)は，原点から−2と同じ方向に3倍するので，−6となります。

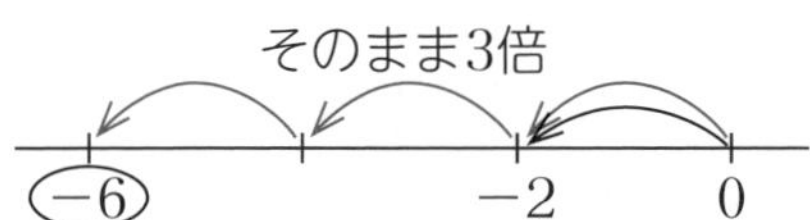

よって，

(−2)×(＋3)＝−6…②

負の数をかけることは，数直線上では，原点を基準として，かけられる数の符号と**反対の向きに拡大**することです。

たとえば，(＋4)×(−2)は，原点から＋4と反対の方向に2倍するので，−8となります。

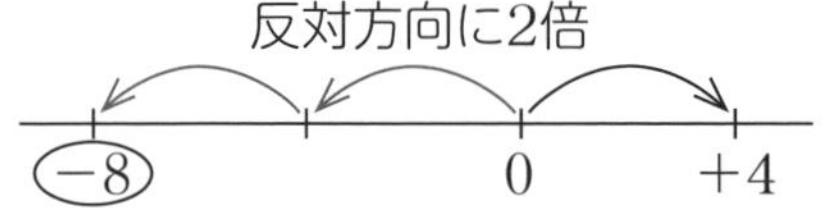

よって，

(＋4)×(−2)＝−8…③

(−4)×(−3)は，原点から−4と反対の方向に3倍するので，＋12となります。

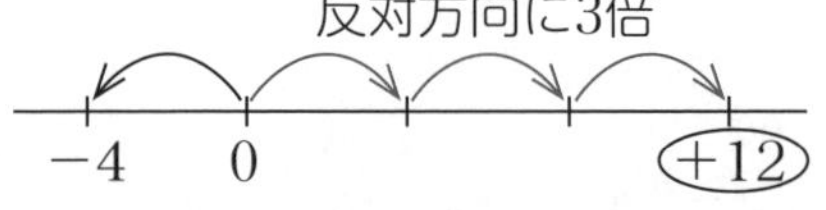

よって，

(−4)×(−3)＝＋12…④

①～④の結果を見て，何か法則がわかりますか？

同じ符号の積は正，ちがう符号の積は負になっています。

はい，その通りです。

そして，**2つの数の絶対値の積を計算して，その符号をつければよい**ことがわかります。また，**0との積は0**になります。

（例）$(+3)\times 0=0$

$0\times(-5)=0$

覚えよう！

同符号の2数の積は正
⊕×⊕=⊕，⊖×⊖=⊕
異符号の2数の積は負
⊕×⊖=⊖，⊖×⊕=⊖

例題 11

次の計算をしなさい。

(1) $(+5)\times(+2)$　(2) $(+7)\times(-3)$

(3) $(-8)\times(+4)$　(4) $(-15)\times(-8)$

(1) 同符号の数の積なので，正

$(+5)\times(+2)$

$=+(5\times2)=+10$ 答

(2) 異符号の数の積なので，負

$(+7)\times(-3)$

$=-(7\times3)=-21$ 答

(3) 異符号の数の積なので，負

$(-8)\times(+4)=-32$ 答

(4) 同符号の数の積なので，正

$(-15)\times(-8)=+120$ 答

確認問題 10

次の計算をしなさい。

(1) $(+6)\times(+5)$　(2) $(+12)\times(-8)$

(3) $(-4)\times0$　(4) $(-10)\times(+5)$

(5) $(-1.5)\times(-10)$　(6) $\left(-\frac{2}{3}\right)\times(+6)$

正の数・負の数の除法

わり算のことを**除法**（じょほう）といい，その結果を**商**といいます。

乗法では，数直線上で原点を基準として，かけられる数を拡大して求めましたね。

除法では，かけられる数を縮小して求めることになるので，答えの符号は，乗法のときと同じになります。

同符号の2数の商は正
⊕÷⊕=⊕，⊖÷⊖=⊕
異符号の2数の商は負
⊕÷⊖=⊖，⊖÷⊕=⊖

わり算のときも，答えの符号は同じ決まりなんですね。

例題 12

次の計算をしなさい。

(1)　$(+15)\div(+3)$　　(2)　$(-8)\div(+2)$

(3)　$(-24)\div(-4)$　　(4)　$(+54)\div(-6)$

(1)　同符号の数の商なので，正

$(+15)\div(+3)$

$=+(15\div3)=+5$　答

(2)　異符号の数の商なので，負

$(-8)\div(+2)$

$=-(8\div2)=-4$　答

(3)　同符号の数の商なので，正

$(-24)\div(-4)=+6$　答

(4)　異符号の数の商なので，負

$(+54)\div(-6)=-9$　答

たとえば，$(-6)\div\left(-\frac{2}{3}\right)$という計算は，ちょっとつらいですよね。

この場合，わり算をかけ算にかえる方法を考えます。

算数でやった方法を，負の数にも利用できるようにしていきます。

2つの数があって，その積が1であるとき，一方の数をもう一方の数の**逆数**といいます。

$\left(+\frac{1}{3}\right)\times(+3)=1$なので，$+\frac{1}{3}$の逆数は$+3$，

$\left(-\frac{4}{5}\right)\times\left(-\frac{5}{4}\right)=1$なので，$-\frac{4}{5}$の逆数は$-\frac{5}{4}$となります。

符号が同じで，分母と分子を入れかえた数ですか？

逆数の求め方

符号は同じで，分母と分子を入れかえる

はい，そのように考えるとわかりやすいですね。除法は**わる数の逆数をかけることによって，乗法になおす**ことができます。

除法は，わる数の逆数をかけることで乗法になおせる

上の例では，$(-6)\div\left(-\frac{2}{3}\right)$

（そのまま）（逆数）

$=(-6)\times\left(-\frac{3}{2}\right)$

$=+9$　　これなら楽にできるはずです。

わる数を逆数にしてかけ算にしますが，わられる数は逆数にしてはいけません。

確認問題 11

次の計算をしなさい。

(1) $(-42)\div(+7)$　　(2) $(-25)\div(-5)$

(3) $(+15)\div\left(-\frac{5}{6}\right)$　　(4) $\left(-\frac{15}{4}\right)\div\left(-\frac{3}{8}\right)$

3つ以上の数の乗法と除法

本書では，これから答えが正の数のとき，正の符号＋を省きます。

$(-2)\times(-3)\times(+1)\times(-5)$の計算を考えてみましょう。答えの符号は正でしょうか，負でしょうか。

ヒントは，正の数をかけても符号はかわりませんが，負の数を1つかけるごとに符号がかわることです。

負の数が3つあるので，－ではないかと思います。

そう，その考え方がたいへん重要なのです。

いくつかの数の積では，負の数が奇数個あれば－に，偶数個あれば＋になります。

このとき，正の数の個数は符号には関係ありません。そして絶対値の計算をすればよいことになります。

覚えよう！
〈積の符号〉
負の数が
奇数個→－
偶数個→＋

上の例では，$(㊀2)\times(㊀3)\times(+1)\times(㊀5)$　← 符号は－

$=-(2\times3\times1\times5)$　← 絶対値の計算

$=-30$

例題 13

次の計算をしなさい。

(1) $(-2)\times(+1)\times(-4)$

(2) $(-1)\times(-6)\times(+2)\times(+1)\times(-3)$

(1) 負の数が2個だから＋で，$+(2\times1\times4)=8$ 答

(2) 負の数が3個だから－で，$-(1\times6\times2\times1\times3)=-36$ 答

確認問題 12

次の計算をしなさい。

(1) $-2\times(-3)\times8$

(2) $(+5)\times(-4)\times(-0.3)\times(-2)$

(3) $(+6)\times(-8)\times(-5)\times0$

累乗の計算

$4\times4\times4$のように，同じ数がいくつかかけ合わされているとき，4^3と書いて「4の3乗」と読みます。

この表し方を**累乗**(るいじょう)といいました。

素因数分解のときにやりましたね。覚えていますか？

(累乗)

$\underbrace{4\times4\times4}_{3個}$

$=4^{③}$ 指数

右かたに小さく書いた数は，かけ合わされた個数を示し，**指数**(しすう)といいます。

たとえば，$5\times5=5^2$，$(-2)\times(-2)\times(-2)=(-2)^3$のように表します。表し方の決まりは，わかりましたか。

では，累乗の形で表された数を計算してみましょう。

(例) 6^2 $=6\times6$ $=36$

$(-3)^2$ $=(-3)\times(-3)$ $=9$

-3^2 $=-3\times3$ $=-9$ となります。

$(-3)^2$と-3^2はちがうんですね。

はい，間違えやすいので，注意しましょう。

$(-3)^2$は(-3)を2個かけることを表し，

-3^2は，3を2個かけて，$-$をつけます。

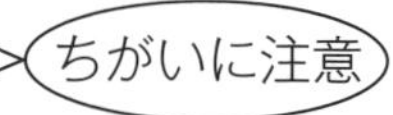

例題 14

次の計算をしなさい。

(1) 5^2　(2) $(-2)^4$　(3) -2^4　(4) $(-1)^5$

(1) $5\times5=25$ 答

(2) $(-2)\times(-2)\times(-2)\times(-2)$ $=16$ 答

(3) $-2\times2\times2\times2$ $=-16$ 答

(4) -1を5個かけるので，符号は$-$ よって，-1 答

$(-○)^{△}$の形では，△が奇数のとき$-$，偶数のとき$+$になります。

乗法と除法の混じった計算

わり算は，逆数を使ってかけ算に直せますから，いったん乗法だけの式にします。

そして，符号を決め，絶対値の計算をする，という手順です。

乗除混合の手順
①乗法だけの式にする
②符号を決める
③絶対値の計算

(例)　$(+12)\div(-3)\times(-2)$

↓逆数　　乗法だけに

$=(+12)\times\left(-\frac{1}{3}\right)\times(-2)$

符号決め

$=+\left(12\times\frac{1}{3}\times2\right)$

絶対値の計算

$=8$

ここまでの内容を訓練しましょう。

トレーニング3

次の計算をしなさい。　▶解答：p.184

(1)　$(-6)\times(-5)$

(2)　$(-4)\times2\times(+3)$

(3)　$(+48)\div(-12)$

(4)　$(-18)\div\left(-\frac{2}{5}\right)$

(5)　$(-4)^2$

(6)　-4^2

(7)　$(-2)^3$

(8)　$(-1)^6$

(9)　$(-3)\times(-2)\times(-5)\times(+2)$

(10)　$-4\div(-3)\times9$

(11)　$-24\div(-6)\times(-4)$

(12)　$-2\times7\div(+4)\times(-6)$

(13)　$(-6)^2\div(-9)$

(14)　$(-5)^2\times(-8)\div(-2)^3$

(15)　$(-4^2)\div(+8)\div(-2)$

テーマ5 正の数・負の数の四則計算

イントロダクション

- 計算の順序を知る ➡ どういう順に計算するか
- 計算法則の利用 ➡ 工夫した計算方法を考える
- 数の集合と四則 ➡ 計算結果はどんな数になるかを考える

四則の混じった計算

加法・減法・乗法・除法の4つをまとめて**四則**(しそく)といいます。

ここでは，四則の混じった計算について学びます。

いよいよ正の数・負の数の計算のゴールが見えてきました。

計算の順序は次の通りです。

累乗→カッコの中→乗除→加減の順に計算します。

計算の順序
①累　乗
②カッコの中
③乗　除
④加　減

$(+3)\times(-2)^2-(5-13)\div(-4)$
$=(+3)\times(+4)-(5-13)\div(-4)$ ……①
$=(+3)\times(+4)-(-8)\div(-4)$ ……②
$=(+12)-(+2)$ ……③
$=+12-2$ ……④ここでカッコをはずす
$=10$

順に計算していくとき，計算したところ以外もきちんと写してください。最後の加減の段階になってから，カッコをはずしましょう。

例題 15

次の計算をしなさい。

(1) $5\times(-4)+36\div(-4)$　(2) $49\div(-7)-2\times(-4)$

(3) $(-2)\times6-2\times(-3)^2$　(4) $-2\times\{4-(-2^2)\}+8$

(1) $5\times(-4)+36\div(-4)$
$=(-20)+(-9)$
$=-20-9$ ← はずす
$=-29$ 答

(2) $49\div(-7)-2\times(-4)$
$=(-7)-(-8)$
$=-7+8$ ← はずす
$=1$ 答

(3) $(-2)\times 6-2\times(-3)^2$

$=\underbrace{(-2)\times 6}-\underbrace{2\times(+9)}$

$=\ (-12)\ -\ (+18)$

$=-12-18$ ← はずす

$=-30$ 答

(4) $-2\times\{4-(-2^2)\}+8$

$=-2\times\{4-(-4)\}+8$

$=-2\times(4+4)+8$

$=-2\times(+8)+8$

$=(-16)+8$

$=-16+8$ ← はずす

$=-8$ 答

計算した所だけかえて，他はそのまま式を写すんですね。

はい，そのことが大切です。加減の段階より前は，カッコをはずしてはダメですよ。ていねいにやってみてください。

トレーニング4

次の計算をしなさい。 ▶解答：p.185

(1) $(-6+2)\times(-5)$

(2) $(-32)\div(-4)-2\times(+6)$

(3) $4\times(-1+2)-3\times(-5)$

(4) $-3\times(-7)-10\div 2$

(5) $(-2)^4-6\times(+3)$

(6) $5\times(-2^2)-18\div(-3)$

(7) $6\times(-4)-(-3)\times 4^2$

(8) $4\times(-8)-(-3-2\times 3^2)$

(9) $-9-\{3-(1-5)\}\times(-2)^2$

(10) $(-6)^2\times\dfrac{1}{9}+\{7-(-3)\}\div\left(-\dfrac{2}{3}\right)$

計算の工夫

加法や乗法については，計算の順序をかえたり，組をつくったりして計算することができます。計算の順序をかえることを**交換法則**（こうかん），組をつくることを**結合法則**（けつごう）といいます。

	交換法則	結合法則
加法	$a+b=b+a$	$(a+b)+c=a+(b+c)$
乗法	$a\times b=b\times a$	$(a\times b)\times c=a\times(b\times c)$

減法や除法でも，この法則は成り立ちますか？

いいえ，成り立ちません。8−2と2−8はちがい，6÷2と2÷6もちがいます。**加法と乗法のときだけ成り立つ**と覚えてください。

また，**分配法則**（ぶんぱい）といって，$a\times(b+c)=a\times b+a\times c$が成り立ちます。これらを用いて，計算を簡単にする方法を学びましょう。

例題 16

次の計算を，工夫してしなさい。

(1) $39+52+61$　　(2) $0.25\times73\times4$

(3) $(-6)\times\left(-\frac{2}{3}+\frac{1}{2}\right)$　　(4) $57\times(-7)+57\times(-3)$

(1) $39+61=100$となるから，

$39+52+61$

$=39+61+52$　（交換法則）

$=(39+61)+52$　（結合法則）

$=100+52$

$=152$ 答

(2) $0.25\times4=1$となるから，

$0.25\times73\times4$

$=0.25\times4\times73$　（交換法則）

$=(0.25\times4)\times73$　（結合法則）

$=1\times73$

$=73$ 答

(3) $(-6)\times\left(-\frac{2}{3}+\frac{1}{2}\right)$

$=(-6)\times\left(-\frac{2}{3}\right)+(-6)\times\frac{1}{2}$

$=+4-3$

$=1$ 答　分配法則です。

(4) $57\times(-7)+57\times(-3)$

$=57\times(-7-3)$

$=57\times(-10)$

$=-570$ 答

これも分配法則を利用しました。

確認問題 13

次の計算を，工夫してしなさい。

(1) $87+38+13$　　(2) $8\times48\times0.25$

(3) $12\times\left(\dfrac{2}{3}-\dfrac{3}{4}\right)$　　(4) $(-17)\times95+(-17)\times5$

数の集合と四則

たとえば整数全体の集まりを，整数の**集合**(しゅうごう)といいます。

次のうち，計算結果が整数になるとは限らないのはどれでしょうか。

① 整数＋整数　② 整数－整数　③整数×整数　④整数÷整数

④は，分数になってしまうこともありますよね。

その通りです。それ以外は，必ず整数になりますね。

したがって，整数の集合では，加法・減法・乗法が計算できます。

では，自然数の集合では，結果が自然数とは限らないのはどの計算でしょう。

減法や除法では答えが負の数や分数にもなりえます。

そうですね，加法や乗法では，結果が必ず自然数になります。

したがって，**自然数の集合では，加法・乗法が計算できる**のです。

数の範囲を**数全体の集合にすると，四則すべての計算できる**ようになります。答えは必ず数なので，これはあたりまえです。

ただし，除法では，0でわる計算は考えないこととします。

確認問題 14

自然数の集合，整数の集合，数の集合について，四則計算の中で，いつも計算ができるものには○，計算ができない場合があるものには×を下の表に書き入れなさい。

	加　法	減　法	乗　法	除　法
自然数				
整　数				
数				

テーマ 6 正の数・負の数の利用

イントロダクション

◆ 正の数・負の数を用いて，データをまとめる
◆ 基準との差の利用 ➡ それぞれの数値を読み取る
◆ 合計や平均を求める ➡ ちがいを表す数を利用する

例題 17

次の表は，ある都市の最高気温に関する資料である。

月／日	5／20	5／21	5／22	5／23	5／24
最高気温(℃)	18	ア	イ	ウ	エ
前日との差(℃)	−3	+2	−1	+6	−2

(1) 5月19日の最高気温を求めなさい。(2) 表の空らんをうめなさい。

(1) 5月20日の最高気温は18℃で，その前日にくらべて3℃下がったことを示しています。したがって，5月19日は**21℃** 答

(2) 5／21…18℃より2℃上がったから，20℃ ア **20** 答
5／22…5／21より1℃下がったから，19℃ イ **19** 答
5／23…5／22より6℃上がったから，25℃ ウ **25** 答
5／24…5／23より2℃下がったから，23℃ エ **23** 答

表の読み取り方がわかれば簡単ですね。もう少し練習しましょう。

確認問題 15

次の表は，ある図書館の貸し出された本の数をまとめたものである。表の空らんをうめなさい。

	月	火	水	木	金
本の数(冊)	68				70
前日との差(冊)	／	−2	+7	−5	

例題 18

次の表は，A～Eの5人の数学のテストの結果について，80点を基準にして，基準との差を表したものである。

	A	B	C	D	E
基準との差(点)	−3	+9	−5	+11	−2

(1) Eの得点を求めなさい。(2) この5人の平均点を求めなさい。

(1)　Eは，基準の80点に対して−2点なので，**78点**　答

(2)　平均点は，どうやって求めたらよいでしょうか。

5人の得点がわかるので，たして5でわっても出ますが，少し工夫してみましょう。基準との差を合計してみます。

$(-3)+(+9)+(-5)+(+11)+(-2)$
$=-3+9-5+11-2$
$=20-10$
$=10$(点)　と求まりました。

わかりました！　基準の80点より10点高いので90点です。

残念，そんなに高くはありませんよ。
この10点は，基準との差を5人分まとめた合計ですね。
1人あたりの基準との差は，$10\div5=2$点　なのです。
したがって，$80+2=$**82点**　答
基準との差を，1人あたりに直すことがコツです。

ポイント
基準との差を
1人あたりの
差に直す

確認問題 16

次の表は，ある商店で，ある商品の1週間の売り上げ個数を，30個を基準にして，基準との差を表したものである。この1週間の売り上げ個数の平均を求めなさい。

	日	月	火	水	木	金	土
基準との差(個)	−3	+1	−6	0	−2	+8	−5

例題 19

A，B 2人がジャンケンをし，勝ったときは+2点，負けたときは−1点として得点を計算した，次の問に答えなさい。

(1)　5回ジャンケンをして，Aが3回勝った。A，Bの得点は何点か

(2)　何回かジャンケンをして，Aは+8点，Bは−1点であった。何回ジャンケンをしたか。

(1)　Aは3勝2敗なので，$(+2)\times3+(-1)\times2=$**+4点**　答
　Bは2勝3敗なので，$(+2)\times2+(-1)\times3=$**+1点**　答

(2)　1回ジャンケンをすると，2人の得点の合計は$(+2)+(-1)=+1$(点)となります。AとBの得点の合計が+7点なので，ジャンケンは**7回**　答

正の数・負の数まとめ

定期テスト対策 A

▶解答：p.186

1．次の問に答えなさい。

(1) 30以上50以下の素数をすべて答えなさい。

(2) 次の数を素因数分解しなさい。

① 50　② 48　③ 54　④ 270

2．次のことを，正の符号，負の符号を用いて表しなさい。

(1) 200円の収入を＋200円と表すとき，300円の支出

(2) 温度が3℃下がることを－3℃と表すとき，温度が2℃上がること

3．次の問に答えなさい。

(1) 絶対値が4以下の整数は何個あるか。

(2) 絶対値が2.7以上4.1以下の整数を，すべて求めなさい。

4．下の数について，あとの問に答えなさい。

-1.5，$+3.8$，$+2.5$，-3，0，-4

(1) 小さい方から順に左から並べなさい。

(2) 絶対値が小さい方から順に，左から並べなさい。

5．次の計算をしなさい。

(1) $-6+3-5$

(2) $12-(-4)-(+10)-3$

(3) $-5+13-15+2-1$

(4) $\left(-\dfrac{1}{3}\right)-\left(-\dfrac{1}{2}\right)$

(5) $(-1.8)-(+1.6)-(-2.4)$

6. 次の計算をしなさい。

(1) $(+6)\times(-12)$ (2) $(-16)\div(-4)$

(3) $(-8)^2$ (4) -2^4

(5) $18\div\left(-\dfrac{3}{10}\right)$ (6) $-\dfrac{3}{4}\div\left(-\dfrac{1}{2}\right)\times(+3)$

(7) $(-2)^2\times3$ (8) $(-3)^2\div\left(+\dfrac{3}{2}\right)\times\left(-\dfrac{1}{2}\right)$

7. 次の計算をしなさい。

(1) $(-3)\times(4-2)$ (2) $(-3)\times5-8\div(-2)$

(3) $9\div(-3)-(-4^2)$ (4) $(-6)^2-20\div4$

8. 右の図は，数の集合を図に表したものである。ア，イ，ウには，自然数，整数，分数のうち，それぞれどれがあてはまるか。

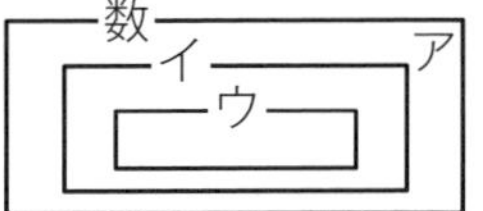

9. 次の①～④の計算について，あてはまるものをすべて答えなさい。

① A＋B ② A－B ③ A×B ④ A÷B

(1) A，Bが自然数のとき，結果がいつも自然数になるもの。

(2) A，Bが整数のとき，結果がいつも整数になるもの。

10. 次の表は，ある都市の5月1日から5日の最高気温について，25℃を基準にして，基準との差を表したものである。

日付	1日	2日	3日	4日	5日
差(℃)	−2	−4	+3	+1	+7

(1) 最も高かった日は，最も低かった日より何℃高かったか。

(2) この5日間の最高気温の平均を求めなさい。

正の数・負の数まとめ

定期テスト対策B

▶解答：p.187

1．次の問に答えなさい。

(1) 324は，ある自然数の2乗である。素因数分解を用いて，どんな自然数の2乗であるか求めなさい。

(2) 240に，できるだけ小さい自然数をかけて，ある自然数の2乗にしたい。どんな自然数をかければよいか。

(3) 147の約数を，素因数分解を用いてすべて求めなさい。

2．次の計算をしなさい。

(1) $\frac{1}{2}-\frac{1}{3}-\frac{1}{4}$

(2) $\left(-\frac{5}{8}\right)-\left(+\frac{3}{4}\right)-\left(-\frac{1}{2}\right)$

(3) $-2+\frac{3}{4}-\left(-\frac{1}{6}\right)-\frac{7}{12}$

(4) $-\frac{1}{5}+\frac{5}{6}-\frac{2}{3}+\frac{1}{2}$

3．右の表において，縦，横，斜めの数の和がすべて等しくなるようにしたい。ア～オにあてはまる数を求めなさい。

3	4	ア
イ	0	ウ
エ	オ	−3

4．次の計算をしなさい。

(1) $(-4)^2\times(-3^2)$

(2) $\left(-\frac{2}{3}\right)^4$

(3) $64\div(-8)\times(-2)$

(4) $(-4)\div(-6)\times9$

(5) $\frac{9}{28}\div\frac{2}{7}\times\left(-\frac{4}{9}\right)$

(6) $12\div\left(-\frac{3}{4}\right)\div(-10)$

5. 次の計算をしなさい。

(1) $-6^2\div(-9)-(-3)\times(+5)$　(2) $8^2+4\times(-3^2)$

(3) $36\div(-3)\div(-4)+(-2)$　(4) $\{(-3)^2+(-4)^2\}\div(-5^2)$

(5) $(-2)^2\times\left(\frac{1}{4}-\frac{1}{2}\right)$　(6) $\left(\frac{2}{3}-\frac{5}{2}\right)\div\left(-\frac{5}{6}\right)$

(7) $\left(-\frac{7}{8}\right)+\left(-\frac{3}{2}\right)^2\div(-3^2)$　(8) $(-3)^2\div\left(-\frac{3}{2}\right)-\{(-2)^2-1\}$

6. 分配法則を使って，次の計算をしなさい。

(1) $59\times73-49\times73$　(2) $37\times(-92)+63\times(-92)$

(3) $120\times\left(-\frac{5}{12}+\frac{3}{10}-\frac{1}{24}\right)$

7. A～Eの5人が潮干狩りに行き，貝を拾った。下の表は，Aが拾った貝の個数を基準として，Aとの差を表したものである。BはCより3個少なく，DはCより5個多いという。

	A	B	C	D	E
Aとの差		−2			+3

(1) 表をうめなさい。

(2) Aの個数が70個であるとき，この5人の拾った貝の平均を求めなさい。

8. A，B2人があるゲームをして，勝ったら＋5点，負けたら－3点として計算した。Aが3回負けて得点が＋6点だったとき，Aは何回勝ったか。ただし，引き分けはないものとする。

第2章 文字と式

テーマ1 文字を使った式

イントロダクション

- ◆ 文字を使った式の表し方 ➡ 積や商の表し方を知る
- ◆ 文字を使って数量を表す ➡ いろいろな数量は文字式でどう表されるか
- ◆ 式の値 ➡ 文字に数を代入して値を求める

文字を使った式の表し方

a, b, c, x, yなどの文字を使った式を文字式といいます。

これからは，いろいろな数量を，アルファベットを使って表していきます。数学らしくなってきましたね。そして文字式には，いくつかの決まりがあります。

1つずつ紹介していきましょう。

まず，**積の表し方**の決まりから覚えてください。

① **文字式では，乗法の記号×は省く**
たとえば，$5\times x$は$5x$，$a\times b$はabと書きます。

② **数と文字の積では，数を前，文字を後に書く**
たとえば，$x\times 3$は$3x$とします。$x3$と書いてはいけません。

③ **いくつかの文字の積はアルファベット順，同じ文字の積は累乗の形**
$c\times a\times b$はabcと表し，$x\times x\times x$はx^3と表します。

④ **文字にかけられた数が1や−1のとき，「1」は書かない**
$1\times x$や$x\times 1$はxとします。$1x$と書いてはいけません。
$-1\times a$や$a\times(-1)$は$-a$とします。$-1a$と書いてはいけません。

$0.1\times a$は，$0.1a$ですか？　それとも$0.a$ですか？

0.1は1ではないので$0.1a$と書きます。注意してください。

ここまでが積の表し方の決まりです。

たくさん出てきましたね。「何でそうするの？」という疑問もわいてくるかも知れませんが，これは決まりなので，身につけるしかありません。いくつか練習しておきましょう。すぐに慣れますよ。

例題 20

次の式を，×の記号を省いた式にしなさい。

(1) $8\times x$　(2) $a\times 2$　(3) $y\times 3\times(-2)$

(4) $b\times 3\times c\times a$　(5) $a\times b\times 7\times a$　(6) $5\times(x-y)$

(7) $(x-3)\times(-2)$　(8) $y\times x\times(-1)\times x\times x$

(1) ×を省いて，$\boldsymbol{8x}$ 答　(2) 数が前，文字が後で，$\boldsymbol{2a}$ 答

(3) $y\times(-6)$なので，$(-6)y$となりますが，このカッコも省いて$\boldsymbol{-6y}$ 答

(4) 数が前で，文字をアルファベット順に並べかえて，$\boldsymbol{3abc}$ 答

(5) $a\times a=a^2$なので，$\boldsymbol{7a^2b}$ 答

(6) カッコでくくられた和や差は，1つの文字のように扱います。
よって，$\boldsymbol{5(x-y)}$ 答

(7) $\boldsymbol{-2(x-3)}$ 答

(8) 文字にかけられた1や-1では，1を書きません。
よって，$\boldsymbol{-x^3y}$ 答

確認問題 17

次の式を，×の記号を省いた式で表しなさい。

(1) $a\times 1$　(2) $0.1\times b\times a$　(3) $a\times a\times 7$

(4) $y\times x\times z\times 2\times x\times y$　(5) $(a+b)\times(a+b)$

次に，**商の表し方の決まり**を説明します。文字式では，**除法の記号÷を使わず，分数の形で書く**のです。

たとえば，$x\div 3$は$\dfrac{x}{3}$となります。

$x\div 3=x\times\dfrac{1}{3}$なので$\dfrac{1}{3}x$ではダメですか？

よいことに気づきましたね。それでも正解です。わる数の逆数をかけることによって乗法に直し，×を省くこともできます。

$x\div 3=\dfrac{x}{3}$

$x\times\dfrac{1}{3}=\dfrac{1}{3}x$

同じ

$x\div\dfrac{3}{5}$は，$x\times\dfrac{5}{3}$と同じなので，$\dfrac{5}{3}x$または$\dfrac{5x}{3}$と書きますが，帯分数

を使って$1\dfrac{2}{3}x$と書いてはいけません。

文字式では，帯分数は使わず，仮分数で表すんですね！

はい。これは注意してください。

$(a+b)\div2$は，$\dfrac{(a+b)}{2}$となりますが，カッコをとって$\dfrac{a+b}{2}$です。つまり，**分子や分母にカッコが1つだけのときは，カッコをとる**のです。

例題 21

次の式を，÷の記号を省いた式にしなさい。

(1) $x\div y$　(2) $x\div(-2)$　(3) $5\div a\div b$

(4) $(a+b)\div5$　(5) $x\div\dfrac{2}{3}$　(6) $a\div(b-c)$

(1) $\dfrac{x}{y}$　(2) $\dfrac{x}{(-2)}=\dfrac{x}{-2}$となりますが，−は前に書いて，$-\dfrac{x}{2}$ 答

(3) ÷の直後のaとbが分母にきて，$\dfrac{5}{ab}$ 答

(4) $\dfrac{(a+b)}{5}$となりますが，分子にカッコが1つだけなので，$\dfrac{a+b}{5}$ 答

(5) $x\div\dfrac{2}{3}=x\times\dfrac{3}{2}$なので，$\dfrac{3}{2}x$または$\dfrac{3x}{2}$ 答　です。$1\dfrac{1}{2}x$はダメです。

(6) $\dfrac{a}{(b-c)}$となりますが，$\dfrac{a}{b-c}$ 答　としなければいけませんね。

確認問題 18

次の式を，÷の記号を省いた式にしなさい。

(1) $a\div5$　(2) $(-3)\div a$　(3) $2\div x\div y$

(4) $-x\div(-y)$　(5) $(x+4)\div(-3)$

いろいろ決まりが出てきてたいへんですが，がんばってください！

最後に，四則の混じった文字式の決まりを学びます。

乗法は×を省き，除法は÷を使わず分数としますが，**加法や減法は省きません。**　○○○（乗除の部分だけ×÷を除く）

たとえば，$x \times 2 + y \div 3$は，$2x + \dfrac{y}{3}$と表します。

つまり，**＋やーはそのまま**です。練習しましょう。

例題 22

次の式を，文字式の表し方の決まりに従って表しなさい。

(1) $x \times y \times y \div 3$　(2) $x \times (-3) \div y$　(3) $x \times 5 - 1$

(4) $a + 7 \times b$　(5) $2 \times a + b \times 3$

(6) $6 - a \times a - a \times 4$　(7) $x \times 3 \times x + y \div 2$

(1) $x \times y \times y \div 3 = \dfrac{xy^2}{3}$ 答 　(2) $\dfrac{-3x}{y} = -\dfrac{3x}{y}$ 答

(3) $x \times 5 = 5x$なので，$5x - 1$ 答　(4) $7 \times b = 7b$なので，$a + 7b$ 答

(5) $2 \times a = 2a$，$b \times 3 = 3b$なので，$2a + 3b$ 答

(6) $6 - a^2 - 4a$ 答

(7) $x \times 3 \times x = 3x^2$，$y \div 2 = \dfrac{y}{2}$なので，$3x^2 + \dfrac{y}{2}$ 答

確認問題 19

次の式を，文字式の表し方の決まりに従って表しなさい。

(1) $(-a) \div 6 \times b$　(2) $a \div 2 \div b \times c$

(3) $-3 \times x - 1$　(4) $a \times (-2) + c \times 3 \times b$

(5) $b \times b - c \times a \times 4$　(6) $a \div \dfrac{1}{3} - (x + y) \div 2$

例題 23

次の式を，×，÷を使った式にしなさい。

(1) $2xy$　(2) $-3a^2$　(3) $\dfrac{y}{3x}$　(4) $\dfrac{x + y}{3}$　(5) $\dfrac{x}{2} - 3y$

(1) $2 \times x \times y$ 答　(2) $-3 \times a \times a$ 答

(3) $y \div 3 \div x$ 答　または，$y \div (3 \times x)$ 答　でもOKです。

(4) $x + y \div 3$ではダメです。これは，$x + \dfrac{y}{3}$のことなのです。

$x + y$を1つのかたまりにして，$(x + y) \div 3$ 答　となります。

(5) $x \div 2 - 3 \times y$ 答　　ここまでが，文字式の決まりです。

これからずっと使う決まりなので，しっかり身につけてください。

文字式で数量を表す

いろいろな数量を文字式で表していきます。文で書かれた数量を，まず×や÷を使った式で表します。そして，その式を文字式の決まりに従って直していけばよいのです。

たとえば1本80円の鉛筆x本の代金ならば，$80\times x$（円）ですね。そして，文字式の決まりに従って，$80x$（円）とすればよいわけです。

与えられた数量を，×や÷を使って表す

⬇

文字式の決まりに従って直す

単位もつけるんですね。

はい，**単位があるときは，必ず単位をつけなければいけません。**

例題 24

次の数量を文字式で表しなさい。

(1) xの2倍とyとの和

(2) 1本a円の鉛筆3本と1冊b円のノート2冊の代金の合計

(3) 十の位がa，一の位がbの2けたの整数

(4) $a$cmのリボンから，$b$cmのリボンを5本切り取った残りの長さ

(5) $x$kmの道のりを時速$a$kmで歩いたときにかかる時間

(1) $x\times 2$とyをたすので，$x\times 2+y=\boldsymbol{2x+y}$ 答

(2) $a\times 3+b\times 2$（円）です。×を省いて，$\boldsymbol{3a+2b}$ **(円)** 答

(3) たとえば，57という数は，$5\times 10+7$ですね。つまり，十の位の数は10倍するわけです。したがって，$a\times 10+b=\boldsymbol{10a+b}$ 答

百の位がa，十の位がb，一の位がcの3けたの数ならば，$a\times 100+b\times 10+c$なので，$100a+10b+c$と表します。

2けたの数の表し方

十 一

| a | b | → $\boldsymbol{10a+b}$

(4) $a-b\times 5$（cm）なので，$\boldsymbol{a-5b}$ **(cm)** 答

(5) 時間＝道のり÷速さなので，

$x\div a=\boldsymbol{\dfrac{x}{a}}$ **(時間)** 答　　**時間＝$\dfrac{\text{道のり}}{\text{速さ}}$** と覚えましょう。

半径が$r$cmの円の周の長さを表してみます。円周は，直径×円周率です。そして，数学では円周率をπ（パイ）で表します。3.14より楽ですよ。

円周の長さは，$r \times 2 \times \pi = 2\pi r$(cm)です。

ところで先生，πを書く位置がよくわからないんですが……

πは，ある決まった数なので，**数の後，他の文字の前に書く**のです。

例題 25

次の数量を文字式で表しなさい。

(1) 半径が$r$cmの円の面積　(2) x円の5%

(3) 濃度6%の食塩水xgに溶けている食塩の重さ

(1) 円の面積は半径×半径×円周率なので，$r \times r \times \pi = \pi r^2$ (cm^2) 答

(2) 1%は$\frac{1}{100}$なので，$x \times \frac{5}{100} = \frac{1}{20}x$ (円) 答　または$0.05x$ (円)

(3) 食塩の重さ＝食塩水の重さ×$\frac{\text{濃度(\%)}}{100}$です。覚えましょう。

したがって，$x \times \frac{6}{100} = \frac{3}{50}x$ (g) 答　または$0.06x$ (g)

式の値

文字式の文字にある数をあてはめることを**代入する**（だいにゅう）といい，代入して計算した結果を**式の値**といいます。

たとえば，$5x$に$x=30$を代入すると，$5 \times 30 = 150$　これが式の値です。

例題 26

(1) $x=-3$のとき，$3x+5$の式の値を求めなさい。

(2) $x=-2$，$y=5$のとき，次の式の値を求めなさい。

① $2x-3y$　② x^2-7y

(1) $3x+5$に$x=-3$を代入します。$3 \times (-3) + 5 = -4$ 答

(2) ① $x=-2$，$y=5$を代入して，$2 \times (-2) - 3 \times 5 = -19$ 答

② $(-2)^2 - 7 \times 5 = 4 - 35 = -31$ 答

確認問題 20

(1) $x=-2$のとき，$6+3x$の式の値を求めなさい。

(2) $x=3$，$y=-4$のとき，次の式の値を求めなさい。

① $3x+2y$　② $5x-2y^2$

テーマ

2 1次式の加法と減法

イントロダクション

- 項と係数 ➡ ことばの意味を正確に知る
- 式を簡単にする ➡ 文字の項どうし，数の項どうしをまとめる
- 1 次式の加法と減法 ➡ カッコのついた 1 次式どうしを計算する

項と係数

$2x-3$という式を，加法の式に直してみます。

$2x-3$

$=2x+(-3)$ このとき，$2x$と-3を**項**(こう)といいます。

項　項

そして，$2x$という項で，数の部分2をxの**係数**(けいすう)といいます。

つまり，文字にかけられた数です。

-3のように，数だけの項を**定数項**(ていすうこう)といいます。

わざわざ加法の式に直さなくても，$2x/-3$のように切れば，簡単に項がわかります。

文字が1つだけかけ合わされた$2x$のような項を**1次の項**といい，1次の項だけ，または1次の項と定数項だけの式を**1次式**といいます。

たくさん，用語が出てきてしまいました。ここまでにしましょう。

次の例題で，よく理解してください。

例題 27

次の1次式の項を答えなさい。また，文字の項の係数を答えなさい。

(1) $3x-4$　　(2) $x+3$　　(3) $\dfrac{a}{3}+1$

(1) $3x/-4$と分けて，**項は$3x$と-4** 答

xにかけられた数は3なので，**xの係数は3** 答

(2) $x/+3$と分けて，**項はxと3** 答　$+3$の$+$は書きません。

xの係数は何でしょうか？

xにかけられた数がないので係数はないように見えます。

$1\times x$は$1x$と書かずに1を省きますね。なので**xの係数は1** 答 です。

(3) $\dfrac{a}{3}\Big/+1$と分けて，**項は$\dfrac{a}{3}$と1** 答

$\dfrac{a}{3}$は，$\dfrac{1}{3}\times a$と同じことですね。

したがって，**aの係数は$\dfrac{1}{3}$** 答 です。

(注 意)
項x…xの係数は1
項$\dfrac{a}{3}$…aの係数は$\dfrac{1}{3}$

確認問題 21

次の1次式の項を答えなさい。また，文字の項の係数を答えなさい。

(1) $6x-\dfrac{1}{2}$　(2) $-y-3$　(3) $-\dfrac{a}{2}+5$

式を簡単にする

$2x+3x$のように，文字の部分が同じ項は，まとめることができます。

$2x+3x$
$=(2+3)x$　分配法則　$ax+bx=(a+b)x$
$=5x$

つまり，係数の計算をして，文字をつける　と考えれば簡単です。

定数項を含む式では，文字の項どうし，定数項どうしをまとめます。

$3x+7+4x-1$
$=3x+4x+7-1$　入れかえ
$=(3+4)x+(7-1)$
$=7x+6$

慣れてきたら，いきなり最後の式が出せるようにしましょう。

そして，$7x+6$は，これ以上まとめることはできません。

例題 28

次の式を簡単にしなさい。

(1) $7x+2x$　(2) $x+3x$　(3) $5x-6x$

(4) $2x-3+4x+3$　(5) $1-6x+7x-4$

(1) $7x+2x$
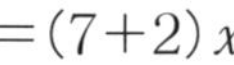
$=(7+2)x$

$=9x$ 答

(2) $x+3x$
$=(1+3)x$
$=4x$ 答

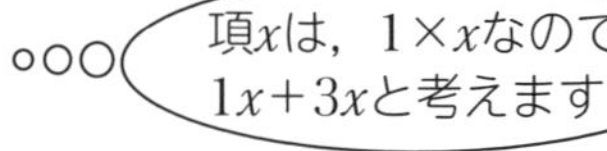

注意！

xには，係数の1が省かれているんでしたね。

(3) $5x-6x$

$=(5-6)x$

$=-x$ 答　○○○（$-1x$と書かないよう，注意）

(4) $2x-3+4x+3$

$=2x+4x-3+3$

$=(2+4)x-3+3$

$=6x$ 答　○○○（定数項が0になったら，書きません）

(5) $1-6x+7x-4$

$=-6x+7x+1-4$

$=(-6+7)x+1-4$

$=x-3$ 答　○○○（$1x$とかかないよう，注意）

答えを書くとき，項の順番に決まりはありますか？

いいえ，ありません。

ふつう，文字の項を先に書きますが，(5)は$-3+x$でも正解です。

カッコのある 1 次式の加法と減法

カッコのある式は，カッコをはずしてから，今までと同じ計算をします。

$(2x+3)+(3x-5)$
$=2x+3+3x-5$ かえない
$=5x-2$

カッコの前が＋のときは，カッコの中の項の符号をかえずにはずす

$(2x+3)-(3x-5)$
$=2x+3-3x+5$ かえる
$=-x+8$

カッコの前が－のときは，カッコの中の項の符号をかえてはずす

例題 29

次の計算をしなさい。

(1) $x+(3x+5)$　　(2) $2x-(4x-7)$

(3) $(10-6x)+(-2x+3)$　　(4) $(6x-5)-(4+5x)$

(1) $x+(3x+5)$
$=x+3x+5$ かえない
$=4x+5$ 答

(2) $2x-(4x-7)$
$=2x-4x+7$ かえる
$=-2x+7$ 答

(3) $(10-6x)\oplus(-2x+3)$

$=10-6x-2x+3$ かえない

$=-8x+13$ 答

(4) $(6x-5)\ominus(4+5x)$

$=6x-5-4-5x$ かえる

$=x-9$ 答

カッコのはずし方がわかったでしょうか。

特訓して正確に計算できるようにしましょう。

トレーニング5

次の計算をしなさい。 ▶解答：p.190

(1) $3x+4x$

(2) $8x-5x$

(3) $-5a+6a$

(4) $4x-x$

(5) $3a+5-4a-8$

(6) $2+a-1-2a$

(7) $2x+(6x-3)$

(8) $-x+(-3x+7)$

(9) $5x-(4x+2)$

(10) $-2x-1-(3x-1)$

(11) $(2x-8)+(-3x-1)$

(12) $(-x+5)-(2x-9)$

(13) $(-5+4a)+(-3+6a)$

(14) $(-5a+5)-(-2+4a)$

(15) $(9x+3)+(6x-2)$

(16) $(x-7)-(-x-12)$

(17) $\left(\frac{1}{2}x+3\right)-\left(-\frac{1}{2}x+1\right)$

(18) $\left(-\frac{2}{3}x-8\right)+\left(-\frac{4}{3}x+10\right)$

テーマ

3 1次式と数の乗法と除法

イントロダクション

- ◆ 文字の項と数の乗法と除法 ➡ 数をかけたり数でわったりする
- ◆ 分配法則を用いた計算 ➡ カッコのはずし方を身につける
- ◆ 四則の混じった計算 ➡ 分数を含んだ式までマスターする

文字の項と数の乗法と除法

文字の項と数の乗法や除法は，文字の項の係数と数を計算し，文字をかけます。

（例）$-5x\times3$
$=-5\times x\times3$
$=-15\times x$
$=-15x$

$6x\div2$ 分数で表す
$=\dfrac{6x}{2}$ 約分する
$=3x$

係数と数の計算をして，文字をかける

これは，一気に答えが出せそうですね。

例題 30

次の計算をしなさい。

(1) $3x\times2$　(2) $4x\times(-2)$　(3) $-2\times9x$

(4) $12x\div3$　(5) $-18x\div(-3)$　(6) $4x\div\left(-\dfrac{2}{3}\right)$

(1) $3x\times2$
$=3\times2\times x$
$=6x$ 答

(2) $4x\times(-2)$
$=4\times(-2)\times x$
$=-8x$ 答

(3) $-2\times9x$
$=-2\times9\times x$
$=-18x$ 答

(4) $12x\div3$
$=\dfrac{12x}{3}$
$=4x$ 答

(5) $-18x\div(-3)$
$=\dfrac{-18x}{-3}$
$=6x$ 答

文字式では，先頭の＋は書きません

(6) 分数でわるときは，どうしますか？

確か，逆数をかけるんでしたっけ？

その通りです。よく覚えていましたね。

$4x\div\left(-\dfrac{2}{3}\right)$　逆数をかける

$=4x\times\left(-\dfrac{3}{2}\right)$

$=4\times\left(-\dfrac{3}{2}\right)\times x$

$=-6x$ 　　ここまでは，解きやすいですね。

文字の項を分数でわるときは
わる数の逆数をかける

確認問題 22

次の計算をしなさい。

(1)　$7x\times3$　　(2)　$-5x\times(-6)$

(3)　$14x\div7$　　(4)　$(-12x)\div(-8)$　　(5)　$15x\div\left(-\dfrac{5}{3}\right)$

分配法則を用いてカッコをはずす

カッコのある式は分配法則$a(b+c)=ab+ac$を使いカッコをはずします。

(例)　$2(3x-4)$

$=2\times\{3x+(-4)\}$

$=2\times3x+2\times(-4)$

$=6x-8$

②($\boxed{3x}$ $\boxed{-4}$)

$=6x-8$

例題 31

次の計算をしなさい。

(1)　$3(x+6)$　　(2)　$2(5x-8)$

(3)　$(-2x+3)\times(-2)$　　(4)　$(16x+12)\div(-4)$

(1)　$3(x+6)$

$=3\times x+3\times6$

$=3x+18$ 答

(2)　$2(5x-8)$

$=2\times5x+2\times(-8)$

$=10x-16$ 答

(3)　$-2(-2x+3)$

と等しいので，

$4x-6$ 答

カッコの中の両方にかけるのが，要注意ですね。

そうなんです。特に，後ろにかけるのを忘れないように注意しましょう。

(4)

$(16x+12)\div(-4)$　−4で，それぞれをわります

$=-4x-3$ 答

確認問題 23

次の計算をしなさい。

(1) $4(2x+3)$　　(2) $6(x-7)$

(3) $(4x+2)\times(-3)$　　(4) $(10x-15)\div(-5)$

カッコが複数出てくる1次式の計算をしていきます。

たとえば，$2(3x+1)-3(x-4)$は，次のように計算します。

まず，この式を$2(3x+1)$と$-3(x-4)$に分けて考えます。

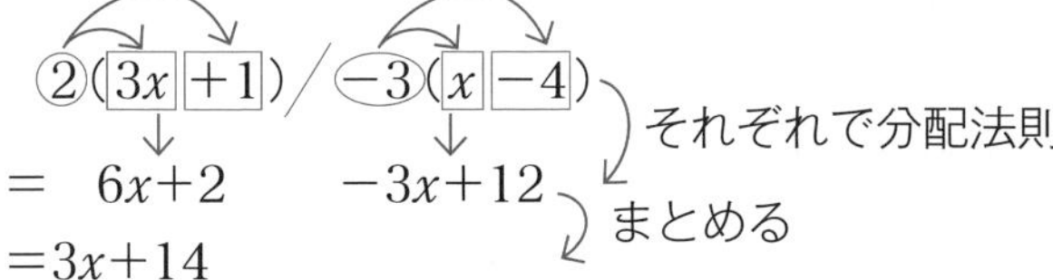

$2(3x+1)/-3(x-4)$

$=\ 6x+2\quad -3x+12$

$=3x+14$

どうですか？　長い式でしたが，それぞれのカッコをはずし，まとめるだけなので，練習すればできるようになりますよ。

例題 32

次の計算をしなさい。

(1) $3(x-6)-4x$　　(2) $2x-5(3x+1)$

(3) $3(x-4)+4(x-1)$　　(4) $6(2x-3)-5(x-2)$

(5) $-(x-3)+\dfrac{1}{2}(8x+6)$

(1) $3(x-6)/-4x$

$=3x-18-4x$

$=-x-18$ 答

(2) $2x/-5(3x+1)$

$=2x-15x-5$

$=-13x-5$ 答

(3) $3(x-4)/+4(x-1)$

$=3x-12+4x-4$

$=7x-16$ 答

(4) $6(2x-3)/-5(x-2)$

$=12x-18-5x+10$

$=7x-8$ 答

(5) $-(x-3)/+\dfrac{1}{2}(8x+6)$

かえる

$=-x+3+4x+3$

$=3x+6$ 答

$\dfrac{1}{2}(8x+6)$

$=\dfrac{1}{2}\times 8x+\dfrac{1}{2}\times 6$

$=4x+3$

式を切って，それぞれのカッコをはずすんですね。

最後に，分数を含む1次式と数との積を考えます。

$\dfrac{3x-1}{2}\times 6$という計算は，$\dfrac{(3x-1)\times 6}{2}$となって，約分できます。

$\dfrac{(3x-1)\times \overset{3}{\cancel{6}}}{\underset{1}{\cancel{2}}}=3(3x-1)=9x-3$　と求まります。

例題 33

次の計算をしなさい。

(1)　$\dfrac{5x-3}{2}\times 8$　　(2)　$10\times\dfrac{2x+1}{5}$

(1)　$\dfrac{(5x-3)\times \overset{4}{\cancel{8}}}{\underset{1}{\cancel{2}}}$

$=4(5x-3)$

$=20x-12$　答

カッコをつけるのを忘れずに

(2)　$\dfrac{\overset{2}{\cancel{10}}(2x+1)}{\underset{1}{\cancel{5}}}$

$=2(2x+1)$

$=4x+2$　答

トレーニング 6

次の計算をしなさい。　▶解答：p.191

(1)　$2(8x-3)-5(x+2)$　　(2)　$2(4x-5)+3(8x-2)$

(3)　$-(3x+2)+2(7x-8)$　　(4)　$-3(x+9)-(2x-5)$

(5)　$3(x-5)-4(2x-3)$　　(6)　$6(2x-3)+4(-3x+4)$

(7)　$7(4x+2)+5(3x-2)$　　(8)　$-4(7x+3)+2(5-4x)$

(9)　$10(-x+2)-3(5x+2)$　　(10)　$-2(-3x-4)+5(7x-6)$

(11)　$\dfrac{1}{2}(8x+6)-\dfrac{1}{3}(9x-12)$　　(12)　$\dfrac{2}{3}(15x-18)-2(x+3)$

(13)　$\dfrac{8x+1}{6}\times 12$　　(14)　$\dfrac{-x+3}{4}\times(-16)$

テーマ
4 文字式を用いて数量を表す

イントロダクション

- ◆ 数量を文字式で表し，計算する
- ◆ 速さ，割合を文字式で表す ➡ 計算できるものはする
- ◆ 規則性を発見して，数量を求める ➡ 文字式をつくる

数量を文字式で表し，計算する

1本60円の鉛筆a本と，1本100円のボールペン$(a+3)$本を買うとき，代金の合計を求めてみます。

$60\times a+100\times(a+3)=60a+100(a+3)$（円）となります。

カッコをはずして計算できそうです！

よく気づきました。計算できるものは，しなければなりません。

$60a+100(a+3)$
$=60a+100a+300$
$=160a+300$（円）　これが答えとなります。

文字式で表し，計算できるものはする

例題 34

次の数量を，文字式で表しなさい。

(1) 入場料がa円の子ども3人と，$2a$円の大人2人の入場料の合計

(2) 時速3kmでx時間歩いたあと，時速6kmで$(x+1)$時間歩いたときに，進んだ道のりの合計

(3) 定価x円の品物を3割引きで5個買ったときの代金

(1) $a\times3+2a\times2$
$=3a+4a$
$=\mathbf{7a}$ **（円）** 答

(2) 道のり＝速さ×時間で求められます。
$3x+6(x+1)$
$=3x+6x+6$
$=\mathbf{9x+6}$ **(km)** 答

(3) 3割引きとは，$1-\frac{3}{10}=\frac{7}{10}$倍です。

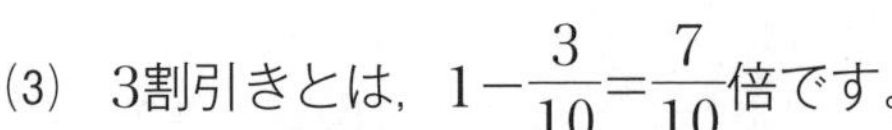

よって，$x\times\frac{7}{10}\times5=\frac{7}{2}x$ **（円）** 答

a割引き→$\left(1-\frac{a}{10}\right)$倍

a%増し→$\left(1+\frac{a}{100}\right)$倍

確認問題 24

次の数量を，文字式で表しなさい。

(1)　1個80円のみかんa個と，1個120円のりんご$(a+2)$個を買ったときの，代金の合計

(2)　定価x円の2割引きの商品が30個売れたとき，売上の合計

(3)　片道$x$kmの道のりを，行きは時速4kmで，帰りは時速3kmで往復したときに，かかった時間の合計

例題 35

右の図のように，石を正方形の辺上に同じ数ずつ並べる。

(1)　1辺の個数が5個のとき，石の個数を求めなさい。

(2)　1辺の個数がn個のとき，石の個数を求めなさい。

1辺の個数

3個　　4個

(1)　1辺の個数が5個のとき，辺が4つあるので，$5\times4=20$(個)

これでよいでしょうか？

かどの石がダブって数えられている気がします。

確かにそうですね。

右の図のように，赤色がついた石をダブって数えてますね。4すみにあるので，それをひいて，

$5\times4-4=16$(個)　答

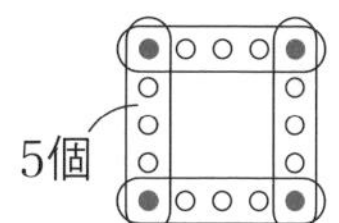

(2)　同じように考えて$n\times4-4=4n-4$(個)　答

わかったでしょうか。ただし，これの考え方は1通りではありません。1辺が5個のとき，4個の石の組が4セットと考えることもできます。

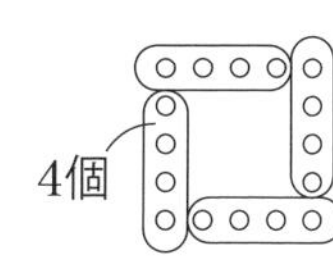

確認問題 25

右の図のように，マッチ棒を並べて正方形を作る。

(1)　正方形が4個できるとき，マッチ棒の本数を求めなさい。

(2)　正方形がn個できるとき，マッチ棒の本数を求めなさい。

正方形の個数

1個　2個　3個

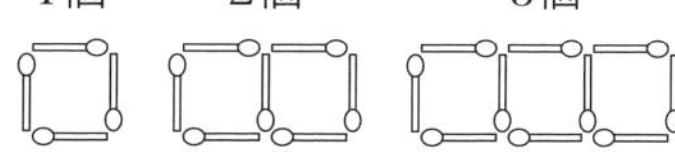

テーマ

5 関係を表す式

イントロダクション

- 等しい関係の式の意味 ➡ 等式について知る
- 等しい関係を式に表す ➡ 何と何が等しいか
- 大小の関係を式に表す ➡ 不等式の意味を知り，不等式をつくる

等式のつくり方

AとBが等しいことを，等号「＝」を用いて，A＝Bと表したものを，**等式**(とうしき)といいます。

1本50円の鉛筆a本と1冊100円のノートb冊で800円だったとします。これは，$50a+100b=800$という等式で表すことができます。

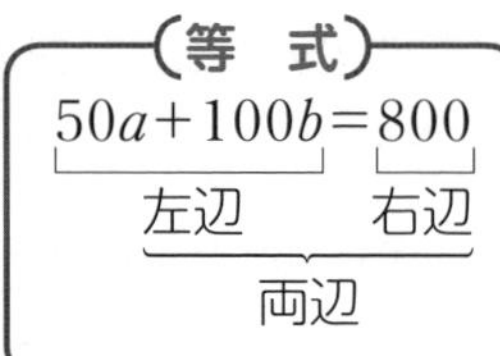

等式では，等号の左側にある式を**左辺**(さへん)，右側にある式を**右辺**(うへん)といい，左辺と右辺を合わせて**両辺**(りょうへん)といいます。

等式では，単位はどうするんですか？

いい質問ですね。**等式では単位はつけません。**

例題 36

次の数量の関係を，等式で表しなさい。

(1) aの4倍に3を加えたものは，bと等しい。

(2) a円の切手2枚とb円の切手3枚を買ったとき，代金の合計がc円であった。

(3) 1個x円のりんごを5個買い，1000円出したらおつりがy円であった。

(4) a時間b分はc分である。

(1) $a\times4+3=4a+3$です。
これがbと等しいので，
$\boldsymbol{4a+3=b}$ 答

(2) $a\times2+b\times3=2a+3b$(円)が
代金の合計c円と等しいので，
$\boldsymbol{2a+3b=c}$ 答

(3) りんごの代金は$5x$(円)なので，おつりは$1000-5x$(円)
これがy円と等しいので，$\boldsymbol{1000-5x=y}$ 答

(4) 単位をそろえましょう。分の単位にしてみます。
1時間は60分なので，a時間は$a\times60=60a$（分）です。
それにb分を加えたものがc分なので，$\boldsymbol{60a+b=c}$ 答

① **文字式の決まりを守る**
×や÷が残ったままにしてはいけません。
② **左辺と右辺が逆でもよい**
たとえば，(1)で$b=4a+3$としてもOKです。
③ **単位をそろえる**
単位に注意し，違うものはそろえます。

等式をつくるときの注意点

確認問題 26

次の数量の関係を，等式で表しなさい。
(1) aの3倍から1をひいたものは，bと等しい。
(2) x円の3割がy円である。
(3) a mのリボンから，b cmのリボンを3本切り取ったら，残りはc cmであった。

不等式のつくり方

2つの数量の大小関係を，不等号を用いて表した式を**不等式**（ふとうしき）といいます。

$a>b$…aはbより大きい $a\geqq b$…$a>b$または$a=b$	$a<b$…aはbより小さい $a\leqq b$…$a<b$または$a=b$

例題 37

次の数量の関係を，不等式で表しなさい。
(1) aとbの和は20より大きい
(2) xの3倍は，yの2倍以上である。
(3) 1冊a円のノート2冊と1冊b円のノート3冊で，1000円よりも安かった。

(1) $a+b$が20より大きいから，$\boldsymbol{a+b>20}$ 答
(2) $3x$が$2y$以上だから，不等号≧を使って，$\boldsymbol{3x\geqq2y}$ 答
(3) $a\times2+b\times3=2a+3b$（円）が，1000円より安いから，
$\boldsymbol{2a+3b<1000}$ 答

文字と式まとめ

定期テスト対策A

▶解答：p.192

1. 次の式を，文字式の決まりに従って表しなさい。

(1) $a\times 10$　(2) $x\times 7\times y$

(3) $b\times(-1)\times a$　(4) $a\times a\times 2\times a$

(5) $4\times x+6\times y$　(6) $a\times a-b\times 3$

(7) $x\div 6$　(8) $2\times x\div 5$

(9) $(x-y)\div 4$　(10) $x\div 2-3\times y$

2. たて$a$cm，横$b$cmの長方形がある。次の式はどのような数量を表しているか答えなさい。また，単位も答えなさい。

(1) ab　(2) $2a+2b$

3. 次の数量を文字式で表しなさい。

(1) 1個a円のおにぎり3個と，1個b円のサンドイッチ2個を買ったときの代金の合計

(2) a円の3割の金額

(3) amの道のりを，分速80mで歩いたときに，かかる時間

4. 次の数量を[　　]内の単位で表しなさい。

(1) xg[mg]　(2) a分[時間]

5. $x=-2$のとき，次の式の値を求めなさい。

(1) $4x+5$　(2) $2x^2$　(3) $1-\frac{x}{2}$

6. 次の計算をしなさい。

(1) $3a-a$ (2) $2x+3-5x-1$

(3) $12x-3-8x+4$ (4) $(x-3)+(7x+3)$

(5) $(3x+7)-(2x-9)$ (6) $(-25x-19)-(-8x+7)$

7. 次の計算をしなさい。

(1) $5x\times4$ (2) $6\times(-4x)$

(3) $14\times\left(-\frac{2}{7}x\right)$ (4) $\left(-\frac{1}{5}x\right)\times(-5)$

(5) $2(3x+1)-(x-4)$ (6) $5(x+3)-2(4x-3)$

(7) $-3(2x-1)+7(x-3)$ (8) $18\times\frac{2x+1}{3}$

8. 右の図のように，石を並べて正方形をつくるとき，次の問に答えなさい。

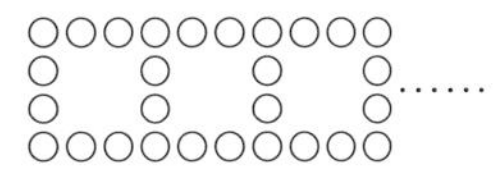

(1) 正方形を4個つくるとき，石の個数の合計を求めなさい。

(2) 正方形をn個つくるとき，石の個数の合計を求めなさい。

9. 次の数量の関係を，等式で表しなさい。

(1) aを2倍した数に5を加えたら，bと等しくなった。

(2) 時速$x$kmで3時間進み，時速$y$kmで2時間進んだところ，合計で$a$km進んだ。

文字と式まとめ

定期テスト対策 B

▶解答：p.193

1. 次の式を，文字式の決まりに従って表しなさい。

(1) $(-2)\times a-b\times 5$　　(2) $x\times(-7)+3\times x\times x\times x$

(3) $(2\times a+5)\div 3$　　(4) $4\times x\div(y\times z)$

2. 1個x円のクッキーと1個y円のチョコレートがある。このとき，$1000-(2x+y)$(円)とは，どのような数量を表しているか。

3. 次の数量を，文字式で表しなさい。

(1) a点とb点とc点の平均

(2) 原価x円の商品に，原価の2割の利益を見込んでつけた定価

(3) $x$kmの道のりを時速4kmで歩き，そのあと$y$kmの道のりを時速5kmで歩いたとき，かかる時間の合計

4. $x=-3$，$y=4$のとき，次の式の値を求めなさい。

(1) $-2xy$　　(2) $3x-2y$　　(3) $2x^2-xy$

5. 次の計算をしなさい。

(1) $-(-3x+4)-(-5+6x)$　　(2) $\frac{1}{2}x+3+\frac{5}{2}x-1$

(3) $(-12)\times\frac{5x-1}{3}$　　(4) $-(-x+4)+4(-3-2x)$

(5) $\frac{1}{2}(8x+10)-\frac{1}{3}(9x-6)$　　(6) $\frac{2}{3}(15x-18)-\frac{3}{4}(8x-48)$

6. 右の図のように，石を正三角形の形に並べる。次の問に答えなさい。

1辺の個数

(1) 1辺の個数が10個のとき，石の個数の合計を求めなさい。

(2) 1辺の個数がn個のとき，石の個数の合計を求めなさい。

7. ある月のカレンダーで，右のように5つの数を

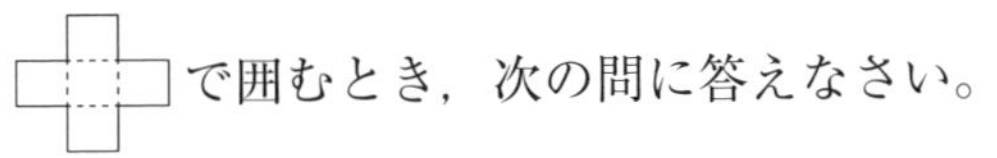

で囲むとき，次の問に答えなさい。

日	月	火	水	木	金	土
1	2	3	4	5	6	7
8	9	10	11	12	13	14
15	16	17	18	19	20	21
22	23	24	25	26	27	28
29	30	31				

(1) 中央の数をxとするとき，そのまわりにある数を，それぞれxを用いて表しなさい。

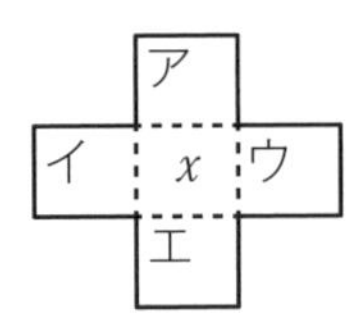

(2) 中央の数をxとするとき，囲まれた5つの数の和を求めなさい。

8. 次の数量の関係を，等式で表しなさい。

(1) 底辺が$a$cm，高さが$h$cmの三角形の面積はScm^{2}である。

(2) 定価x円の品物を1割引きでa個買ったら，代金の合計がb円であった。

(3) あるテストで，男子15人の平均点がa点，女子13人の平均点がb点で，男女合わせた平均点がc点であった。

(4) 時速3kmでx時間進んだ道のりは，時速5kmでy時間進んだ道のりよりも2km短かった。

第3章 方程式

テーマ1 方程式の解き方①

イントロダクション

- ◆ 方程式とその解 ➡ どんな等式を方程式というか／解とは何か
- ◆ 等式の性質を用いて方程式を解く ➡ x =(数)の形を作る手順を知る
- ◆ 移項を用いて方程式を解く ➡ 移項のしかたをマスターする

方程式とその解

数量の等しい関係を等号(＝)を使って表した式のことを等式といいましたね。そして，等号の左側の式を左辺，右側の式を右辺，合わせて両辺といいました。覚えていますか？

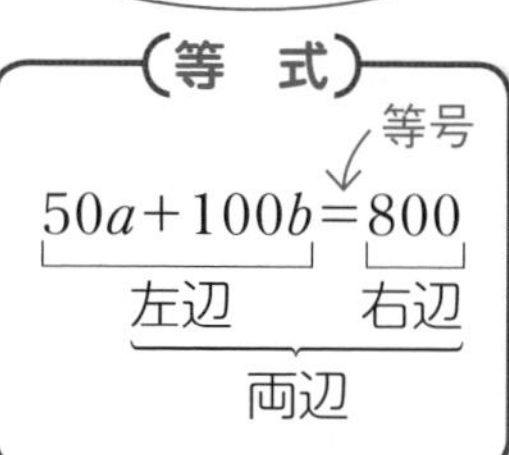

ここで学ぶ**方程式**とは，式の中の**文字がある値のときだけ成り立つ等式**です。

たとえば$x+1=5$という等式は，$x=4$のときだけ成り立つので，方程式です。

そして，その方程式を成り立たせる文字の値を方程式の**解**といい，その解を求めることを，**方程式を解く**といいます。

$x+1=5$では，$x=4$が解というわけです。

$x+1=5$ ← 方程式
↓方程式を解く
$x=4$ ← 解

例題 38

$x=1$，2，3，4のうち，方程式$2x-1=3$の解を求めなさい。

xに1，2，3，4をそれぞれ代入してみましょう。

そして，$2x-1$の値が3と等しくなるxの値を見つけます。

$x=1$のとき，$2x-1=2\times1-1=1$

このようにして求めていくと，右の表のようになりますね。

x	1	2	3	4
$2x-1$	1	3	5	7

$x=2$のとき，$2x-1$の値が3になりました！

そうですね，$x=2$のときに，この方程式が成り立っています。
したがって，この方程式の解は，$x=2$ 答

等式の性質を用いて方程式を解く

方程式の解を計算によって求めてみましょう。それには，**等式の性質**という強力な武器を使います。

等式を，つり合っている天びんにたとえて考えてみます。

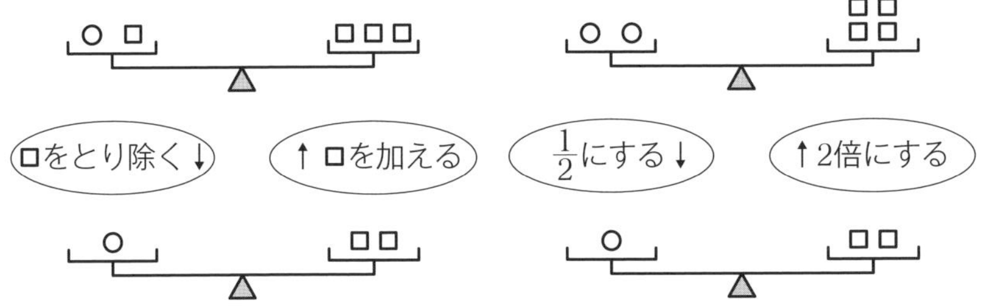

両辺で，同じ操作をしてもつり合いますね。

等式には，次のような性質があります。

ポイント

〈等式の性質〉

$A=B$ならば，

①$A+C=B+C$　②$A-C=B-C$

③$AC=BC$　④$\frac{A}{C}=\frac{B}{C}$ $(C\neq0)$

むずかしそうに見えますが，簡単にいえば，等式の両辺に同じ数を加えても等式は成り立ちます。それが①です。

両辺から同じ数をひいても(②)，両辺に同じ数をかけても(③)，両辺を0でない同じ数でわっても(④)等式は成り立つのです。$C\neq0$は，Cが0でないことを表します。

①～④の性質は，つり合った天びんと同じですね。

この等式の性質を用いて，方程式を解いてみましょう。

イメージは，xの正体をあばいていく感じです。

xの正体をあばく！

例題 39

次の方程式を，等式の性質を用いて解きなさい。

(1) $x+5=8$　　(2) $4x=-12$

方程式の解は，$x=$ ㊕数 の形をしていますね。

そこで，**文字を含む項は左辺**に，**数だけの項（定数項）は右辺**に集めていきます。

(1) 文字xを含む項を□で囲み，数の項を○で囲んでみます。

そして，□を左辺に，○を右辺に集めてみましょう。

$\boxed{x}\ (+5)=(8)$　　$\boxed{x}$は左辺にあり，(8)は右辺にあるので，このままの場所でいいですね。

しかし，(+5)は数の項なのに左辺にあります。これをなくすことを考えます。左辺の+5をなくすために，両辺から5をひきます。

$$x+5=8$$
$$x\underbrace{+5-5}_{0になる}=8-5$$

両辺から5をひく（等式の性質②）

$$x=3$$ 答　これが解です。

(2) $\boxed{4x}=(-12)$　　この方程式は$4x$が左辺，-12が右辺なので，場所はOKです。

あとはxの係数（xにかけられた数）4をなくしましょう。

どうやれば4がなくなるでしょうか？

xに4がかけられているので，4でわればいいと思います。

その通りです。両辺を4でわります。

$$4x=-12$$
$$\frac{4x}{4}=-\frac{12}{4}$$

両辺を4でわる（等式の性質④）

$$\frac{{}^{1}\cancel{4}x}{\cancel{4}_{1}}=-\frac{\cancel{12}^{3}}{\cancel{4}_{1}}$$

約分して

$$x=-3$$ 答

（注 意）

右辺も同じ数でわることを忘れないよう，注意しよう。

確認問題 27

次の方程式を，等式の性質を用いて解きなさい。

(1) $x-2=4$　　(2) $x+3=5$

(3) $3x=-6$　　(4) $\frac{1}{2}x=-3$

移項を利用して方程式を解く

さらにスムーズに方程式を解く方法を紹介しましょう。

次の例で考えてみます。等式の性質を用いて解くと，−2をなくすために，両辺に2を加えます。

① $x-2=7$
$x-2+2=7+2$ （両辺に2を加える）
（$-2+2$ は 0になって消える）
② $x=7+2$
$x=9$

左のようにやって解けます。さて，そこで①の式と②の式を見くらべてください。

左辺にあった−2が，右辺に+2となって移ったように見えますね。

これを**移項**といいます。

① $x\underline{-2}=7$
（移項）
② $x=7\underline{+2}$

左辺にある項を右辺に，右辺にある項を左辺に，符号をかえて移すことができます。

等号という橋を渡ると符号がかわると思ってください。

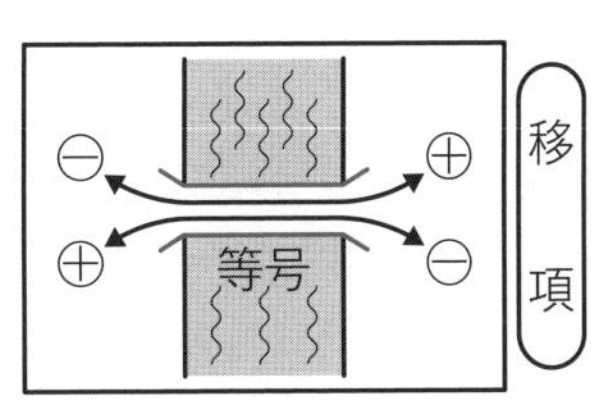

ポイント〈移項〉

- 等式の一方の辺にある項を，他方に**符号をかえて**移すこと
- 移項によって，**文字を含む項を左辺**に，**数の項を右辺**に集める

この方法，すごく便利ですね！

そうなんです。移項を正確に使いこなせるようになれば，方程式は楽に解けるようになります。

移項するとき，**符号をかえるのを忘れない**よう，注意してください。

例題 40

次の方程式を，移項を用いて解きなさい。

(1)　$x+3=-5$　　(2)　$3x=-x+8$

xを含む項は左辺，数の項は右辺に集めます。

(1)　$x+3=-5$　　xと-5はそのまま，$+3$を右辺に移項します。

$x=-5-3$

$x=-8$　答

(2)　$3x=-x+8$

$3x+x=8$

$4x=8$

両辺を4でわる

$\frac{4x}{4}=\frac{8}{4}$

$x=2$　答

解き方のまとめ
- 文字を含む項は左辺，数の項は右辺に移項
- ○x＝△の形にする
- xの係数○で両辺をわる

注　意
移項したとき，符号をかえるのを忘れずに！

移項するものが2つ以上あったらどうするんですか？

いい質問です。1つずつ移項するとたいへんですね。

実は，2つ以上の項を同時に移項していいんです。

やってみましょう。

例題 41

次の方程式を解きなさい。

(1)　$3x-1=-x+7$　　(2)　$8+x=4x-10$

まず，問題を見て，何を移項すべきかわかりますか？

合い言葉は，「文字の項は左辺，数の項は右辺」です。

そうなっていないものを移項します。文字の項を□，数の項を○で囲んでみます。

(1)　$\boxed{3x}$ ⃝-1 $=$ $\boxed{-x}$ ⃝$+7$　　-1と$-x$が移項すべき項です。

(2)　⃝8 $\boxed{+x}$ $=$ $\boxed{4x}$ ⃝-10　　8と$4x$が移項すべき項です。
わかるでしょうか。

移項すべき項が一目見てわかるようにしましょう。

これらを，同時に移項してみます。

(1)　$3x-1=-x+7$

$3x+x=7+1$

$4x=8$　）両辺を4でわる

$x=2$　答

○○○ 左辺の-1を右辺に，右辺の$-x$を左辺に同時に移項します。

(2)　$8+x=4x-10$

$x-4x=-10-8$

$-3x=-18$　）両辺を-3でわる

$$\frac{-3x}{-3}=\frac{-18}{-3}$$

$x=6$　答

○○○ 左辺の8を右辺に，右辺の$4x$を左辺に同時に移項します。

すごく効率的で，速く解けますね。

注　意

方程式を解くときは，等号(＝)はまん中に1つしか書いてはいけません。
式の先頭に＝をつけないように注意しましょう。

移項を用いて解く問題を練習し，慣れておこう。

確認問題 28

次の方程式を解きなさい。

(1)　$3x-7=14$　　(2)　$2x-6=2$

(3)　$5x=-x+24$　　(4)　$6x-3=5$

確認問題 29

次の方程式を解きなさい。

(1)　$5x-2=3x+4$　　(2)　$3x+5=x-3$

(3)　$x+1=3x-9$　　(4)　$-4x+9=3+2x$

(5)　$6+2x=5x-9$　　(6)　$8x-7=4x-5$

カッコのある方程式を解く

移項を用いた方程式の解き方がわかったでしょうか。
では，カッコがついた方程式の解き方を考えてみましょう。

例題 42

次の方程式を解きなさい。
$2(x+5)-1=3(2x-1)$

一見難しそうですね。とりあえずカッコを正確にはずしてみましょう。
分配法則を用いてはずします。

$$2(x+5)-1=3(2x-1)$$
$$2x+10-1=6x-3$$
$$2x-6x=-3-10+1$$
$$-4x=-12$$
$$\frac{-4x}{-4}=\frac{-12}{-4}$$
$$x=3$$ 答

−4でわる

分配法則
$a(b+c)$
$=ab+ac$

分配法則でカッコをはずしてから，移項するんですね。

はい，その通りです。複雑な方程式も，どんどん解けていきますよ。

確認問題 30

次の方程式を解きなさい。

(1) $3(x-1)=6$
(2) $2(x+3)=-x+9$
(3) $2(3x-1)=3(x+2)+1$
(4) $-(x+7)+4=5(x-2)+1$

今まで学習した方程式の解き方を，訓練しましょう。

トレーニング7

次の方程式を解きなさい。 ▶解答：p.196

(1) $x-1=5$

(2) $x-6=3$

(3) $-2x+6=0$

(4) $3x+2=14$

(5) $4x=x+12$

(6) $x-3=-2x$

(7) $3x-4=-13$

(8) $3x+2=-10$

(9) $2x+15=8x-9$

(10) $3x+1=x+5$

(11) $5x-7=3x+7$

(12) $x+4=3x-6$

(13) $-2x+8=4x+2$

(14) $-4x+5=12x+37$

(15) $2(x+3)=14$

(16) $3(x+8)=-9$

(17) $4-(x+3)=5$

(18) $2(x-6)=x-5$

(19) $5(x-2)=-x+8$

(20) $4-(x-2)=6+x$

(21) $3x+2(5x-7)=-1$

(22) $5(x-3)-(x+3)=0$

(23) $\frac{1}{2}(6x-4)=-x-6$

(24) $3(x+1)-5=4x-6$

テーマ

2 方程式の解き方②

イントロダクション

- いろいろな方程式を解く ➡ 小数や分数を含む方程式の解き方を知る
- 比例式を解く ➡ どのようにして方程式にかえるか
- 定数を求める ➡ 解が与えられたら代入する

小数を含む方程式の解き方

$0.4x-0.6=0.2$という方程式は，どのように解いたらよいでしょうか。

等式の性質を思い出してください。

等式は，両辺に同じ数をかけても成り立ちましたね。

では，両辺に10をかけてみます。

$(0.4x-0.6)\times10=0.2\times10$

$4x-6=2$　　すごく簡単な方程式にかわります。

これならすぐ解けますね。$x=2$と求まります。

小数第2位まで出てくるときは，100倍するんですか？

はい，そうです。小数を含まない方程式にするために必要な数をかければよいのです。**両辺に10，100などをかけて，小数をなくす**わけです。

小数を含む方程式 —両辺に×10，×100 など→ 小数を含まない方程式 にかえる

例題 43

次の方程式を解きなさい。

(1) $0.5x+1.2=0.4x$　　(2) $2x-0.8=1.5x-1.8$

(3) $0.02x-0.05=0.03x-0.02$

(1) 両辺を10倍して，

$5x+12=4x$

$5x-4x=-12$

$x=-12$ 答

(2) 両辺を10倍して，

$20x-8=15x-18$

$20x-15x=-18+8$

$5x=-10$

$x=-2$ 答

(3) 小数第2位まであるので，100倍します。

$2x-5=3x-2$

$2x-3x=-2+5$

$-x=3$

$x=-3$ 答　　与えられた方程式は，すぐに簡単になりますね。

確認問題 31

次の方程式を解きなさい。

(1) $0.5x+1.2=0.3x$　　(2) $0.6x-2=0.3x+4$

(3) $-0.12x+0.46=0.1x-0.2$

分数を含む方程式の解き方

$\frac{x}{2}+\frac{x}{3}=5$という方程式は，どうしたら解けるでしょうか。

通分してから解くこともできますが，もっと楽な方法があるんです。

両辺に何かをかけて，分数をなくすことを考えてください。

何をかければよいでしょうか。ヒントは，分母の2と3です。

6をかければ分数はなくなると思います。

その通りです。**分母の最小公倍数を両辺にかけます。**

$\frac{x}{②}+\frac{x}{③}=5$　最小公倍数6

両辺に6をかけて

$\frac{x}{2}\times6+\frac{x}{3}\times6=5\times6$　右辺にもかけるのを忘れずに

$3x+2x=30$　簡単な方程式になりました。

これを解いて，$x=6$

分数を含む方程式 —分母の最小公倍数を両辺にかけて→ 分数を含まない方程式 へ

このように変形することを，**分母をはらう**といいます。

$\frac{x+1}{3}=\frac{x}{4}$を解いてみます。3と4の最小公倍数12を両辺にかけます。

$\left(\frac{x+1}{3}\right)\times12=\frac{x}{4}\times12$　これは$4(x+1)=3x$となります。

これを解いて，$x=-4$と求まります。

例題 44

次の方程式を解きなさい。

(1) $\frac{1}{2}x-1=\frac{1}{3}x$　(2) $\frac{x}{3}=2-\frac{x}{6}$

(3) $\frac{x+1}{5}=\frac{x+4}{2}$　(4) $\frac{x+5}{4}=\frac{x}{6}+1$

(1) 両辺に6をかけて,

$$\left(\frac{1}{2}x-1\right)\times 6=\frac{1}{3}x\times 6$$
$$3x-6=2x$$
$$3x-2x=6$$
$$x=6$$ 答

(2) 両辺に6をかけて,

$$\frac{x}{3}\times 6=\left(2-\frac{x}{6}\right)\times 6$$
$$2x=12-x$$
$$2x+x=12$$
$$3x=12$$
$$x=4$$ 答

(3) 両辺に10をかけて,

$$\frac{x+1}{5}\times 10=\frac{x+4}{2}\times 10$$
$$2(x+1)=5(x+4)$$
$$2x+2=5x+20$$
$$2x-5x=20-2$$
$$-3x=18$$
$$x=-6$$ 答

(4) 両辺に12をかけて,

$$\frac{x+5}{4}\times 12=\left(\frac{x}{6}+1\right)\times 12$$
$$3(x+5)=2x+12$$
$$3x+15=2x+12$$
$$3x-2x=12-15$$
$$x=-3$$ 答

かける数は，分母の最小公倍数でないとダメですか？

いいえ，分母の公倍数であれば，大丈夫です。たとえば，(4)で，両辺に24をかけても正解できます。安心してください。

両辺に24をかけると，$6(x+5)=4x+24$となり，同じ解が求まります。

確認問題 32

次の方程式を解きなさい。

(1) $\frac{2}{5}x-3=\frac{1}{3}x$　(2) $\frac{1}{2}x-1=\frac{2}{3}x+\frac{1}{3}$

(3) $\frac{3x+5}{4}=\frac{x-3}{6}$　(4) $\frac{x-2}{2}-3=\frac{x-5}{5}$

比例式の解き方

比$a:b$において，$\dfrac{a}{b}$を**比の値**といいます。$2:3$の比の値は$\dfrac{2}{3}$です。

比$a:b$と$c:d$の比の値が等しいとき，$a:b=c:d$と表し，この式のことを**比例式**といいます。

$a:b=c:d$のとき，比の値が等しいので，

$\dfrac{a}{b}=\dfrac{c}{d}$　がいえますね。

両辺にbdをかけると，

$\dfrac{a}{\cancel{b}}\times \cancel{b}d=\dfrac{c}{\cancel{d}}\times b\cancel{d}$　約分

したがって，$ad=bc$　が成り立ちます。

（比例式）
$a:b=c:d$
ならば
$\boldsymbol{ad=bc}$

外側の2つの積と内側の2つの積が等しくなるんですね。

はい，そのように考えるとわかりやすいですね。

たとえば，　$3:2=6:x$　では，

$3x=12$　が成り立ち，

$x=4$　と求まります。

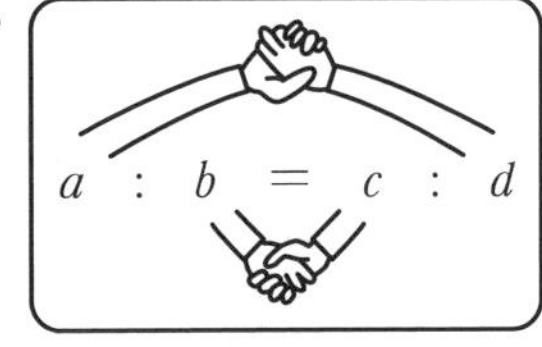

例題 45

次のxの値を求めなさい。

(1)　$x:12=4:3$　　(2)　$(x+3):4=5:2$

(3)　$10:(x-1)=5:(x-3)$

(1)　$x:12=4:3$

$3x=48$

$\boldsymbol{x=16}$　答

(2)　$(x+3):4=5:2$

$2(x+3)=20$

$2x+6=20$

これを解いて，$\boldsymbol{x=7}$　答

(3)　$10:(x-1)=5:(x-3)$

$10(x-3)=5(x-1)$

$10x-30=5x-5$

これを解いて，$\boldsymbol{x=5}$　答

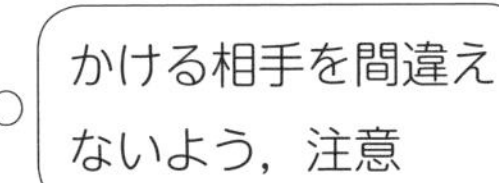

確認問題 33

次のxの値を求めなさい。

(1) $6:5=x:10$　　(2) $8:(x+4)=4:7$

(3) $5:(x+6)=4:(2x-6)$

以上で，方程式，比例式の解き方が完了しました。長かったですね。それでは，ここまでをまとめておきましょう。

（方程式の解き方）

①係数に小数がある…10，100などをかける
　係数に分数がある…分母の最小公倍数をかける
　→係数が整数の方程式にかえる

②カッコがあれば，はずす

③文字の項を左辺に，数の項を右辺に移項する

④$ax=b$の形にする

⑤両辺をxの係数aでわる

（比例式の解き方）

$a:b=c:d$

↓

$ad=bc$の形の方程式にする

定数の求め方

例題 46

xについての方程式$3x+a=-6$の解が$x=-4$であるとき，aの値を求めなさい。

この方程式は，aがあるので，このまま解くことはできそうにないです。解が与えられていますね。解とは，どんな値ですか？

確か，方程式が成り立つときの値でした。

そうですよね。$x=-4$のときにはこの方程式が成り立つはずです。であれば，代入して成り立つのです。

解が与えられたら
↓
方程式に代入する

解$x=-4$を代入してみましょう。

$$3\times(-4)+a=-6$$
$$-12+a=-6$$
$$a=-6+12$$
$$a=6 \quad \text{答}$$

aの値が求まりました。

確認問題 34

xについての方程式$5x-8a=4a-x$の解が$x=2$であるとき，aの値を求めなさい。

トレーニング8

1.　次の方程式を解きなさい。　▶解答：p.198

(1)　$0.5x-0.8=0.2$　　(2)　$0.7-0.5x=-0.3$

(3)　$0.6x+0.2=0.5x+0.7$　　(4)　$0.12x-0.15=0.05x-0.01$

(5)　$1+\frac{x}{3}=-\frac{5}{3}$　　(6)　$\frac{7}{10}x+1=-\frac{9}{5}$

(7)　$\frac{x}{2}=\frac{x}{3}-\frac{4}{3}$　　(8)　$\frac{x}{2}-\frac{5}{8}=\frac{x}{4}+\frac{1}{2}$

(9)　$4x-5=\frac{5x-1}{3}$　　(10)　$x-\frac{x-3}{4}=\frac{3}{2}$

(11)　$\frac{2x-3}{3}=\frac{x+2}{2}$　　(12)　$\frac{3x-2}{4}=5+\frac{x-5}{6}$

2.　次のxの値を求めなさい。

(1)　$5:2x=1:6$　　(2)　$(x+1):2=(3x-2):5$

3.　xについての方程式$3x-a=-2a+x$の解が$x=-1$であるとき，aの値を求めなさい。

テーマ
3 方程式の利用①

イントロダクション

- 文章から方程式をつくる ➡ 等しい関係にあるものを考える
- 代金の問題を解く ➡ 一方を x とおくと，もう一方はどう表されるか
- 分配する問題を解く ➡ 2 つの数量の関係はどうなるか

方程式を立てて解く

今まで，方程式の解き方をマスターしてきました。

ここからは，文章題を解いていきます。

文章で与えられた条件から方程式を立て，その方程式を解くことによって，問題にあった答えを求めるのです。

では，やってみましょう。

例題 47

次の問に答えなさい。

(1) ある数の3倍に2を加えたら20になる。ある数を求めなさい。

(2) ある数から2をひいた差の3倍は，ある数の2倍より5大きい。ある数を求めなさい。

(1) まず，求めるものをxとおきます。この場合，ある数ですね。

ある数をxとする。 ←これは必ず書いてください。

すると，文章は「xの3倍に2を加えたら20」ということです。

これを方程式にします。

$x\times3+2=20$より，

$3x+2=20$　　これで方程式ができました。解きましょう。

$3x=20-2$

$3x=18$

$x=6$

ある数が6となりました。これは問題にあっていますから，

ある数は6 答　　このようにして，求めていきます。

(2) **ある数をxとする。**

文章は「xから2をひいた差の3倍」と「xの2倍より5大きい数」が等しい，といっています。

「xから2をひいた差の3倍」　　「xの2倍より5大きい数」

↓　　↓

$(x-2)\times3$　　$x\times2+5$

$3(x-2)$　　$2x+5$

これらが等しいので，

$3(x-2)=2x+5$　　方程式ができました。解きます。

$3x-6=2x+5$

$3x-2x=5+6$

$x=11$

ある数が11となって，問題にあっています。

ある数は**11**　答

$x=11$を答えにしたらダメなんですか？

はい。文章にもどって，聞かれているものを答えなければいけません。自分でxとしたわけですが，文章では「ある数を求めなさい」となっているので，11とだけ答えるのです。よくあるミスなので気をつけましょう。

まとめておきましょう。

方程式を用いて文章題を解く手順

① 求めるものをxとする。何をxとしたか書く。
② 文章にそって，等しい数量をみつける。
③ それをもとにして方程式を立てる。
④ 方程式を解く。
⑤ 問題文にあっているか確かめ，聞かれている形で答える。

では，練習してみましょう。

確認問題 35

次の問に答えなさい。

(1) ある数の4倍に2を加えると50になる。ある数を求めなさい。

(2) ある数の2倍に10を加えると，ある数の4倍と等しくなる。ある数を求めなさい。

(3) ある数から7をひいた差の4倍は，ある数の2倍より8大きい。ある数を求めなさい。

代金に関する文章題

代金に関する文章題は，よく出てきて，重要です。

やり方のコツがわかれば，すぐに解けるようになるので。がんばってください。

例題 48

次の問に答えなさい。

(1) 1個60円のみかんを何個か買い，200円のかごに入れてもらったら，代金の合計が920円であった。みかんは何個買ったか。

(2) 1本50円の鉛筆と1本120円のボールペンを合わせて10本買ったら，代金は780円であった。買った鉛筆とボールペンの本数を求めなさい。

(1) **みかんをx個買ったとする。** ←これは必ず書きます。

60円のみかんx個で$60 \times x = 60x$（円）ですね。

それにかご代200円をたせば，920円になります。

よって，$60x + 200 = 920$　　これで方程式ができました。

$$60x = 920 - 200$$

$$60x = 720$$

$$x = 12$$

みかん12個は，問題にあっている。

したがって，答　**12個**

(2) 今度は，鉛筆の本数とボールペンの本数の2つがわかりません。

一方の，鉛筆の本数をx本としてみましょう。

鉛筆の本数をx本とする。

さて，問題です。ボールペンの本数は何本といえますか？

合わせて10本買ったので，……あっ，$(10 - x)$本です。

よくわかりました！　合計10本なので鉛筆のx本をひくんですね。

では，1本50円の鉛筆x本で$50x$（円）

1本120円のボールペン$(10 - x)$本で$120(10 - x)$円

この合計が780円なので，

$50x + 120(10 - x) = 780$　解いてみてください。

$x=6$が求まりましたか？

鉛筆を6本とすると，ボールペンは4本となって，問題にあっている。

したがって，**鉛筆 6本，ボールペン4本** 答

この問題をふり返ってみましょう。一方がx本となったとき，もう一方は，10本からx本ひいて，$(10-x)$本。これが一番のポイントでした。

「合わせて○○」の表し方

鉛　筆　　　　ボールペン

x本　　　　$10-x$本

合わせて10本なら

確認問題 36

次の問に答えなさい。

(1) 1本80円の鉛筆何本かと150円の消しゴムを1個買ったところ，代金の合計が630円であった，買った鉛筆の本数を求めなさい。

(2) 1個80円のみかんと，1個150円のりんごを合わせて15個買い，200円のかごに入れてもらったら，代金の合計は1820円であった。買ったみかんとりんごの個数を求めなさい。

分配・増減に関する文章題

ちがったタイプの文章題について，考えます。

例題 49

100個のおはじきを，姉の個数が妹の個数の2倍より20個少なくなるように分けたい。それぞれ何個にすればよいか，求めなさい。

姉の個数と妹の個数の両方がわかっていません。

姉の個数が妹の個数の2倍より……を読んで，どちらをxにしますか？

妹の個数がもとになっているので，妹の個数をxです。

そうです。妹の個数をx個とすると，姉の個数は表しやすいですね。

妹の個数をx個とする。姉の個数は$x\times2-20=2x-20$(個)

その合計が100個なので，$x+(2x-20)=100$

これを解いて，$x=40$

妹を40個とすると，姉は60個となって，問題にあっている。

したがって，**姉60個，妹40個** 答

もとになっている方をxとおくのがコツです。

例題 50

次の問に答えなさい。

(1) みやびさんは現在7歳，母の年齢は34歳である。母の年齢がみやびさんの年齢の2倍になるのは何年後か求めなさい。

(2) さつきさんは2000円，ももこさんは1600円持っていたが，同じ値段の本をそれぞれ買ったところ，さつきさんの残金がももこさんの残金の2倍になった。買った本の値段を求めなさい。

(1) x年後とする。

今からx年後って，みやびさんは何歳になっていますか？

x年後には，x歳だけ年齢が増えるので，$7+x$（歳）です。

そうですね。年齢は平等にたし算して，母は$34+x$（歳）になります。

そして，x年後について，

$$34+x=2(7+x)$$

という方程式ができます。

	みやび	母
今	7歳	34歳
	$+x$ ↓	$+x$ ↓
x年後	$7+x$	$34+x$

これを解くと，$x=20$

20年後は，みやびさんが27歳。母は54歳となり，問題にあっている。

答 **20年後**

(2) 買った本の値段をx円とする。

残金は，さつきさんが$2000-x$（円），ももこさんが$1600-x$（円）です。

$$2000-x=2(1600-x)$$

という方程式ができます。

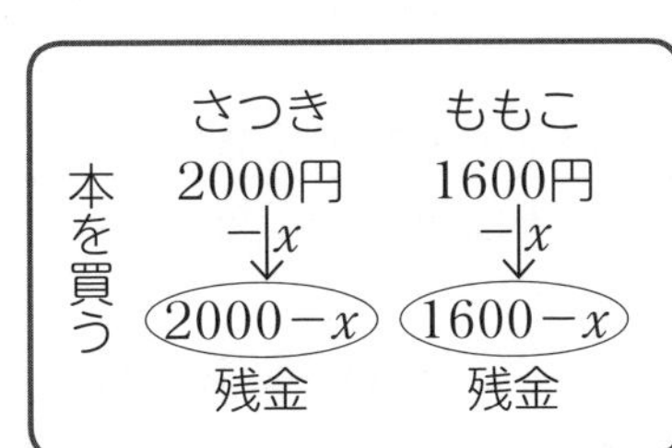

これを解くと，$x=1200$

1200円の本を買うと，さつきさんが800円，ももこさんが400円残って，問題にあっている。

答 **1200円**

(1)ではx年後の年齢について，(2)では本を買ったあとの残金について方程式を立てました。

今回書いたようなメモをつくると，やりやすいですよ。

トレーニング9

次の問に答えなさい。 ▶解答：p.199

(1) ある自然数から3をひいた数の4倍は，ある自然数の2倍に4を加えた数に等しい。ある自然数を求めなさい。

(2) 1本80円の鉛筆を何本か買って，千円札を1枚出したら，おつりは280円であった。買った鉛筆の本数を求めなさい。

(3) 1個80円のゼリーと1個120円のプリンを合わせて10個買うと，代金の合計は960円であった。ゼリーとプリンをそれぞれ何個買ったか求めなさい。

(4) 1本60円の鉛筆と1本100円のボールペンを合わせて12本買い，300円の筆箱1個を買ったところ，代金の合計が1180円であった。買った鉛筆とボールペンの本数をそれぞれ求めなさい。

(5) 現在，父は40歳，子どもは13歳である。父の年齢が子どもの年齢の4倍であったのは，今から何年前か求めなさい。

(6) 200枚の折り紙を兄と弟で分けるのに，兄の枚数が弟の枚数の2倍より10枚少なくなるように分けたい。兄と弟の枚数を求めなさい。

(7) 姉は2000円，妹は600円持っていた。母から同じ金額をもらったので，姉の持っているお金が妹の持っているお金の2倍になった。2人が母からもらった金額はいくらか，求めなさい。

(8) 50tのじゃりを，4tトラックと2tトラック合わせて15台ですべて運びたい。4tトラックと2tトラックをそれぞれ何台使えばよいか求めなさい。

テーマ4 方程式の利用②

イントロダクション

- ◆ **過不足の問題** ➡ 何を x とおくとよいか
- ◆ **等しい数量について方程式をつくる** ➡ 足りない，余るをどう表すか
- ◆ **集金の問題** ➡ 過不足の問題とのちがいは何か

過不足に関する文章題

過不足（かふそく）とは何か，あまりピンとこないのではないでしょうか。

簡単にいえば，余ったり，足りなかったりする問題です。

例題 51

何人かの子どもに鉛筆を配るのに，1人に5本ずつ配ると7本余り，1人に6本ずつ配るには8本足りないという。子どもの人数と鉛筆の本数を求めなさい。

何となく解きづらそうな問題ですね。

わからない数が，子どもの人数と鉛筆の本数の2種類あります。

どちらかをxとします。

このとき**数が少ない方をxとすると，方程式が立てやすい**のです。

子どもの人数と鉛筆の本数では，どちらが数が少ないでしょうか？

そう，当然子どもの人数ですよね。

子どもの人数をx人とする。そして，鉛筆の本数を表してみます。

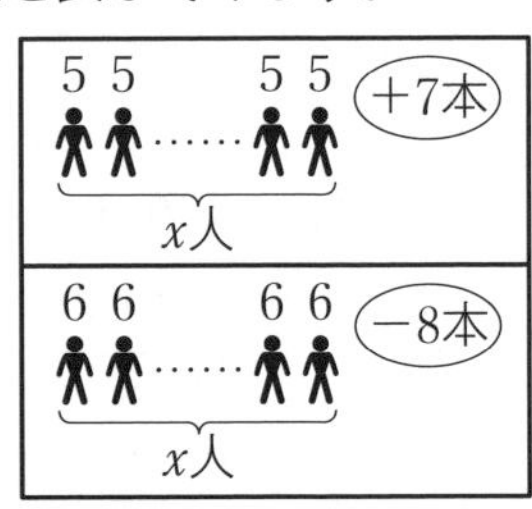

まず，x人に5本ずつ配ると7本余るので，鉛筆は$(5x+7)$本と表せます。

次に，x人に6本ずつ配るには8本足りないので，鉛筆は$(6x-8)$本とも表せます。

この本数は等しいので，

$5x+7=6x-8$　　となります。

数が少ない方をx，もう一方を2通りに表す，ですか？

はい，そのようにすると楽に解けます。

$5x+7=6x-8$を解いて，$x=15$（人）

これで子どもが15人とわかりました。

鉛筆の本数は，$5x+7$か$6x-8$のどちらでもよいので，$x=15$を代入すれば求まります。

$5\times15+7=82$(本)となります。問題にあっています。

答 子ども15人，鉛筆 82本

確認問題 37

何人かの子どもに画用紙を配るのに，1人に5枚ずつ配ると25枚余り，1人に7枚ずつ配るには9枚足りないという。画用紙の枚数と子どもの人数をそれぞれ求めなさい。

例題 52

何個かのみかんを皿にのせるのに，1枚の皿に6個ずつのせると14個余り，1枚の皿に8個ずつのせると皿が1枚余り，それ以外の皿には8個ずつのせることができた。みかんの個数と皿の枚数をそれぞれ求めなさい。

かなり条件が複雑になってきました。じっくり考えてみましょう。

まず，数が少ないのは皿の枚数なので，皿の枚数をx枚とします。

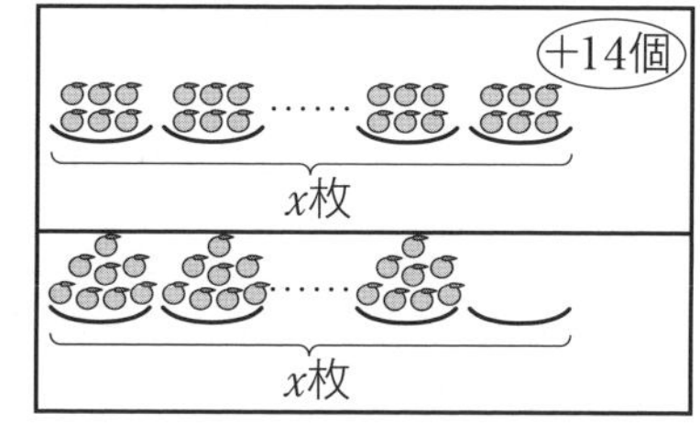

皿の枚数をx枚とする。

みかんの個数は，1枚に6個ずつのせると14個余るから，$(6x+14)$個。

これは簡単でした。

では，ちょうど1皿余った右の図をよく見て，みかんは何個ありますか？

使った皿が$(x-1)$枚なので，$8(x-1)$個です。

そうです。よくわかりましたね。

よって，$6x+14=8(x-1)$　となります。

これを解いて，$x=11$(枚)　みかんは80個となって，問題にあっています。　**答 みかん 80個，皿 11枚**

このように，条件がややこしくなったら，図をかいて考えてみると，方程式を立てやすくなります。

確認問題 38

何個かのお菓子を箱に入れるのに，1箱に8個ずつ入れると18個余るので，1箱に10個ずつ入れていったら，ちょうど全部の箱に10個ずつ入れることができた。お菓子の個数と箱の個数をそれぞれ求めなさい。

集金に関する文章題

何人かでお金を集めていくタイプの文章題を扱っていきます。

例題 53

あるグループで，記念品を買うことにした。1人500円ずつ集めると200円余り，1人450円ずつ集めると100円足りないという。グループの人数と記念品の代金を求めなさい。

グループの人数をx人とする。
記念品の代金は，1人500円ずつ集めると200円余るので，

$(500x-200)$円

1人450円ずつ集めると100円足りないので，

$(450x+100)$円　と表せます。

余るのに-200円，足りないのに$+100$円ですか？

そうなんです。ちょっと変な感じがしますね。
右の図を見てください。

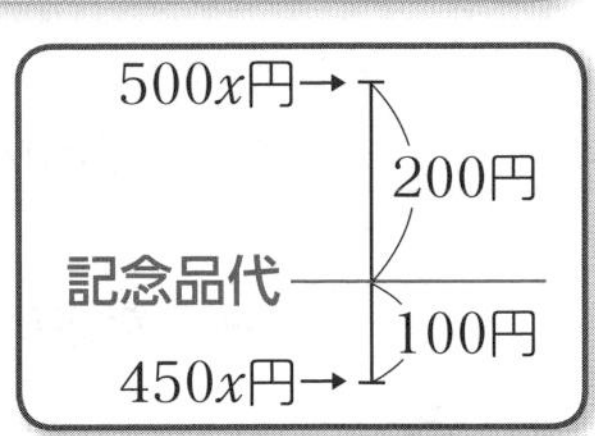

記念品代は，500x円より200円安いので，

$(500x-200)$円

450x円より100円高いので，

$(450x+100)$円　となるからです。

つまり，**集金する問題では，過不足の問題とは＋，－が逆になる**のです。これが注意ポイントです。

記念品代を2通りに表して，$500x-200=450x+100$
これを解いて，$x=6$（人）
記念品代は，$500x-20$に$x=6$を代入して，$500\times6-200=2800$（円）
これは，問題にあっています。

答 **グループの人数 6人，記念品代 2800円**

確認問題 39

ある団体旅行で，バス代を集めることになった。1人1000円ずつ集めると6000円不足し，1人1200円ずつ集めると2000円余るという。団体の人数とバス代を求めなさい。

トレーニング10

次の問に答えなさい。 ▶解答：p.201

1. お菓子を何人かの子どもに分けるのに，1人に8個ずつ配ると3個足りず，1人に7個ずつ配ると5個余る。子どもの人数とお菓子の個数をそれぞれ求めなさい。

2. みかんを何人かの子どもに分けるのに，1人に3個ずつ配ると5個余り，1人に4個ずつ配るには2個足りない。子どもの人数とみかんの個数をそれぞれ求めなさい。

3. 生徒に鉛筆を配るのに，1人に5本ずつ配ると30本余り，1人に6本ずつ配ってもまだ4本余るという。生徒の人数と鉛筆の本数をそれぞれ求めなさい，

4. 折り紙を何人かの子どもに配るのに，1人に8枚ずつ配るには16枚足りず，1人に6枚ずつ配るにも2枚足りないという。折り紙の枚数と子どもの人数をそれぞれ求めなさい。

5. いくらかのお金を持って画用紙を買いに行った。画用紙を20枚買うには50円不足するので，17枚買ったところ，10円余った。画用紙1枚の代金と，持っていたお金をそれぞれ求めなさい。

6. クラスで花束を買い，先生に贈ることにした。1人80円ずつ集めると200円足りず，1人100円ずつ集めると500円余るという。クラスの人数と花束の代金をそれぞれ求めなさい。

7. クラス会の費用を集めるのに，1人300円ずつ集めると700円余り，1人250円ずつ集めると1000円足りないという。クラスの人数とクラス会の費用をそれぞれ求めなさい。

テーマ

5 方程式の利用③

イントロダクション

- ◆ 速さに関する方程式の立て方 ➡ 何についての方程式を立てるか
- ◆ 追いつく・出会う問題 ➡ 等しい関係のとらえ方を知る
- ◆ 途中で速さが変わる問題 ➡ 時間についての方程式の立て方

速さに関する文章題①（追いつく問題）

例題 54

弟が家を出発して毎分80mの速さで歩いていた。兄は弟が出発してから9分後に家を出発し，自転車で毎分200mの速さで弟を追いかけた。兄が家を出発してから何分後に弟に追いつくか求めなさい。

兄が弟に追いつくとき，2人の何が等しいでしょうか？

2人の進んだ道のりが等しくなると，追いつきます！

はい，その通りです。右の図を見てください。

家　弟 80m/分

9分後　兄 200m/分　x分

兄が進んだ道のり（赤の線の長さ）と弟が進んだ道のり（黒の線の長さ）が等しくなったとき，追いつきますね。そこまでは，いいですか？

では，道のりの求め方はどうだったか，思い出してください。

道のり＝速さ×時間　でしたね。

兄が追いかけ始めてからx分後に追いつくとする。

兄が進んだ道のりは，この公式にあてはめて$200x$（m）です。

では，弟が進んだ道のりは$80x$（m）ですか？　ちょっと待ってください。弟は，兄より9分前から歩いていますね。

したがって，弟は兄より9分長いので，$(x+9)$分間歩いています。弟の歩いた道のりは，$80(x+9)$（m）となります。

よって，$200x=80(x+9)$　という方程式ができます。

これを解いて，$x=6$

兄が6分歩いたとき，弟は15分歩くことになり，問題にあっています。

よって，㊟ **6分後**

確認問題 40

A君が家を毎分100mの速さで出発してから12分後に，B君が家を出発し，毎分220mの速さで，自転車でA君を追いかけた。B君が出発してから何分でA君に追いつくか求めなさい。

速さに関する文章題②（出会う問題）

例題 55

周囲が3.6kmある池のまわりの道路を，Aさんは分速160mで，Bさんは分速140mで，同じ地点から反対方向に向かって同時に走り出した。2人がはじめて出会うのは，出発してから何分後か求めなさい。

出発してからx分後に出会うとする。

右の図を見てください。イメージつきますか？

道のり＝速さ×時間の公式を用います。

A君の進んだ道のり（赤の線）は，$160x$（m）です。

B君の進んだ道のり（黒の線）は，$140x$（m）です。

2人が出会うとき，進んだ道のりについて，どんなことがいえますか？

B　140m/分
A
池
160 m/分
x分後

2人の進んだ道のりをたせば，一周になりそうです。

そうですね。

したがって，$160x+140x=3600$　出会う → 道のりの和が一周

右辺は3.6ではありません。速さの単位にそろえて，3600mにします。

$$300x=3600$$

$$x=12\text{（分）}$$

A，Bの2人が12分走ることになり，問題にあっています。㊟ **12分後**

確認問題 41

AさんとBさんの家は2.4kmはなれている。AさんとBさんが，同時に自分の家を出発し，相手の家に向かって歩き出した。Aさんは分速90m，Bさんは分速70mで歩いたとする。2人が出会うのは，家を出発してから何分後か求めなさい。

速さに関する文章題③（速さがかわる問題）

次に，途中で速さがかわる問題について，考えてみましょう。

例題 56

昭子さんは，A町から10kmはなれたB町に行くのに，途中のP地までは時速3kmで，P地からB町までは時速4kmで歩いたところ，全部で3時間かかった。A町からP地までの道のりを求めない。

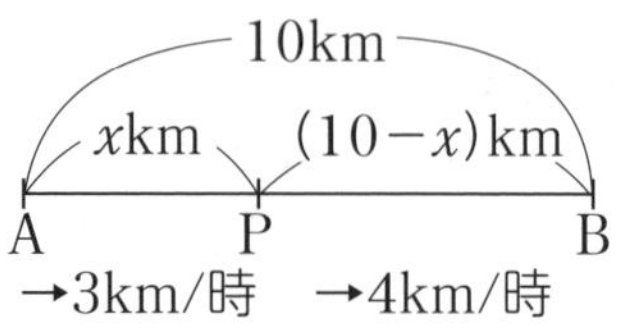

A町からP地までの道のりを$x$kmとする。

右のように，図をかいて考えます。

P地からB町までの道のりは，$(10-x)$kmですね。

「全部で3時間かかった」といっているので，時間についての式を立てようと思います。

さて，時間を求める公式を覚えていますか？

時間＝道のり÷速さです。

はい，分数の形で，$\boxed{\text{時間}=\dfrac{\text{道のり}}{\text{速さ}}}$ と覚えてください。

これにあてはめると，A町からP地までは，速さ3km/時，道のり$x$kmなので，かかる時間は$\dfrac{x}{3}$(時間)です。

そして，P地からB町までにかかる時間は，$\dfrac{10-x}{4}$(時間)となります。

その合計が3時間なので，$\dfrac{x}{3}+\dfrac{10-x}{4}=3$　方程式ができました。

両辺に12をかけて，

$$
\begin{aligned}
4x+3(10-x)&=36\\
4x+30-3x&=36\\
4x-3x&=36-30\\
x&=6\,(\text{km})
\end{aligned}
$$

A町からP地までを6kmとすると，P地からB町までは4kmとなって，問題にあっています。　答　**6km**

確認問題 42

A, B2地点間を往復するのに，行きは時速6km，帰りは時速4kmで歩いたところ，合わせて2時間半かかった。A, B2地点間の道のりを求めなさい。

では，ここで，速さに関する文章題の特訓をしましょう。

トレーニング11

次の問に答えなさい。 ▶解答：p.202

1. 弟が毎分90mで家を出発してから10分後に，兄が毎分270mの速さの自転車で同じ道で弟を追いかけた。兄が弟に追いつくのは，兄が家を出発してから何分後か求めなさい。

2. A君が午前10時に毎分100mの速さで図書館を出発した。B君は午前10時16分に毎分260mの速さの自転車で，同じ図書館を出発し，同じ道で追いかけた。B君がA君に追いつく時刻を求めなさい。また，追いつく地点は図書館から何mの地点か求めなさい。

3. 池のまわりに，一周5.1kmの遊歩道がある。兄と弟が遊歩道のある地点から同時に反対方向に向かって歩き始めた。兄は分速90m，弟は分速80mである。2人が出会うのは，出発してから何分後か求めなさい。

4. A, B2地点間を，行きは時速30km，帰りは時速40kmで車で往復したところ，3時間半かかった。A, B間の道のりを求めなさい。

5. A地から14kmはなれたB地に行くのに，途中のP地までは時速4kmで歩き，P地からB地までは時速6kmで歩いたところ，全体で3時間かかった。A地からP地までの道のりを求めなさい。

6. A君が家から学校まで行くのに，分速100mの速さで行くと，分速60mで行くより5分早く着くという。家から学校までの道のりを求めなさい。

テーマ

6 比例式の利用

イントロダクション

- 比で分ける ➡ どの比で式を立てるか
- 等しい比をつくる ➡ どれとどれの比が等しいか
- 変化した後の数量で比例式をつくる ➡ どう変化したか

比で分ける

例題 57

次の問に答えなさい。

(1) 兄と弟の持っているお金の比は，5：3である。兄が2500円持っているとき，弟の持っているお金はいくらか求めなさい。

(2) 240個のおはじきを，姉と妹が3：2の比で分けることにした。姉の個数は何個にすればよいか。

(1) 弟の金額をx円とする。

兄の金額2500円と弟の金額x円が5：3なので，$2500:x=5:3$　となります。

兄		弟
2500円	：	x円
5	：	3

$$5x=2500\times3$$

$$x=1500\text{（円）}$$

問題にあっています。

答　**1500円**

これは解きやすかったですね。

(2) 姉の個数をx個とする。

おはじき全部で240個なので，妹の個数は$(240-x)$個となります。

姉と妹の個数の比が3：2なので，

$x:(240-x)=3:2$　となります。

姉		妹
x個	：	$(240-x)$個
3	：	2

$$2x=3(240-x)$$

$$2x=720-3x$$

$$2x+3x=720$$

$$5x=720$$

$$x=144\text{（個）}$$

問題にあっています。　答　**144個**

おはじき全部と姉の個数で式をつくれませんか？

そのときは, 240 : x=5 : 3　これで同じ答えが出ます。

この方が, むしろ計算が楽ですね。自分が解きやすい方でかまいません。

確認問題 43

280枚の折り紙を, 姉と妹が4 : 3の比で分けることにした。妹の枚数を何枚にすればよいか求めなさい。

等しい比をつくる

例題 58

コーヒー150mLと牛乳240mLを混ぜてコーヒー牛乳を作るレシピがあった。牛乳160mLを使って, これと同じ味のコーヒー牛乳を作るには, コーヒーが何mL必要か求めなさい。

コーヒー		牛乳
150mL	:	240mL
xmL	:	160mL

コーヒーの量をxmLとする。

コーヒーと牛乳の量の比について,

150 : 240 = x : 160　　となります。

$$240x = 150 \times 160$$
$$240x = 24000$$
$$x = 100\ (\text{mL})$$

コーヒー100mLは, 問題にあっている。 答 **100mL**

ここで, ちょっと楽な計算方法を紹介します。

150 : 240 = x : 160　で, 左辺は30でわれますね。

↓(÷30)↓

5 : 8 = x : 160　このように比を簡単にして解きます。

左辺だけをわって, 右辺はそのままでいいんですか？

はい, 大丈夫です。左辺の比を簡単にしただけで, 比は変わっていないからです。約分とはいいませんが, 同じイメージですね。

比例式は, 比を簡単にして解く ことで, 解きやすくなります。

確認問題 44

ある菓子を作るのに, 小麦粉200gと砂糖80gを混ぜた。これと同じものをもう少し作るため, 小麦粉120gを用意した。これに対して必要な砂糖は何gか求めなさい。

変化した数量で比例式をつくる

例題 59

次の問に答えなさい。

(1) 兄と弟はともに20枚ずつの画用紙を持っていたが，兄が弟に何枚かあげたので，兄と弟の枚数の比が2：3となった。兄が弟にあげた画用紙の枚数を求めなさい。

(2) Aさんは2000円，Bさんは1800円持っていた。ある日，2人は同じ値段の本を1冊ずつ買ったところ，AさんとBさんの残金の比が4:3となった。2人が買った本の値段を求めなさい。

(1) 兄が弟にx枚あげたとする。

兄の画用紙は$(20-x)$枚，

弟の画用紙は$(20+x)$枚となります。

その比が2:3なので，

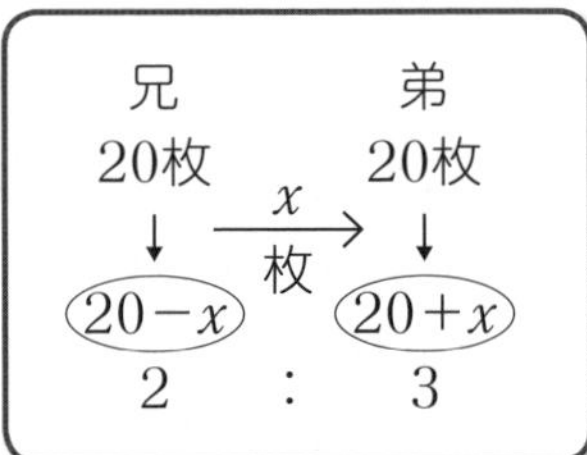

$$(20-x):(20+x)=2:3$$
$$3(20-x)=2(20+x)$$
$$60-3x=40+2x$$
$$-3x-2x=40-60$$
$$-5x=-20$$
$$x=4\text{(枚)}$$

兄が弟に4枚あげると，兄が16枚，弟が24枚となって，問題にあっている。 答 **4枚**

このように，枚数がそれぞれどうなったかを考え，それを比例式にしていきます。

(2) 本の値段をx円とする。

Aさんの残金は$(2000-x)$円，

Bさんの残金は$(1800-x)$円となります。

その比が4:3なので，

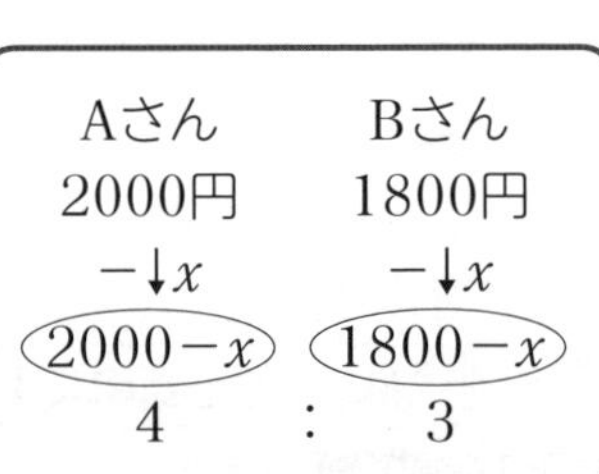

$$(2000-x):(1800-x)=4:3$$
$$3(2000-x)=4(1800-x)$$
$$6000-3x=7200-4x$$
$$-3x+4x=7200-6000$$
$$x=1200\text{(円)}$$

1200円の本を買うと，Aさんの残金800円，Bさんの残金600円となって，問題にあっている。 答 1200円

確認問題 45

兄は2000円，弟は1000円持っていた。母から等しい金額の小づかいをもらったので，兄と弟の持っているお金の比が7：5となった。母からもらった小づかいはいくらか求めなさい。

比例式の文章題の練習をしよう。

トレーニング12

次の問に答えなさい。 ▶解答：p.204

1. ある長方形は，縦と横の長さの比が3 ： 5である，この長方形の縦の長さが21cmであるとき，横の長さを求めなさい。

2. ある博物館の子どもの入館料は650円で，大人と子どもの入館料の比は8：5である。大人の入館料はいくらか求めなさい。

3. ある中学校の全校生徒は450人で，男子と女子の人数の比は8：7である。この中学校の男子の人数を求めなさい。

4. 63m^2の土地がある。この土地の面積を4：3に分けるとき，大きい方の土地の面積を求めなさい。

5. Aさんは，サラダ油60gに酢18gを混ぜてドレッシングを作った。このドレッシングをもう少し作ろうと，酢12gを用意した。同じ味にするために必要なサラダ油は何gか求めなさい。

6. A，B 2つの箱にみかんが60個ずつ入っている。Bの箱からAの箱にみかんを何個か移して，AとBに入っているみかんの個数の比が5：3になるようにしたい。Bの箱からAの箱に移すみかんの個数を求めなさい。

方程式まとめ

定期テスト対策 A

▶解答：p.205

1. 次の方程式を解きなさい。

(1) $4x=60-2x$　　(2) $3x-7=11$

(3) $6x+8=8x-6$　　(4) $-5x+10=-12x+52$

(5) $2(x-3)=5x-7$　　(6) $7-5(-x+1)=10$

(7) $4(2x-1)=3(x+7)$　　(8) $-(2x+3)-x=6(x+1)$

2. 次の方程式を解きなさい。

(1) $0.5x=2.4-0.3x$　　(2) $0.9x-1.3=0.6x+0.2$

(3) $0.07+0.13x=-0.32$　　(4) $0.22x-0.5=0.3x-0.18$

3. 次の方程式を解きなさい。

(1) $\frac{1}{2}x+1=\frac{1}{4}x-\frac{1}{2}$　　(2) $\frac{x}{6}+\frac{x}{3}=-\frac{1}{2}$

(3) $\frac{3}{10}x-1=\frac{4}{5}x+\frac{3}{2}$　　(4) $\frac{4x+2}{3}=\frac{x-6}{4}$

4. 次のxの値を求めなさい。

(1) $12:x=4:3$　　(2) $4:(x-1)=2:5$

5. 次の問に答えなさい。

(1) xについての方程式$2x-a=4x-5$の解が1であるとき，aの値を求めなさい。

(2) xについての方程式$ax+6=5x+9$の解が-3であるとき，aの値を求めなさい。

6. 次の問に答えなさい。

(1) ある数の5倍から18をひいた数は，ある数の2倍に等しい。ある数を求めなさい。

(2) ノート6冊と50円の消しゴム1個を買うと，代金の合計は770円であった。ノート1冊の値段を求めなさい。

(3) 1個150円のりんごと，1個60円のみかんを合わせて20個買い，250円の箱に入れてもらったら，代金の合計が2530円であった。
りんごとみかんをそれぞれ何個買ったか求めなさい。

(4) 何人かの子どもに鉛筆を配るのに，1人に5本ずつ配ると8本余り，7本ずつ配るには6本足りない。子どもの人数と鉛筆の本数をそれぞれ求めなさい。

7. 次の問に答えなさい。

(1) 弟が分速80mで歩いて家を出発した。弟が出発してから15分後に，兄が自転車で分速200mで同じ道を追いかけた。兄が弟に追いつくのは，兄が家を出発してから何分後か求めなさい。

(2) 車でA市とB市を往復するのに。行きは時速60km，帰りは時速45kmで進んだら7時間かかった。A市からB市までの道のりを求めなさい。

方程式まとめ

定期テスト対策 B

▶解答：p.206

1. 次の方程式を解きなさい。

(1) $2(3x-1)-5=4(x+7)+9$

(2) $0.04x+0.06=0.1x+0.3$

(3) $\frac{2}{5}x+1=\frac{4}{15}x-\frac{1}{3}$

(4) $\frac{2x+1}{3}-\frac{x}{2}=1$

(5) $0.3(0.5x+0.2)=0.2(0.4x-1.1)$

2. 次のxの値を求めなさい。

(1) $(x+2):(x-2)=3:2$

(2) $(x-4):3=(x-1):4$

3. xについての方程式$3x+5=-4$と$ax-7=11$の解が等しいとき，aの値を求めなさい。

4. 次の問に答えなさい。

(1) みかんを何人かの子どもに配るのに，1人5個ずつ配ると12個足りず，1人4個ずつ配っても2個足りない。みかんの個数と子どもの人数を求めなさい。

(2) クラス会を開くのに，1人500円ずつ集めると1300円余り，1人450円ずつ集めると400円不足する。クラス会に参加する人数とクラス会の費用を求めなさい。

⑶　連続する3つの整数がある。最大の数の3倍は，残りの2数の和の2倍より3小さくなるという。この3つの整数を求めなさい。

⑷　兄は2300円，弟は700円持っていた。兄が弟に何円かあげたので，兄の所持金は弟の所持金の2倍になった。兄が弟にあげた金額を求めなさい。

5.　次の問に答えなさい。

⑴　A町から，峠をこえて11kmはなれたB地に行った。A町から峠までは時速3kmで上り，峠からB地までは時速5kmで下ったところ，全部で3時間かかった。A町から峠までの道のりを求めなさい。

⑵　A地からB地まで，時速4kmで行くのと時速3kmで行くのでは，かかる時間が20分ちがうという。A地からB地までの道のりを求めなさい。

6.　次の問に答えなさい。

⑴　ある菓子の生地を作るのに，バター40gと小麦粉100gを混ぜた。同じ生地を作るため，小麦粉60gを用意した。必要なバターの重さを求めなさい。

⑵　A君は1200円，B君は800円持っていた。同じ値段のボールペンを，A君は4本，B君は2本買ったところ，A君とB君の残金の比が6:5になった。このボールペン1本の値段を求めなさい。

テーマ1 関数と比例

イントロダクション

- ◆ ともなって変わる量の関係 ➡ 関数とは何か
- ◆ 比例の関係 ➡ どんな関係を比例というか
- ◆ 比例の式 ➡ 比例するとき，どんな式で表されるかを知る

関数と変域

右の図のように，深さが20cmの空の水そうに，今から水を入れていくとしましょう。

水を入れると1分間で4cmの深さまで入るとします。

深さは，1分後4cm，2分後8cm，3分後12cm，…となりますね。

水を入れ始めてからx分後の水の深さを$y$cmとすれば，$y=4x$と表せます。ここまでいいですか？

このx，yのように，いろいろな値をとる文字のことを**変数**といいます。上の関係をいいかえれば，$x=1$のとき$y=4$，$x=2$のとき$y=8$，…となります。このように，

> ともなって変わる2つの数量x，yがあって，xの値を決めると，それにともなってyの値がただ1つに決まるとき，yはxの**関数**であるという。

この水そうに水を入れ始めてから，いっぱいになるまでの時間で考えるとき，何分後から何分後までですか？

5分でいっぱいになるので，0分後から5分後までです。

そうですね。それより前と後は考えません。

これを$0 \leqq x \leqq 5$と表し，xの**変域**といいます。覚えてください。

例題 60

次の(1)，(2)で，yはxの関数といえるか答えなさい。

(1) 1辺$x$cmの正方形の面積$y\text{cm}^2$

(2) 底辺が$x$cmの二等辺三角形の面積$y\text{cm}^2$

(1) $x=1$のとき$y=1$，$x=2$のとき$y=4$，$x=3$のとき$y=9$のように，xの値を決めるとyの値もただ1つに決まる。

答 **関数といえる**

(2) 底辺が決まっても，高さが定まっていないので，yは決まらない。

答 **関数とはいえない**

比　例

1本60円の鉛筆をx本買ったときの代金をy円とします。

式にすると，$y=60x$となります。

このように$y=○x$の関係が成り立つとき，yはxに比例するといいます。○をaとして，$y=ax$と表しましょう。

このaを比例定数といいます。今の例では，$a=60$ですね。

まとめておきます。

> yがxの関数で，$\boldsymbol{y=ax}$の関係が成り立つとき，**yはxに比例する**という。
> 定数aを**比例定数**という。

比例では，xが2倍，3倍，…となると，yも2倍，3倍，…となります。このことは，小学校で学びましたね。

比例も関数なんですか？

はい。xの値を決めるとyの値もただ1つに決まりますから，比例も，それから反比例も，関数です。

例題 61

時速40kmで走る自動車が，x時間に進む道のりを$y$kmとして，次の問に答えなさい。

(1) yをxの式で表しなさい。また，yはxに比例するか答えなさい。

(2) 比例定数を求めなさい。

(3) xの値が2倍，3倍，…になると，yの値はどうなるか。

(1) $\boldsymbol{y=40x}$ 答　この式は比例の式ですね。 答 **比例する**

(2) 答 **40**　　(3) **yの値も2倍，3倍，…になる** 答

テーマ
2 比例の式

イントロダクション

- 変域を広げる ➡ 負の数の範囲まで考える
- 比例の式を求める ➡ 対応する x，y の値を代入する
- 比例の式を利用する ➡ 式を利用して条件をみたす値を求める

負の変域の比例

東西にまっすぐに続く道路を時速40kmの速さで東へ向かっている車があったとします。道路上の地点Oを通過してx時間後に，地点Oから東へ$y$kmの地点にいるとします。

40km/時
西　O　東

式は，$y=40x$となり，yはxに比例していますね。

3時間後は，$x=3$を代入して$y=120$　つまり，地点Oより東へ120kmの場所にいることがわかります。

2時間前は，$x=-2$を代入して$y=-80$　つまり，地点Oから西へ80kmの場所にいたといえます。

このように，比例では，変域が負の数の場合も同じように考えることができるのです。

例題 62

x，yの関係が$y=4x$であるとき，次の問に答えなさい。

(1) $x=6$のときのyの値を求めなさい。

(2) $x=-3$のときのyの値を求めなさい。

(3) $y=-60$のときのxの値を求めなさい。

(1) $y=4x$に$x=6$を代入します。

$y=4\times6=24$ 答

(2) $x=-3$を代入します。

$y=4\times(-3)=-12$ 答

(3) $y=4x$に$y=-60$を代入します。

$-60=4x$

$-4x=60$

$x=-15$ 答

比例の式では，xやyに負の数を代入することもできます。

確認問題 46

x，yの間に$y=-3x$という関係が成り立つとき，

(1) 右の表を完成させなさい。

(2) $x=-8$のときのyの値を求めなさい。

x	-3	-2	-1	0	1	2	3
y							

比例の式を求める

例題 63

yがxに比例し，$x=4$のとき$y=20$である。
次の問に答えなさい。
(1) yをxの式で表しなさい。
(2) $x=6$のときのyの値を求めなさい。
(3) $y=-40$のときのxの値を求めなさい。

(1) yがxに比例するので，$y=\bigcirc x$の形になるはずです。
この○にあたる数，つまり比例定数の正体を求めればよいわけです。
そこで，比例定数をとりあえずaとおきましょう。
比例定数をaとして，$y=ax$とする。
$x=4$，$y=20$を代入して，aを求めます。
$20=4a$　　となります。aを左辺に移しましょう。
$4a=20$　より，$a=5$　したがって，$\boldsymbol{y=5x}$ 答

移項したなら符号をかえないといけないんじゃ……？

A＝BならばB＝A　つまり，左辺と右辺をそのまま入れかえたのです。移項してもよいですが，この方法でやると符号がかわらず楽なのです。aを含む項は，このように左辺に移す方法でやるとミスが減ります。

(2) $y=5x$に$x=6$を代入します。
$y=5\times6=$**30** 答

(3) $y=5x$に$y=-40$を代入します。
$-40=5x$　左辺と右辺を入れかえ
$5x=-40$
$x=$**-8** 答

比例の式の求め方
① 比例定数をaとして，**$y=ax$とおく**
② x，yの値を代入する
③ aを含む項を左辺に移す
④ aを求める

確認問題 47

yがxに比例し，$x=6$のとき$y=-2$である。次の問に答えなさい。
(1) yをxの式で表しなさい。
(2) $x=-18$のときのyの値を求めなさい。
(3) $y=4$のときのxの値を求めなさい。

例題 64

yがxに比例し，$x=\dfrac{4}{3}$のとき$y=-\dfrac{8}{9}$である。次の問に答えなさい。

(1) yをxの式で表しなさい。

(2) $x=-\dfrac{9}{2}$のときのyの値を求めなさい。

与えられた値が分数ですね。気が重いでしょうが，がんばりましょう。

(1) 比例定数をaとして，$y=ax$とおく。

$x=\dfrac{4}{3}$，$y=-\dfrac{8}{9}$を代入して，$-\dfrac{8}{9}=\dfrac{4}{3}a$

これは，aについての方程式なので，両辺に9をかけてみます。

$-8=12a$
$12a=-8$ 入れかえ

$a=-\dfrac{2}{3}$ できました。 答 $y=-\dfrac{2}{3}x$

aについての方程式なので，分母をはらえるんですね。

はい，その通りです。分数で与えられても平気ですね。

(2) $y=-\dfrac{2}{3}x$に$x=-\dfrac{9}{2}$を代入

$y=-\dfrac{2}{3}\times\left(-\dfrac{9}{2}\right)=3$ 答

比例の式の利用

例題 65

あるくぎ10本の重さが8gであった，このくぎx本の重さをygとして，次の問に答えなさい。

(1) yをxの式で表しなさい。

(2) くぎの本数が35本であるとき，くぎの重さを求めなさい。

(3) くぎの重さが36gであるとき，くぎは何本あるか求めなさい。

(1) 比例定数をaとして，$y=ax$とおく。

$x=10$，$y=8$を代入します。

$8=10a$
入れかえ
$10a=8$

$a=\frac{4}{5}$　　よって，$y=\frac{4}{5}x$ 答

(2) $y=\frac{4}{5}x$に$x=35$を代入して，

$y=\frac{4}{5}\times 35=28$　　答 28g

くぎの本数が与えられたらxに，
重さが与えられたらyに代入する

(3) $y=\frac{4}{5}x$に$y=36$を代入して，

$36=\frac{4}{5}x$
×5
$180=4x$
入れかえ
$4x=180$
$x=45$　　答 45本

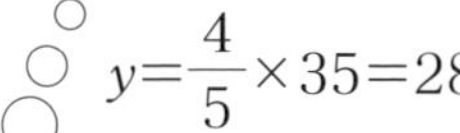

次の問に答えなさい。 ▶解答：p.209

1. yがxに比例し，次のとき，yをxの式で表しなさい。

(1) 比例定数が-2　(2) $x=3$のとき，$y=12$

(3) $x=-6$のとき，$y=-9$

(4) $x=\frac{1}{2}$のとき，$y=\frac{5}{2}$

2. yがxに比例し，$x=8$のとき$y=-6$である。

(1) $x=-20$のとき，yの値を求めなさい。

(2) $y=9$のとき，xの値を求めなさい。

3. yがxに比例し，$x=-\frac{3}{4}$のとき$y=-\frac{27}{2}$である。

(1) yをxの式で表しなさい。

(2) $y=-36$のとき，xの値を求めなさい。

4. 6Lのガソリンで63km走る自動車がある。xLのガソリンで$y$km走るとして，yをxの式で表し，210km走るのに必要なガソリンの量を求めなさい。

座　標

イントロダクション

◆ 座標とは何か ➡ 座標の意味を知る
◆ 座標の表し方 ➡ 座標で表された点を定める
◆ 座標の読みとり ➡ 点の座標を読みとる

座標とは

$x=4$のとき，$y=3$であるとします。

表で表せば，

x	4
y	3

となりますね。

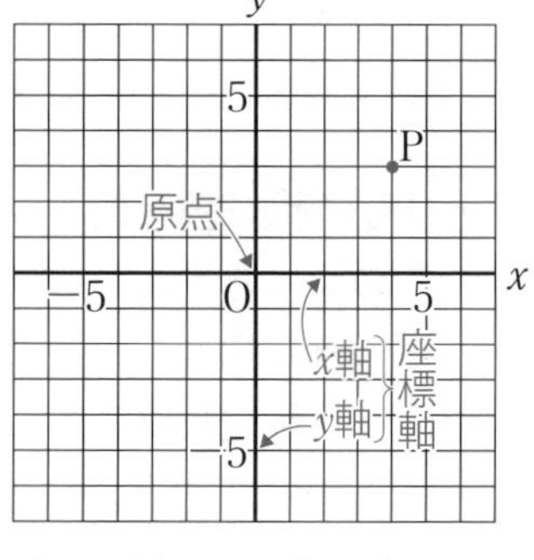

これを，**座標**という表し方で，右のように点Pで示すことができます。

この図で，横の直線を**x軸**，縦の直線を**y軸**といい，x軸とy軸を合わせて**座標軸**といいます。

座標軸の交点Oを**原点**といいます。

2つの数直線が，原点で直角に交わった図です。そして，今回点Pで示したところは，$x=4$，$y=3$にあたる点ですが，これを，P(4，3)と書きます。

4を点Pの**x座標**，3を点Pの**y座標**，(4，3)を点Pの**座標**といいます。

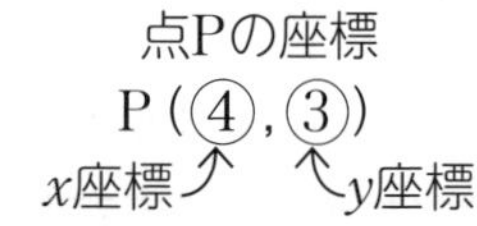

カッコやコンマは，この通りに書かないとダメですか？

はい。これは数学での約束ごとなので，それに従わなければなりません。カッコを省いたり，他のカッコにしたり，コンマを「・」や小数点にしたりしてはいけません。

点の表す座標

では，座標が与えられたとき，それを正確に点で示していきます。

また，点が与えられたとき，それを正確に座標で表してみましょう。

例題 66

次の問に答えなさい。

(1) 図1で，点A～Fの座標を答えなさい。

(2) 図2に，次の点を示しなさい。

P(3, 2)，Q(−3, 2)，R(6, −5)，S(−5, −6)，

T(0, −4)，U(2, 0)

図 1

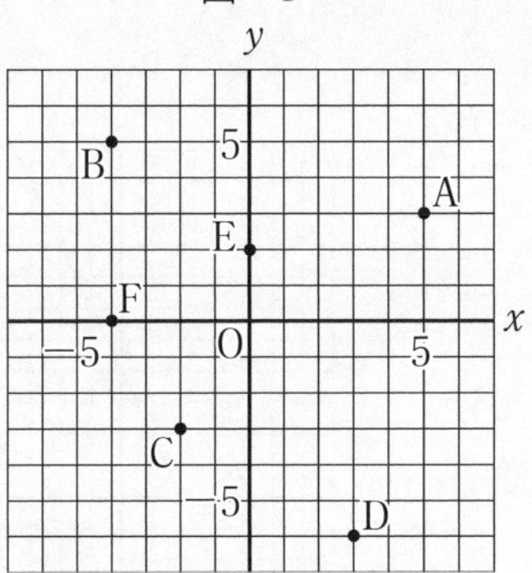

図 2

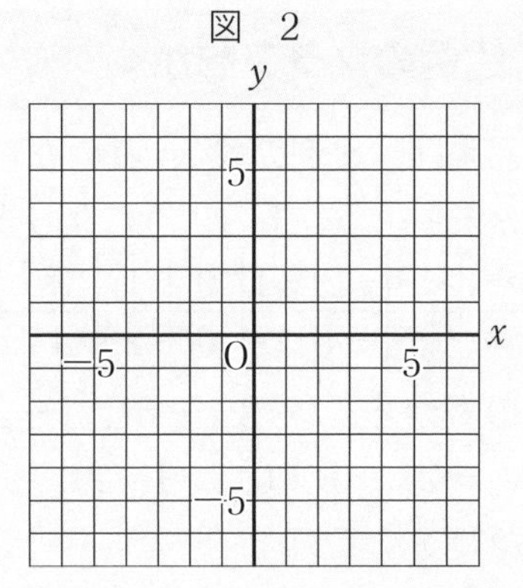

(1) **A(5, 3)，B(−4, 5)，C(−2, −3)，D(3, −6)，E(0, 2)，F(−4, 0)** 答 です。

x座標，y座標が正しく読みとれますか？ 特に，座標軸上にある点Eや点Fは注意してください。

(2) 右の図のようになります。さらに，練習しておきましょう。

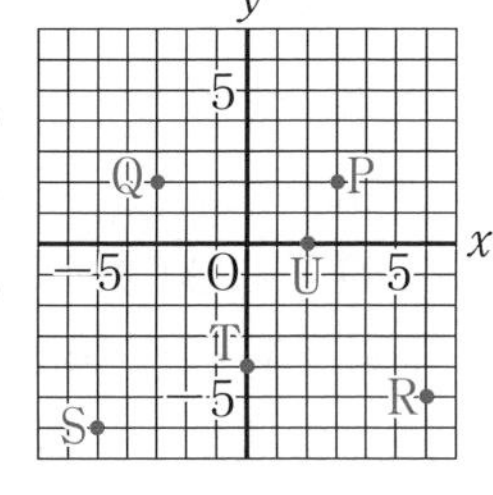

確認問題 48

(1) 図1で，点A～Fの座標を答えなさい。

(2) 図2に，次の点を示しなさい。

P(2, −5)，Q(−3, 1)，R(3, 6)，S(−4, −1)，T(0, −3)，U(6, 0)

図 1

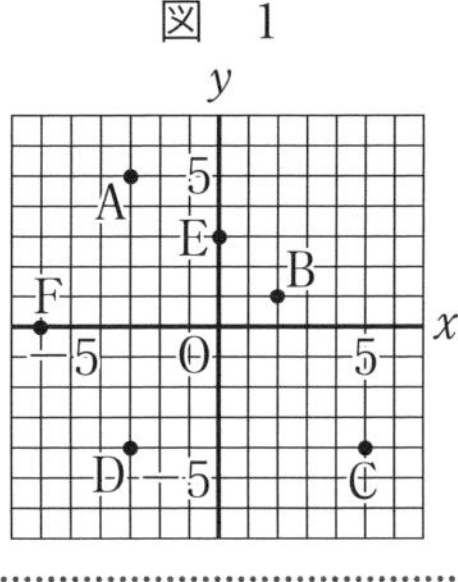

図 2

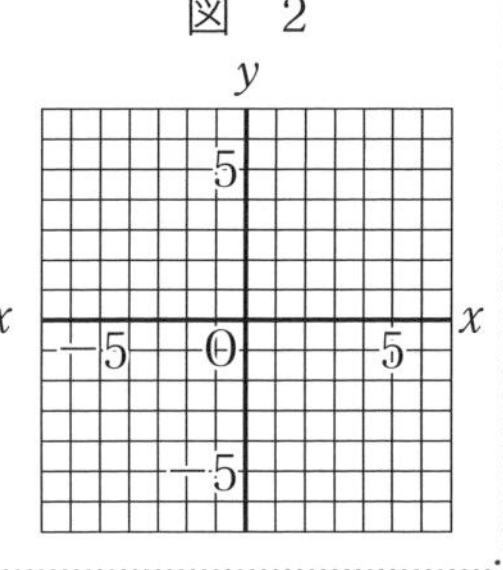

テーマ

4 比例のグラフ

イントロダクション

- **比例のグラフのかき方** ➡ **どんなグラフになるか**
- **さまざまな比例のグラフ** ➡ **比例定数が分数のときはどうかくか**
- **グラフから式をつくる** ➡ **通っている点を見つける**

比例のグラフをかく

たとえば，比例の式$y=2x$のグラフをかいてみましょう。下のようになります。

x	$\cdots$	-3	-2	-1	0	1	2	3	$\cdots$
y	$\cdots$	-6	-4	-2	0	2	4	6	

この表から，$(-3,\ -6)$，$(-2,\ -4)$ $(-1,\ -2)$，$(0,\ 0)$，$(1,\ 2)$，…を通ることがわかります。

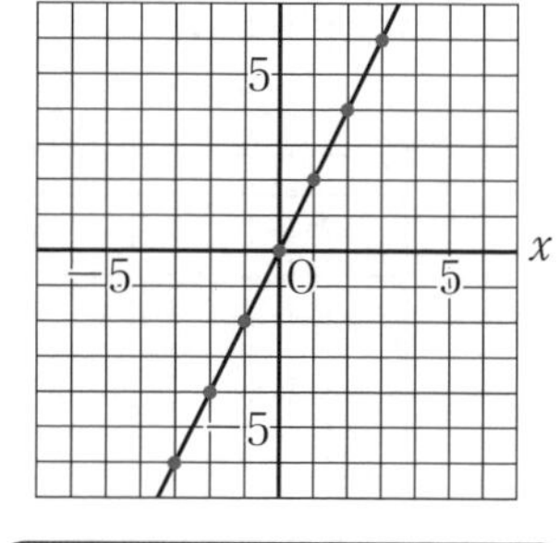

この座標を点で示すと，右のようになります。そして，それらを結ぶと，原点を通る直線になるのです。

比例$y=ax$のグラフは
原点を通る直線になる

$y=ax$では，$x=0$を代入すると$y=0$となるので，必ず原点を通るのです。

では，もっと楽にグラフをかく方法を考えましょう。

原点の他に，何個の点をとればグラフがかけるでしょうか。

原点以外に，1つの点がわかればかけると思います。

そうなんです。通る点がたった1個わかるだけで，原点と直線で結べば，かけてしまいますね。

〈$y=ax$のグラフのかき方〉
原点以外の通る1点を求め，原点と結ぶ

上の$y=2x$でいえば，点$(1,\ 2)$と原点を直線で結んで完成です。楽ですね。

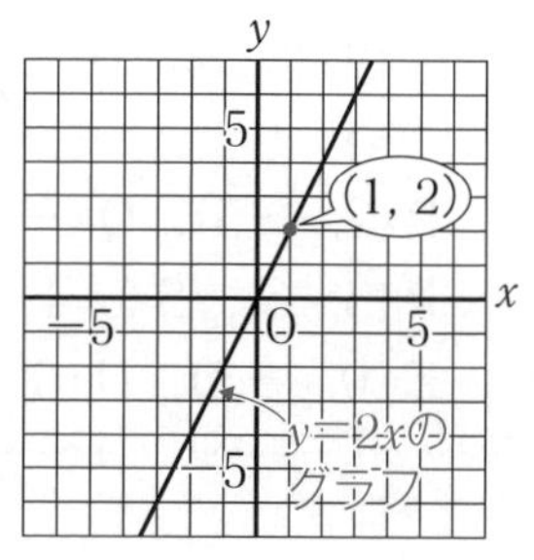

例題 67

次の式のグラフをかきなさい。

(1)　$y=-2x$

(2)　$y=\frac{2}{3}x$

(3)　$y=-\frac{1}{4}x$

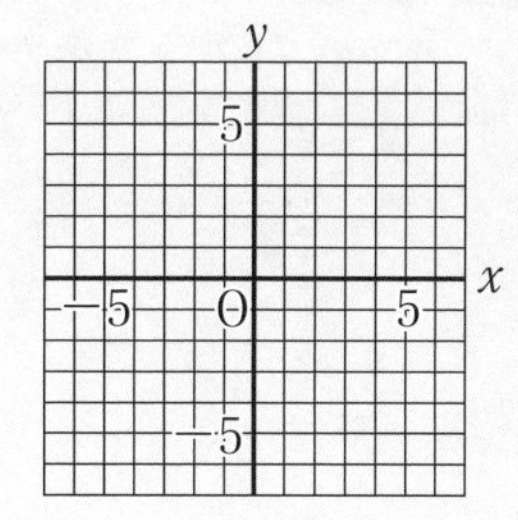

(1)　$x=1$のとき$y=-2$となるので点$(1,\ -2)$と原点を結びます。

　$x=2$のとき$y=-4$となることより，点$(2,\ -4)$と原点を結んでもできます。

　原点以外の1点は，どこでもよいのです。

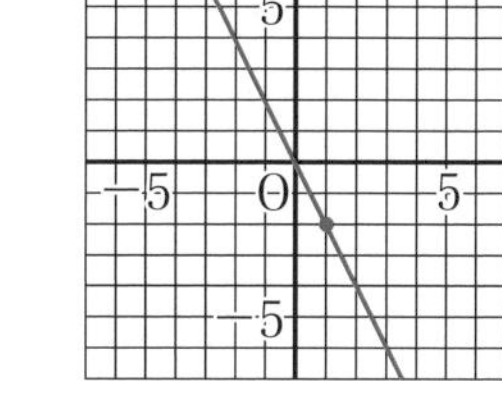

(2)　$x=1$のとき$y=\frac{2}{3}$となり，点$\left(1,\ \frac{2}{3}\right)$を通りますが…　困りました。分数の座標は，うまくとれません。xに別の数を代入して，yも整数にする方法はないでしょうか。

わかりました！　xに3を代入するとyが2になります。

　その通りです。分母の3を約分できる数を代入するのがコツです。

　すると，点$(3,\ 2)$と原点を結んで，できます。

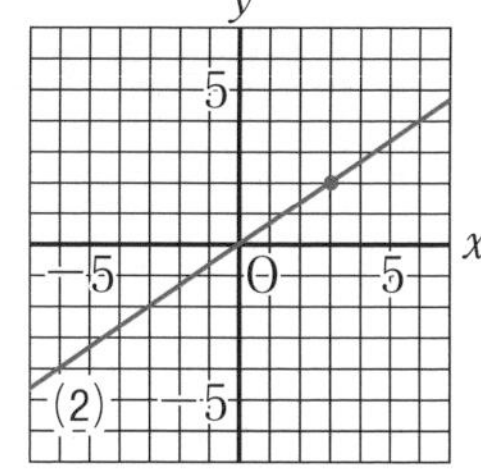

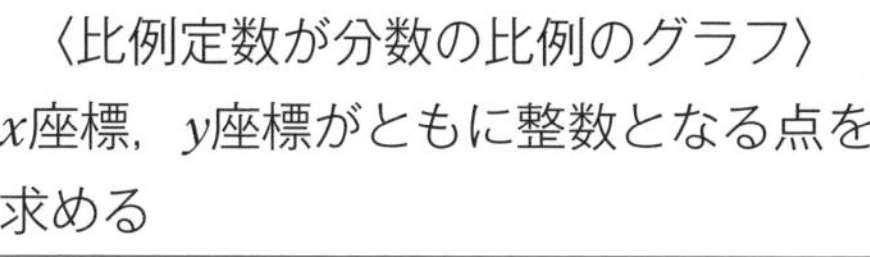
〈比例定数が分数の比例のグラフ〉
x座標，y座標がともに整数となる点を求める

(3)　$x=4$を代入すると$y=-1$

　よって，点$(4,\ -1)$と原点を結びます。

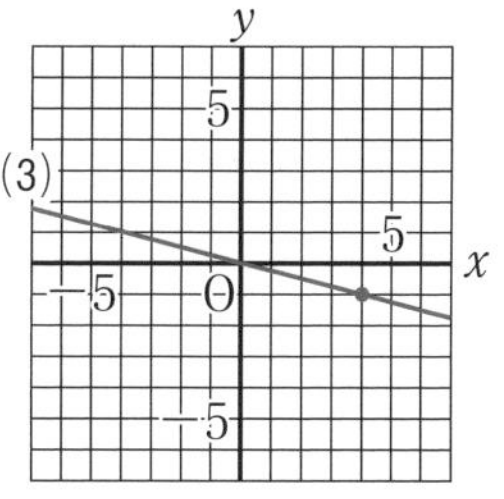

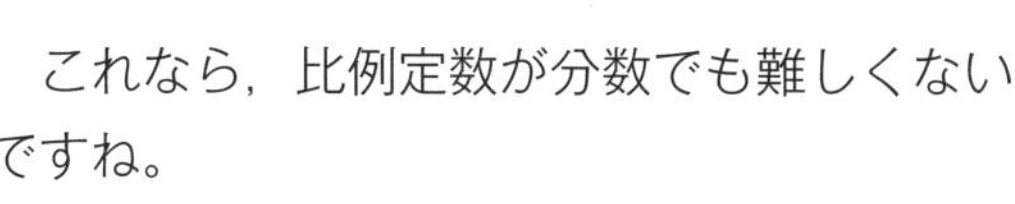
　これなら，比例定数が分数でも難しくないですね。

確認問題 49

次の式のグラフをかきなさい。

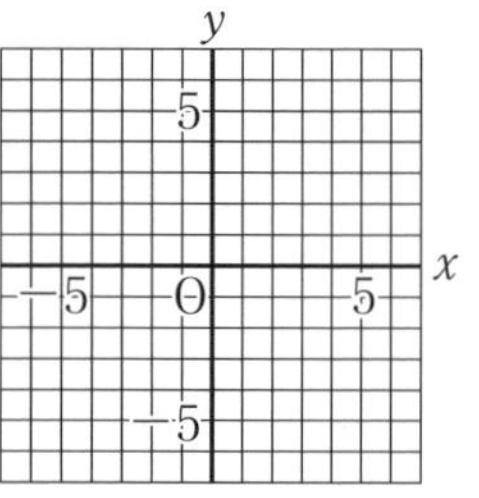

(1) $y=x$

(2) $y=\frac{2}{5}x$

(3) $y=-\frac{3}{2}x$

ここで，前のページの **例題 67** でかいたグラフをよく見てください。

(2)のグラフは，右が上がっている「右上がり」の直線です。

(1)と(3)は，右が下がっている「右下がり」の直線です。

そのことと式には，どんな関係がありそうか考えてください。

比例定数が正のグラフは右上がりですか？

そうなんです。そして比例定数が負のグラフは右下がりの直線になります。

これは，比例のグラフの大切な特徴ですから，覚えておいてください。

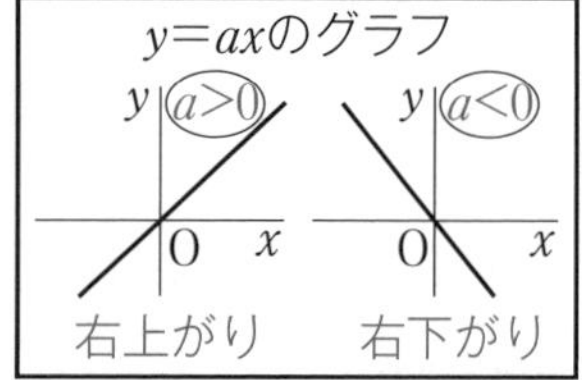

比例のグラフから式を求める

今度は，比例のグラフから，式を求めることを考えます。今までやってきたのと逆です。右のグラフの式を求めてみましょう。

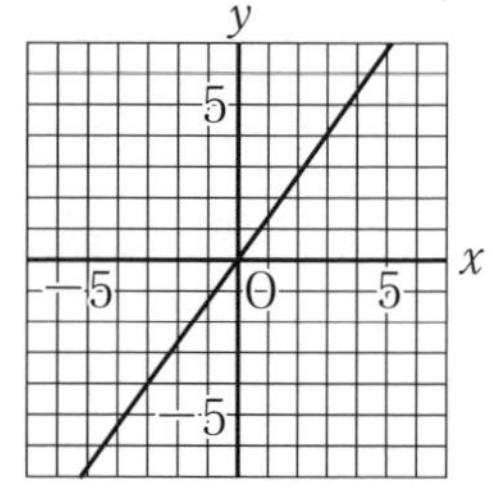

右上がりの直線なので，比例定数は正のはずです。よーく目をこらして，原点以外の通る点をさがします。すると，…　点(3，4)を通っていることがわかりますね。

$y=ax$とおき，$x=3$，$y=4$を代入します。

$4=3a$

$3a=4$より，$a=\frac{4}{3}$　　よって，$y=\frac{4}{3}x$　と求まります。

例題 68

右の図で，(1)〜(3)のグラフについて，それぞれyをxの式で表しなさい。

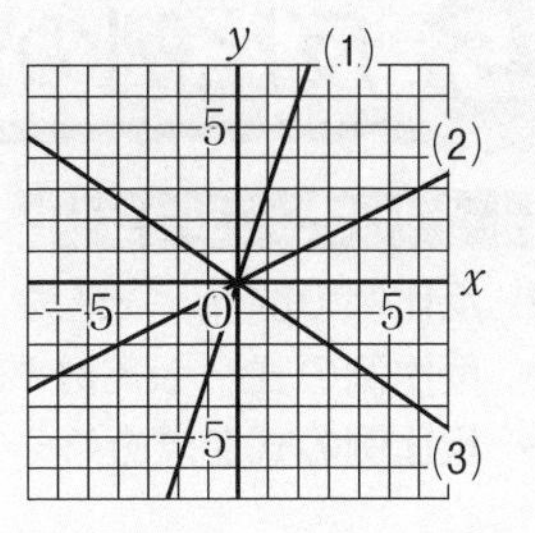

(1) 点(1，3)を通っています。

$y=ax$とおき，$x=1$，$y=3$を代入します。

$3=a$

$a=3$　　よって，$y=3x$ 答

点(2，6)も通っていますので，これでやっても同じになります。

やってみてください。どの点でもOKです。

(2) 点(2，1)を通っています。

$y=ax$とおき，$x=2$，$y=1$を代入します。

$1=2a$

$2a=1$より，$a=\frac{1}{2}$　答 $y=\frac{1}{2}x$

(3) 点(3，−2)を通っています。

$y=ax$とおき，$x=3$，$y=-2$を代入して，

$-2=3a$

$3a=-2$より，$a=-\frac{2}{3}$　答 $y=-\frac{2}{3}x$

これで式→グラフ，グラフ→式が，どちらもできるようになりました。

確認問題 50

右の図で，(1)〜(4)のグラフについて，それぞれyをxの式で表しなさい。

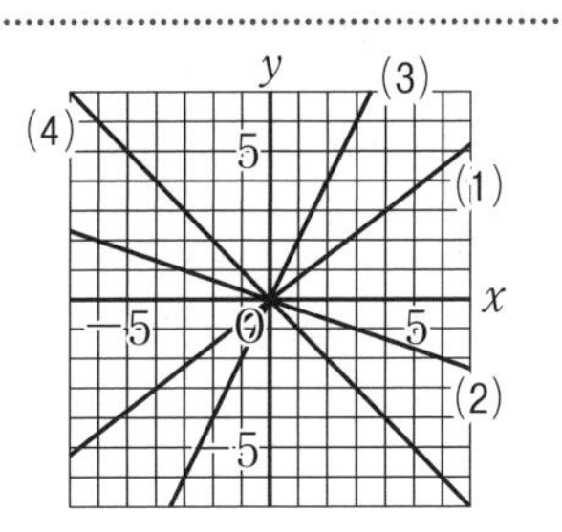

テーマ
5 反比例の式

イントロダクション

- **反比例の関係** ➡ どんな関係を反比例というか
- **反比例の式** ➡ 反比例するとき，どんな式で表されるかを知る
- **反比例の式を求める** ➡ 対応する x，y の値を代入する

反比例

面積が36cm^{2}の長方形の縦の長さを$x$cm，横の長さを$y$cmとします。式にすると$xy=36$となります。

両辺をxでわると，$\frac{xy}{x}=\frac{36}{x}$より，$y=\frac{36}{x}$となります。

このように，$y=\frac{○}{x}$の関係が成り立つとき，yはxに反比例するといいます。○をaとすると，$y=\frac{a}{x}$となり，aを比例定数といいます。

今の例では，$a=36$です。

反比例なのに比例定数なんですか？

はい，反比例定数とはいいません。注意しましょう。

> yがxの関数で，$y=\frac{a}{x}$の関係が成り立つとき，**yはxに反比例する**という。定数aを**比例定数**という。

反比例では，xが2倍，3倍，…となると，yは$\frac{1}{2}$倍，$\frac{1}{3}$倍，…となります。

例題 69

12kmの道のりを，時速$x$kmで歩くときにかかる時間をy時間として，次の問に答えなさい。

(1) yをxの式で表しなさい。yはxに反比例するか答えなさい。
(2) 比例定数を求めなさい。
(3) xの値が2倍，3倍，…となると，yの値はどうなるか。

(1) yは時間を表すので，時間$=\dfrac{道のり}{速さ}$ より，$y=\dfrac{12}{x}$ 答

この式は反比例の式です。よって，yはxに**反比例する** 答

(2) 答 12　　(3) yの値は$\dfrac{1}{2}$倍，$\dfrac{1}{3}$倍，…となる 答

反比例の式を求める

例題 70

次の問に答えなさい。

(1) yがxに反比例するとき，次の表から，yをxの式で表しなさい。また，表の空らんをうめなさい。

x	-6	-3	-2	-1	1	2	3	6
y						3		

(2) yがxに反比例し，$x=4$のとき$y=-8$である。このとき，

①比例定数を求めなさい。

②yをxの式で表しなさい。

③$x=-2$のときのyの値を求めなさい。

(1) $y=\dfrac{a}{x}$とおき，$x=2$，$y=3$を代入します。

$3=\dfrac{a}{2}$　両辺を2倍して

$6=a$

$a=6$　　よって，$y=\dfrac{6}{x}$ 答

反比例の式の求め方

①比例定数をaとして，

$y=\dfrac{a}{x}$とおく

②x，yの値を代入する

③aを求める

この式に$x=-6$，-3，-2，…を代入して，空らんをうめます。

x	-6	-3	-2	-1	1	2	3	6
y	-1	-2	-3	-6	6	3	2	1

実は，かけて6になる相手をさがすと楽です。

(2) ①$y=\dfrac{a}{x}$とおき，$x=4$，$y=-8$を代入。$-8=\dfrac{a}{4}$より，$a=-32$ 答

②$y=\dfrac{-32}{x}$となりますが，**－は前に書きます。** 答 $y=-\dfrac{32}{x}$

③$x=-2$を代入して，$y=16$ 答

確認問題 51

yがxに反比例し，$x=2$のとき$y=9$である。次の問に答えなさい。

(1) yをxの式で表しなさい。

(2) $x=-6$のときのyの値を求めなさい。

(3) $y=3$のときのxの値を求めなさい。

例題 71

yがxに反比例し，$x=\frac{2}{3}$のとき$y=6$である。次の問に答えなさい。

(1) yをxの式で表しなさい。

(2) $x=-2$のときのyの値を求めなさい。

(3) $y=4$のときのxの値を求めなさい。

(1) $y=\frac{a}{x}$とおき，$x=\frac{2}{3}$，$y=6$を代入してみてください。

分母の中に分数が入ってしまい，むずかしいです。

確かに，複雑な式になってしまいますよね。

そこで，良い方法がないか考えてみましょう。

$y=\frac{a}{x}$の両辺にxをかけると，$xy=a$となりますよね。

この式に代入すると，$\frac{2}{3}\times 6=a$より，$a=4$（楽！） 答 $y=\frac{4}{x}$

つまり，反比例の式は**対応するxとyの値の積が比例定数**になるのです。

結構，強力な武器です。利用できるようにしましょう。

簡単な比例定数の求め方
$xy=a$に代入

(2) $y=\frac{4}{x}$に$x=-2$を代入。$y=\frac{4}{-2}=-2$ 答

(3) $y=\frac{4}{x}$に$y=4$を代入。

$$4=\frac{4}{x}$$

↓ 両辺にxをかけて

$$4x=4$$

$$x=1$$ 答

確認問題 52

yがxに反比例し，$x=8$のとき$y=-\frac{15}{4}$である。

(1) yをxの式で表しなさい。

(2) $x=-5$のとき，yの値を求めなさい。

(3) $y=10$のとき，xの値を求めなさい。

トレーニング14

次の問に答えなさい。 ▶解答：p.211

1. yがxに反比例し，次のとき，yをxの式で表しなさい。

(1) 比例定数が10　　(2) 比例定数が-8

(3) $x=4$のとき$y=6$　　(4) $x=8$のとき$y=-5$

(5) $x=-3$のとき$y=9$　　(6) $x=-12$のとき$y=-4$

2. yがxに反比例し，$x=-8$のとき$y=3$である。

(1) $x=2$のときのyの値を求めなさい。

(2) $y=-6$のときのxの値を求めなさい。

3. yがxに反比例し，$x=-\frac{9}{2}$のとき$y=16$である。

(1) yをxの式で表しなさい。

(2) $x=-24$のときのyの値を求めなさい。

(3) $y=36$のときのxの値を求めなさい。

4. 24L入る水そうに，水を毎分xLずつ入れると，いっぱいになるのにy分かかるとき，次の問に答えなさい。

(1) yをxの式で表しなさい。

(2) $\frac{8}{3}$分でいっぱいにするとき，毎分何Lずつ入れればよいか。

テーマ

6 反比例のグラフ

イントロダクション

- ◆ 反比例のグラフとは ➡ どんなグラフになるか
- ◆ 反比例のグラフをかく ➡ どんな点をとればよいか
- ◆ グラフから式をつくる ➡ 通っている点を見つける

反比例のグラフをかく

たとえば，$y=\frac{12}{x}$をかいてみます。

x	…	1	2	3	4	6	12	…
y	…	12	6	4	3	2	1	…

この表から，(1，12)，(2，6)，(3，4)，(4，3)，(6，2)，(12，1)，…を通ることがわかります。

そして，忘れてはいけないのは，xの値が負の数の場合です。

下の表のようになります。

x	-12	-6	-4	-3	-2	-1
y	-1	-2	-3	-4	-6	-12

このように，反比例のグラフは，なめらかな2つの曲線となります。

この曲線を**双曲線**（そうきょくせん）といいます。

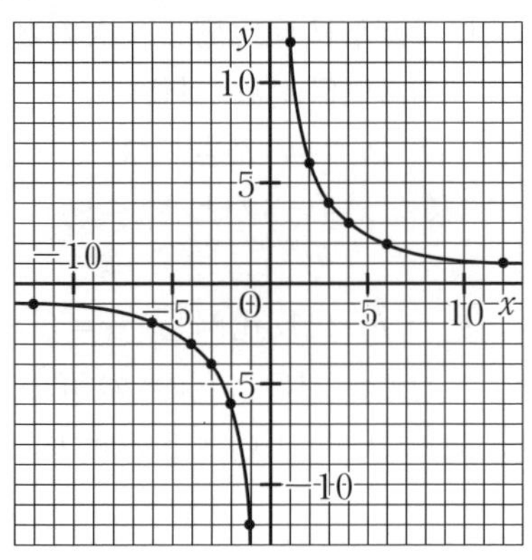

これらの点をとって結ぶと，上の図のようなグラフです。

> 反比例$y=\frac{a}{x}$のグラフは，なめらかな双曲線になる

例題 72

$y=\frac{9}{x}$について，次の問に答えなさい。

(1) 下の表の空らんをうめなさい。

x	…	-9	-3	-1	0	1	3	9	…
y	…				⊠				…

(2) グラフをかきなさい。

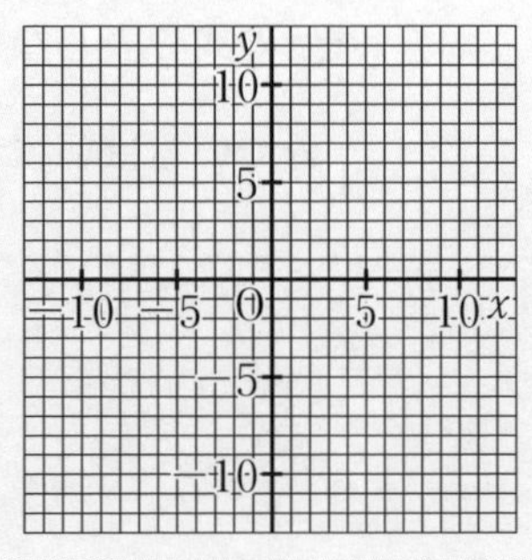

(1)　xに-9，-3，-1，…を代入して，yの値を求めます。

x	…	-9	-3	-1	0	1	3	9	…
y	…	-1	-3	-9	╳	9	3	1	…

(2)　$(-9, -1)$，$(-3, -3)$，$(-1, -9)$，…の点をとり，なめらかに結んでいきます。

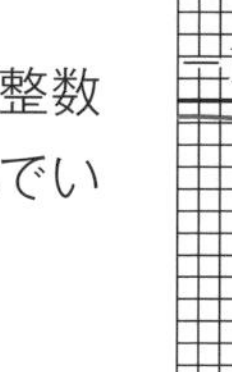

比例のグラフとちがって，x，y座標が整数の点をいくつもとって，なめらかに結んでいきます。ちょっとたいへんですね。

コツは，

> ・x軸やy軸には，どんどん近づく。
> ・x軸やy軸とは交わらない。

です。注意してください。

では次に，比例定数が負の，反比例のグラフをかいてみましょう。

例題 73

$y=-\dfrac{8}{x}$のグラフをかきなさい。

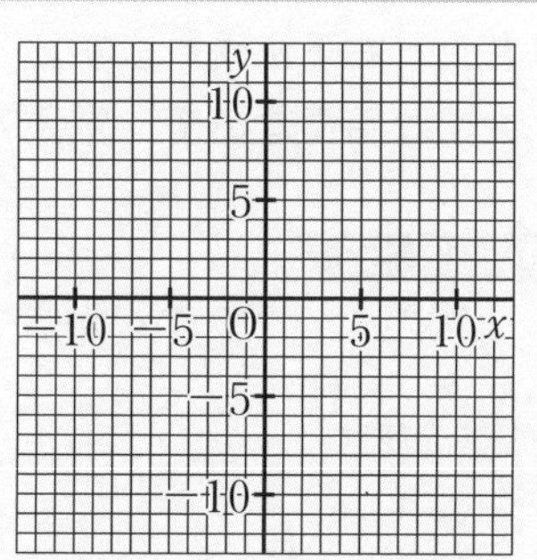

さて，今回は表がありません。自分で通る点をみつける作業が必要です。x座標，y座標がともに整数となるのは，xがどんな値のときでしょう。

8の約数ならよさそうです。$x=1$，2，4，8ですか？

おしいです。xの値が負の場合もありますよね。

$x=-1$，-2，-4，-8も考えて，次の表ができます。

x	…	-8	-4	-2	-1	1	2	4	8	…
y	…	1	2	4	8	-8	-4	-2	-1	…

では，上の方眼を使ってグラフをかいてみてください。答えは次ページ。

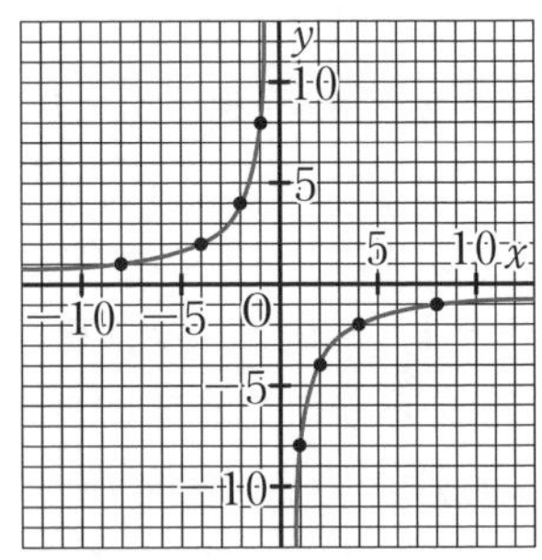

比例定数の約数を考えて表をつくればいいですね。そして，xが負の値になる場合も忘れないようにしましょう。

さて，今までかいてきたグラフをふりかえってみます。

例題 72 は比例定数が正，例題 73 は比例定数が負でした。

どちらも双曲線になりましたが，何か，ちがいがわかりますか？

先生！　グラフの現れる場所がちがうみたいです！

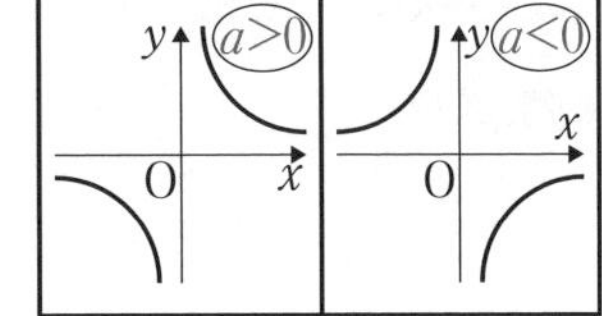

その通りです。比例定数が正のとき，グラフは右上と左下に，比例定数が負のとき，グラフは左上と右下に現れます。

大切な特徴なので，覚えておいてください。

確認問題 53

次の式のグラフをかきなさい。

(1)　$y=\dfrac{18}{x}$

(2)　$y=-\dfrac{6}{x}$

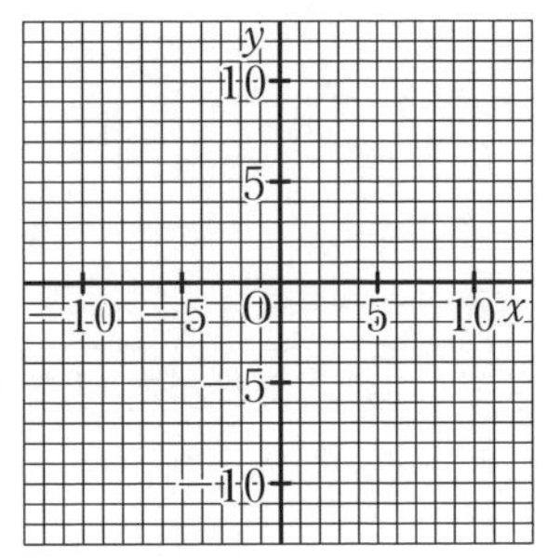

反比例のグラフから式を求める

今度は，反比例のグラフから式を求めていきます。

比例のときにどうやったか思い出してください。同様にやります。

つまり，$y=\dfrac{a}{x}$とおき，グラフが通っている点を見つけて，代入します。

例題 74

次のグラフについて，yをxの式で表しなさい。

(1)

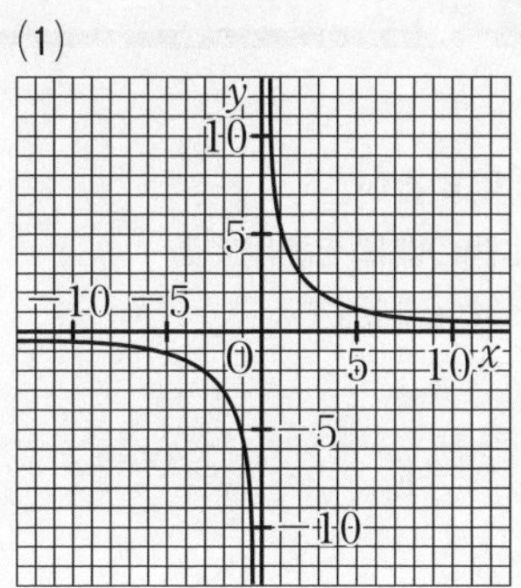

(2)

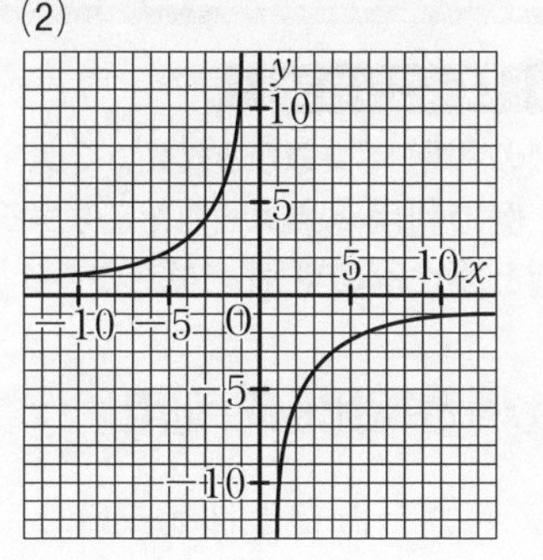

(1) グラフが右上と左下にあるので，比例定数は正です。

$y=\dfrac{a}{x}$とおく。点(3，2)を通っているので，

$x=3$，$y=2$を代入します。

$2=\dfrac{a}{3}$より，$a=6$　**答** $y=\dfrac{6}{x}$　簡単ですね。

(2) 比例定数は負です。

$y=\dfrac{a}{x}$とおく。点(4，-3)を通っています。

他の点でもOKです。$x=4$，$y=-3$を代入して，

$-3=\dfrac{a}{4}$より，$a=-12$　**答** $y=-\dfrac{12}{x}$

確認問題 54

右の図の①，②のグラフについて，yをxの式でそれぞれ表しなさい。

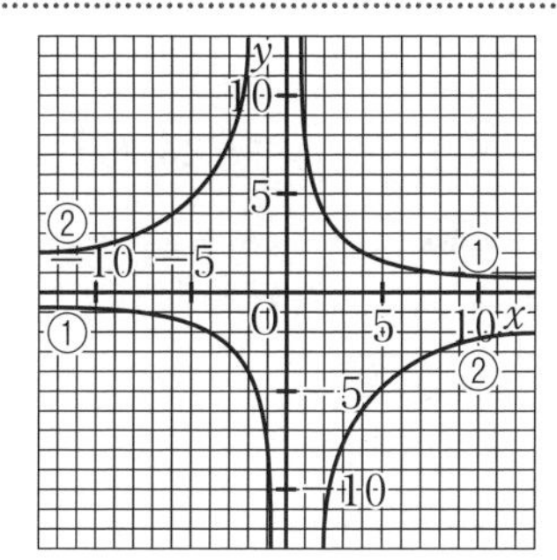

テーマ

7 比例と反比例の利用

イントロダクション

- **比例の利用** ➡ 文章から式をつくり，どう利用するか
- **反比例の利用** ➡ 与えられた条件から，反比例の関係を利用する
- **比例と反比例の判別** ➡ 式をつくり，その形から判別する

比例と反比例の利用

文章で与えられた条件を式にしてみよう。

例題 75

分速60mで歩く人が，x分間でym進むとする。次の問に答えなさい。

(1) yをxの式で表しなさい。

(2) yはxに比例するか，反比例するか。

(3) 900m進むのにかかる時間は何分かを求めなさい。

(1) yは道のりなので**道のり＝速さ×時間**の公式にあてはめます。

$y=60x$ 答 となります。

(2) $y=ax$の形になりました。これは比例の式です。 答 **比例する**

(3) 900mは道のりなので，$y=900$を代入します。

$900=60x$

$60x=900$

$x=15$（分） 答 **15分**　　ほぼ，今までの復習でしたね。

ここで確認しましょう。どんな式が比例で，どんな式が反比例ですか？

$y=ax$なら比例，$y=\dfrac{a}{x}$なら反比例です。

はい，ばっちりわかっていますね。

確認問題 55

120kmの道のりを，時速$x$kmで進むとy時間かかるとする。次の問に答えなさい。

(1) yをxの式で表しなさい。

(2) yはxに比例するか，反比例するか。

(3) 時速45kmで進むと何時間何分かかるかを求めなさい。

例題 76

底辺が$x$cm，高さが$y$cmの三角形の面積が72cm^{2}であるとき，次の問に答えなさい。

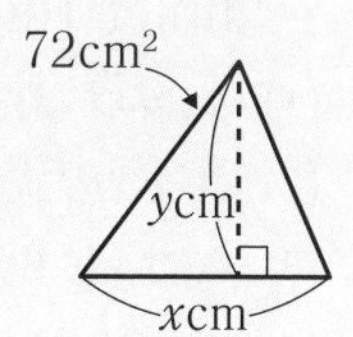

(1) yをxの式で表しなさい。

(2) yはxに比例するか，反比例するか。

(3) 高さが16cmのとき，底辺は何cmか求めなさい。

(1) 三角形の面積＝底辺×高さ×$\frac{1}{2}$でしたね。$x \times y \times \frac{1}{2}=72$

よって，$xy=144$ …①

両辺をxでわって，$y=\frac{144}{x}$ 答

①の式を答えにしない。必ず「$y=\cdots$」の形に

(2) この式は反比例の式です。 答 **反比例する。**

(3) 高さはyなので，$y=16$を代入すると，

$16=\frac{144}{x}$ 　xをかけて

①→ **$xy=144$の式に代入すると，** 16x=144が簡単にできます。

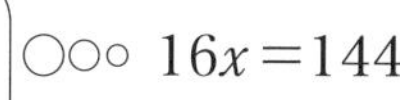

$16x=144$

$x=9$ 　答 **9cm**

反比例の式に代入するときは，この方が楽なんですね。

はい，**反比例では，$xy=a$の式を利用**しちゃいましょう。

例題 77

90L入る水そうに毎分xLずつ水を入れると，y分でいっぱいになるとき，次の問に答えなさい。

(1) yをxの式で表しなさい。

(2) yはxに比例するか，反比例するか。

(3) 1時間でいっぱいにするには，毎分何Lずつ入れればよいか。

(1) 1分あたりに入れる水の量と時間をかければ，90Lになります。

よって，$xy=90$ 　両辺をxでわって，$y=\frac{90}{x}$ 答

(2) この式は反比列です。 答 **反比列する**

(3) 1時間＝60分なので，$y=60$を，**$xy=90$の式に代入**しましょう。

$60x=90$より，$x=\frac{3}{2}$ 　答 **毎分$\frac{3}{2}$L**

確認問題 56

200gで1000円のお茶がある。このお茶xgの代金をy円とする。

(1) このお茶1gあたりの値段を求めなさい。

(2) yをxの式で表しなさい。

(3) yはxに比例するか，反比例するか。

(4) 1800円で買えるお茶の重さを求めなさい。

次に，点が動く問題を扱います。難しそうに見えますが，考え方のコツがつかめれば必ずできるようになります。がんばりましょう。

例題 78

縦8cm，横10cmの長方形ABCDがある。点Pが，辺BC上を点Bから点Cまで，毎秒1cmの速さで動く。点Pが点Bを出発してからx秒たったときの，三角形ABPの面積を$y$cm^{2}として，次の問に答えなさい。

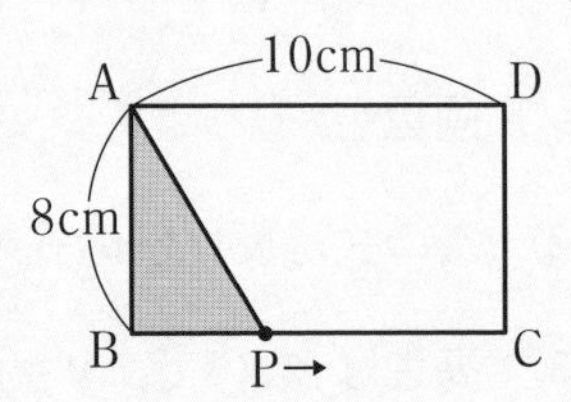

(1) xの変域を求めなさい。

(2) yをxの式で表しなさい。

(3) 三角形ABPの面積が16cm^{2}となるのは，点Pが出発してから何秒後か求めなさい。

点Pが最初点Bにいたんですね。そして，右に動き点Cまで行きます。

(1) xというのは。点Pが出発してからの時間ですね。

では，点Pは何秒後から何秒後まで動いていますか？

0秒後から，点Cに着くのは10秒後なので10秒後までです。

はい，これがxの変域です。したがって，$0 \leqq x \leqq 10$ 答

(2) 1秒後はBP＝1cm，2秒後はBP＝2cm, …ということは，x秒後はBP＝$x$cmです。

三角形ABPの面積は，底辺BP×高さAB×$\frac{1}{2}$なので，BP＝xより，

$y=x\times 8\times\frac{1}{2}$　答 $y=4x$

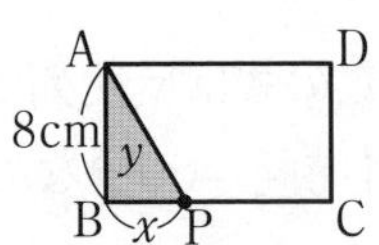

(3) $y=4x$の式に，$y=16$を代入します。

$16=4x$より，$x=4$（秒後）　答 **4秒後**

比例・反比例の判別

例題 79

次の関係について，yをxの式で表しなさい。また，それぞれについて，yがxに「比例」する，「反比例」する，「比例も反比例もしない」のいずれであるか答えなさい。

(1) 面積が10cm^2の長方形の縦が$x$cm，横が$y$cm

(2) 1本50円の鉛筆x本の代金がy円

(3) 1000円で，1個60円のみかんをx個買ったときのおつりがy円

(4) 120cmのリボンをx人で等分したとき，1人分の長さが$y$cm

文章で与えられた条件から「$y=\cdots$」の形をつくります。

そして，$y=ax$の形なら比例，$y=\dfrac{a}{x}$の形なら反比例です。

(1) 縦×横＝面積なので，$xy=10$ （xでわって，）

$y=\dfrac{10}{x}$　反比例です。　答 **$y=\dfrac{10}{x}$，反比例**

(2) 1本の値段50円×本数＝代金なので，

$50x=y$ （入れかえ）

$y=50x$　比例です。　答 **$y=50x$，比例**

(3) $1000-60x=y$より，

$y=1000-60x$ 答　**比例も反比例もしない** 答

(4) 120cm÷人数(x)＝1人分($y$cm)なので，

$\dfrac{120}{x}=y$　左辺と右辺を入れかえて，

$y=\dfrac{120}{x}$　反比例です。　答 **$y=\dfrac{120}{x}$，反比例**

確認問題 57

次の㋐～㋕の式のうち，yがxに比例するもの，yがxに反比例するものを，それぞれすべて選び，記号で答えなさい。

㋐ $y=4x$，　㋑ $y=\dfrac{2}{x}$，　㋒ $y=\dfrac{x}{3}$，　㋓ $y=3x+1$，　㋔ $xy=-6$

㋕ $y-3x=0$

比例と反比例まとめ

定期テスト対策 A

▶解答：p.212

1.　次のうち，yがxの関数であるものをすべて選びなさい。
①時速5kmでx時間歩いたときの，進んだ道のり$y$km
②身長が$x$cmの人の体重$y$kg
③1000円で，1個30円のあめをx個買ったときのおつりy円
④周の長さが$x$cmの長方形の面積$y\text{cm}^2$
⑤面積が24cm^2の長方形の縦が$x$cmのとき，横$y$cm

2.　yがxに比例し，xとyが次の値をとるとき，yをxの式で表しなさい。
(1)　$x=4$のとき$y=8$　　(2)　$x=6$のとき$y=-4$

3.　yがxに比例し，$x=-18$のとき$y=12$である。次の問に答えなさい。
(1)　yをxの式で表しなさい。

(2)　$y=-2$のとき，xの値を求めなさい。

4.　yがxに反比例し，xとyが次の値をとるとき，yをxの式で表しなさい。
(1)　$x=5$のとき$y=2$　　(2)　$x=-8$のとき$y=3$

5.　yがxに反比例し，$x=-6$のとき$y=-9$である。次の問に答えなさい。
(1)　yをxの式で表しなさい。

(2)　$x=3$のとき，yの値を求めなさい。

(3)　$y=-27$のとき，xの値を求めなさい。

6.　右の図の，点A～点Fの座標をそれぞれ答えなさい。

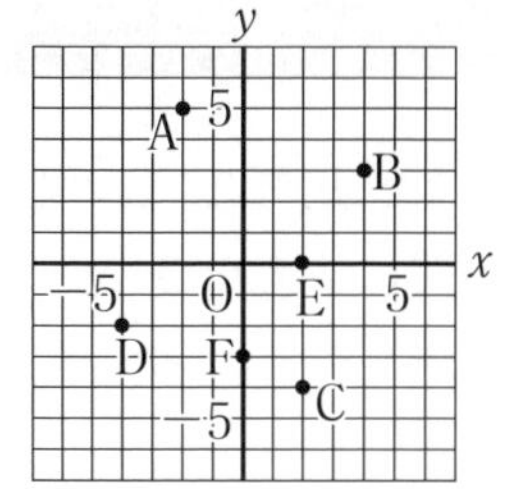

7.　下の図で，①～③は比例，④～⑤は反比例のグラフである。それぞれ，yをxの式で表しなさい。

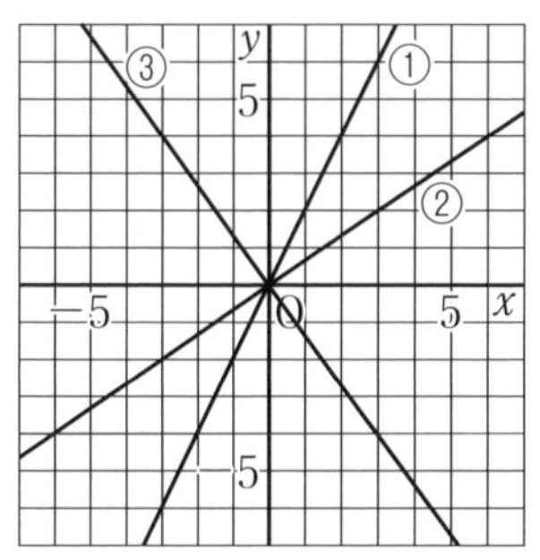

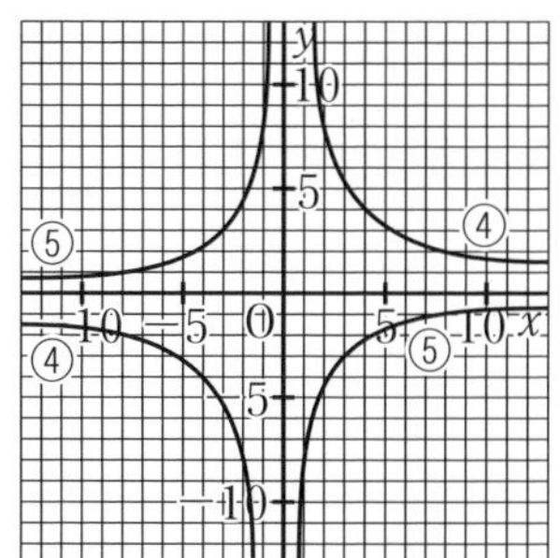

8.　次の①～④の式について，グラフが次のようになるものを，すべて求めなさい。

①　$y=\dfrac{2}{3}x$　　②　$y=-x$　　③　$y=-\dfrac{5}{x}$　　④　$y=\dfrac{6}{x}$

⑴　右下がりの直線　　⑵　双曲線

⑶　点(3，2)を通る

9.　25Lのガソリンで300km走る自動車がある。この自動車がxLのガソリンで$y$km走るとして，次の問に答えなさい。

⑴　yをxの式で表しなさい。

⑵　156km走るには，何Lのガソリンが必要か求めなさい。

第1章 正の数・負の数　第2章 文字と式　第3章 方程式　第4章 比例と反比例

比例と反比例まとめ

定期テスト対策 B

▶解答：p.214

1.　yがxに比例し，$x=4$のとき$y=-6$である。
次の問に答えなさい。

(1)　yをxの式で表しなさい。

(2)　$x=-\dfrac{8}{3}$のときのyの値を求めなさい。

2.　yがxに反比例し，$x=-\dfrac{5}{4}$のとき$y=-\dfrac{12}{5}$である。次の問に答えなさい。

(1)　yをxの式で表しなさい。

(2)　$x=\dfrac{3}{5}$のときのyの値を求めなさい。

3.　次の(1)〜(3)について，yをxの式で表しなさい。また，yがxに「比例」する，「反比例」する，「どちらでもない」のいずれかを答えなさい。

(1)　1個80円の品物をx個買い，1000円出したときのおつりがy円

(2)　分速xmで40分間歩いたときに進んだ道のりがym

(3)　面積が10cm^{2}の三角形の底辺が$x$cm，高さが$y$cm

4.　ある本は，1日9ページずつ読むと30日で読み終わる。この本を1日xページずつ読むとy日間かかるとして，次の問に答えなさい。

(1)　yをxの式で表しなさい。

(2)　18日で読み終えるには，1日何ページ読めばよいか。

5.　右の図で，①は比例，②は反比例のグラフである。次の問に答えなさい。

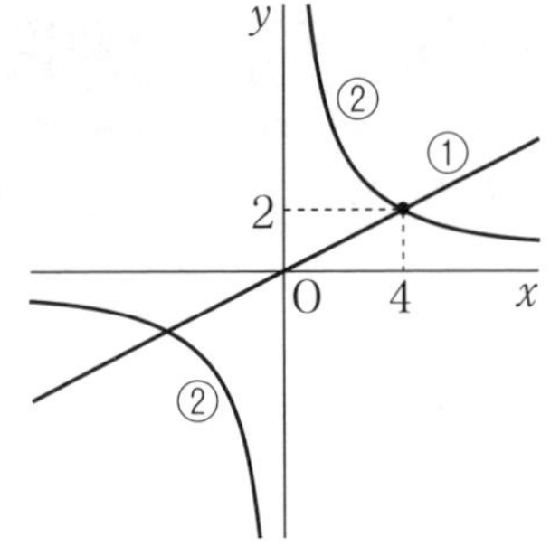

(1)　①，②について，yをxの式で表しなさい。

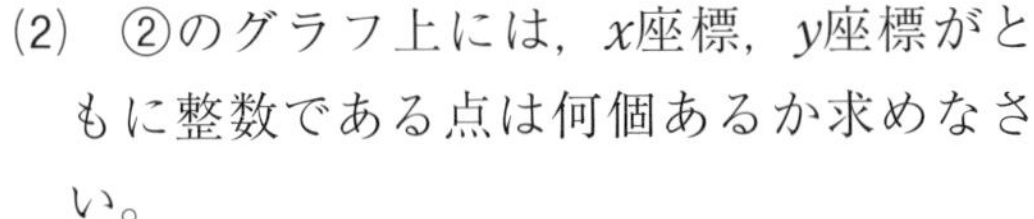
(2)　②のグラフ上には，x座標，y座標がともに整数である点は何個あるか求めなさい。

6.　右の図のような長方形ABCDで，点Pは点Bを出発して辺BC上をCまで，秒速1cmの速さで動く。点PがBを出発してからx秒後の三角形ABPの面積を$y$cm^{2}として，次の問に答えなさい。

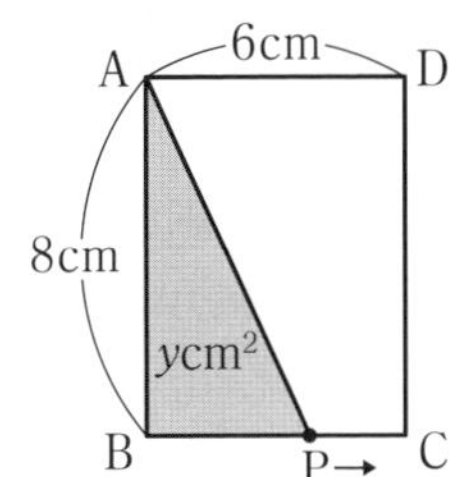

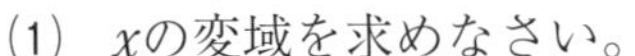
(1)　xの変域を求めなさい。

(2)　yをxの式で表しなさい。

(3)　グラフをかきなさい。

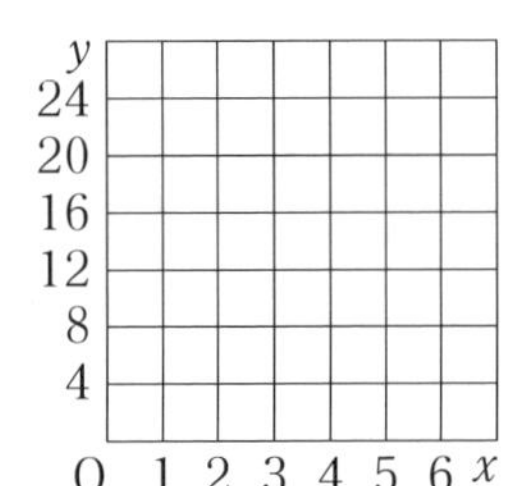

(4)　$y=10$となるのは何秒後か求めなさい。

7.　兄と弟が同時に家を出発して，家から600mはなれた学校に行った。兄は分速100m，弟は分速60mで歩くとき，次の問に答えなさい。

(1)　家を出発してからx分間に歩いた道のりをymとして，兄と弟それぞれについて，yをxの式で表しなさい。

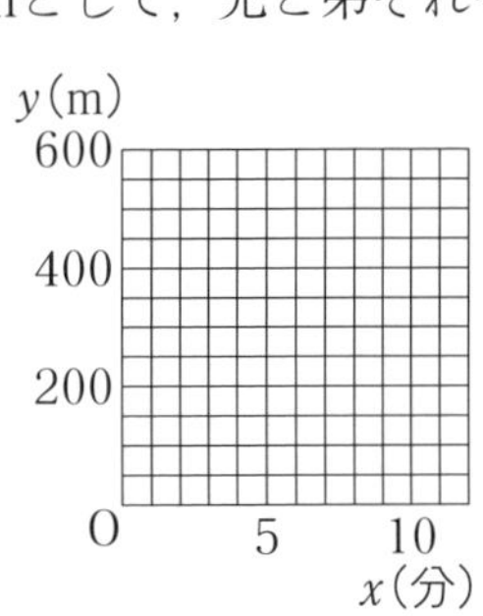

(2)　(1)のグラフをそれぞれかきなさい。

(3)　弟は兄より何分遅く学校に着いたか求めなさい。

第5章 平面図形

テーマ1 図形の移動

イントロダクション

- ◆ 図形の基本 ➡ 記号，名称，表し方の基本を知る
- ◆ 図形の移動とは ➡ 3 つの移動を理解する
- ◆ 図形の移動の性質 ➡ 長さや角に，どんな関係があるか

直線と角

図形特有の表し方について，学んでいきましょう。

1．**直線・線分・半直線・中点**

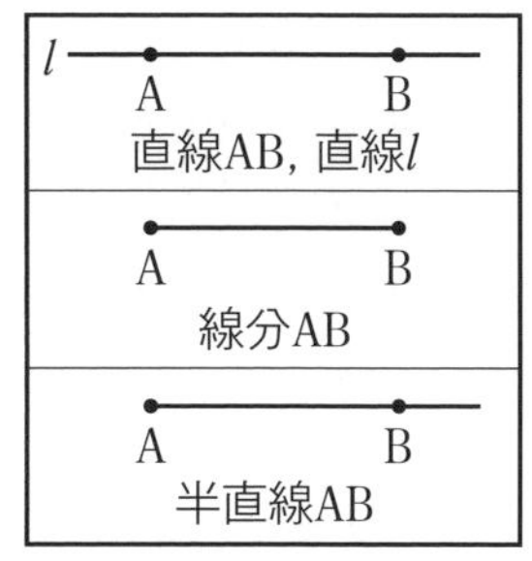

両方にかぎりなくまっすぐにのびている線を直線といいます。2点A，Bを通る直線を，直線ABと表します。また，直線lと表すこともあります。

直線ABのうち，AからBまでの部分を**線分**（せんぶん）ABといいます。

また，線分ABをBの方にまっすぐにのばしたものを**半直線**（はんちょくせん）ABといいます。

線分ABを2等分する点Mは，線分ABの**中点**（ちゅうてん）といいます。

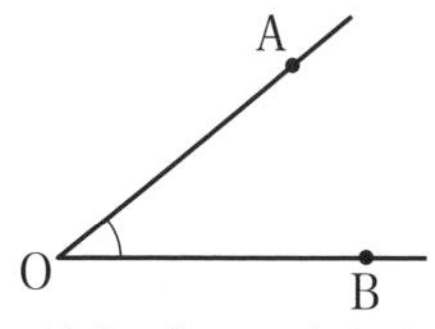

2．**角**

1つの点から出る2つの半直線によって角ができます。右の角を，**∠AOB**（または∠BOA）と書き，∠は「角」と読みます。

たくさんの記号や読み方が出てきましたが，もう少しがんばってください。

3．**垂直**

2つの直線lとmが交わってできる角が直角であるとき，$l \perp m$と表し，「l垂直m」と読みます。

一方の直線を，他方の直線の**垂線**（すいせん）といいます。

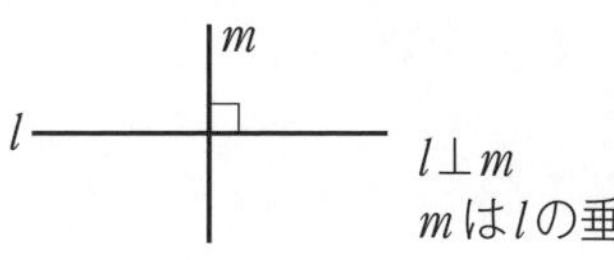

4．平行

2つの直線が平行であるとき，**AB//CD**のように書き，「AB平行CD」と読みます。図では，—>— の印をつけて示します。また，これより三角形ABCを△ABCと表します。

A B
C D
AB//CD

これ以上たくさんの用語や記号が出てくるとつらいでしょうから，ここまでにして，確認しておきましょう。

例題 80

次の問に答えなさい。

(1) 右の図のように，3点A，B，Cがあるとき，次のものをかきなさい。

① 直線AB， ② 線分BC， ③ 半直線AC

(2) 右の図において，㋐，㋑，㋒の角を，「∠」を用いて表しなさい。

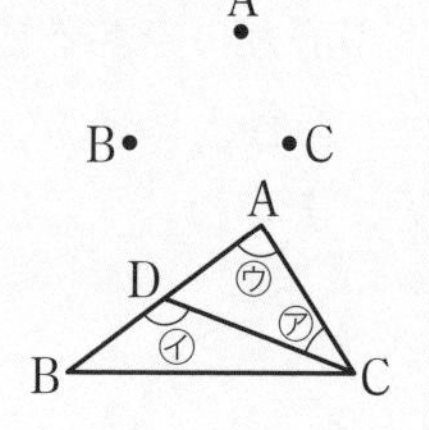

(1) ①の直線は，両方にかぎりなくのびているので，点A，Bで止めずにかきます。

②線分は，BからCまでです。

③Aの方は止め，Cの方をのばします。

(2) ㋐**∠ACD** 答 または∠DCAです。どちらまわりでもいいです。

角の表し方がよくわかりません。

そうですか。ではこう考えてください。右の図で，∠aは，点Aから点Oで折り返し，点Bに行くイメージです。スタートA→折り返しO→ゴールBで，∠AOBと表すのです。

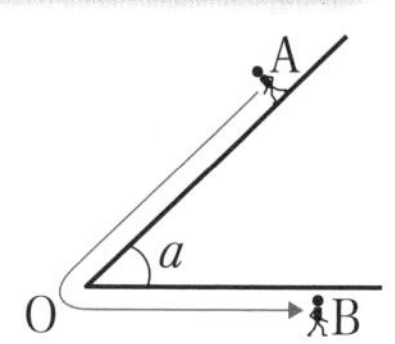

このように考えて，㋑は，**∠BDC** 答 または∠CDBとなります。Dを折り返し点とすればいいですね。

㋒は，**∠BAC** 答 でも，∠DACでも，∠CABでも，∠CADでもかまいません。

確認問題 58

右の図の直線a, b, c, dについて，次の問に答えなさい。

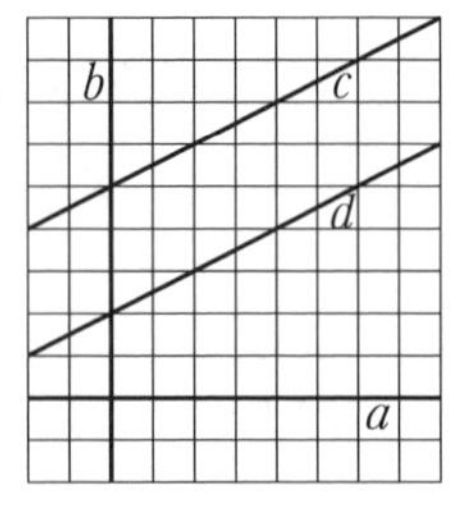

(1) 平行になっている直線はどれとどれか。平行の記号を使って表しなさい。

(2) 垂直になっている直線はどれとどれか。垂直の記号を使って表しなさい。

円とおうぎ形

中心がOである円のことを，円Oといいます。半径，直径，円周が，それぞれどこの長さかは，覚えていますね。

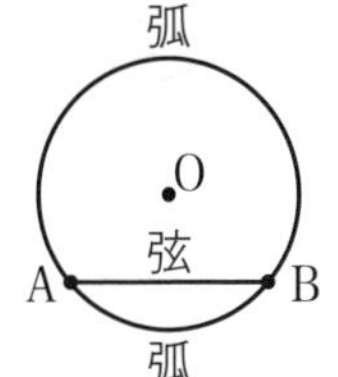

円周上に2点A，Bをとるとき，線分ABを**弦AB**(げん)といいます。

AからBまでの円周の一部分を**弧AB**(こ)といい，$\overset{\frown}{AB}$と表します。

弧ABといっても，短い方と長い方の2つありますね。

はい，どちらも弧ABというんです。どちらかをさすときは，それがわかるように指示されます。「短い方の$\overset{\frown}{AB}$」のように。

右の図のように，円Oの2つの半径OA，OBと弧ABで囲まれた図形を**おうぎ形**(がた)といいます。

このとき，∠AOBをおうぎ形の**中心角**(ちゅうしんかく)といいます。

円，おうぎ形については，ここまでにしましょう。

例題 81

右の図について，次の問に答えなさい。

(1) 線分ABを何というか。

(2) 太線部分を，記号を用いて表しなさい。

(3) 中心角∠AOBの大きさを求めなさい。

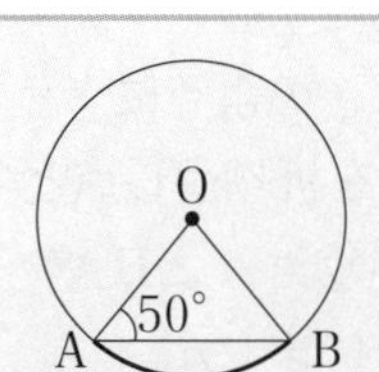

⑴　**弦AB**　㊟　といいます。

⑵　弧ABで，$\overset{\frown}{AB}$　㊟　と表します。

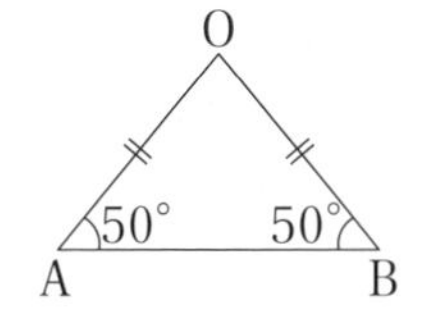

⑶　OAとOBは，どちらも半径で等しいので，
△OABは二等辺三角形です。
∠OAB＝∠OBA＝50°とわかります。
三角形の内角の和は180°なので，∠AOB＝180°－50°×2＝80°　㊟

確認問題 59

円形の紙を，次のようにぴったり重なるように折ったとき，できたおうぎ形の中心角xの大きさを求めなさい。

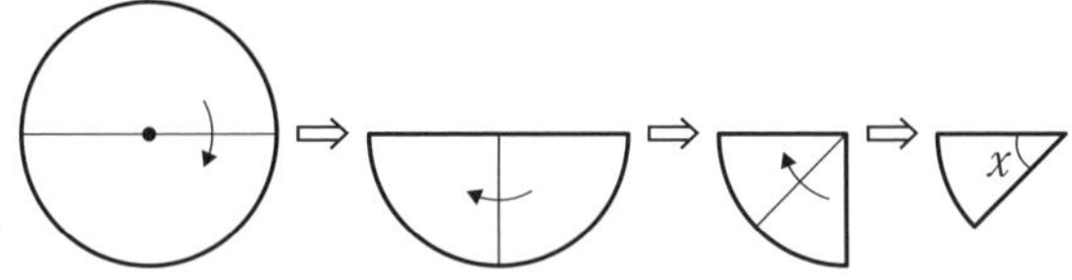

図形の移動

形や大きさを変えずに，ある図形を他の位置に移すことを，図形の移動といいます。

図形の移動には，**平行移動**，**対称**（たいしょう）**移動**，**回転移動**の3つがあります。

図形の移動
- 平行移動
- 対称移動
- 回転移動

ここから，それぞれの移動について説明していきます。

1．**平行移動**

図形を，一定の方向に一定の距離だけ動かす移動を，平行移動といいます。

右の図は，△ABCを平行移動して△A′B′C′に動かしたものです。

AA′//BB′//CC′で，AA′＝BB′＝CC′が成り立ちます。

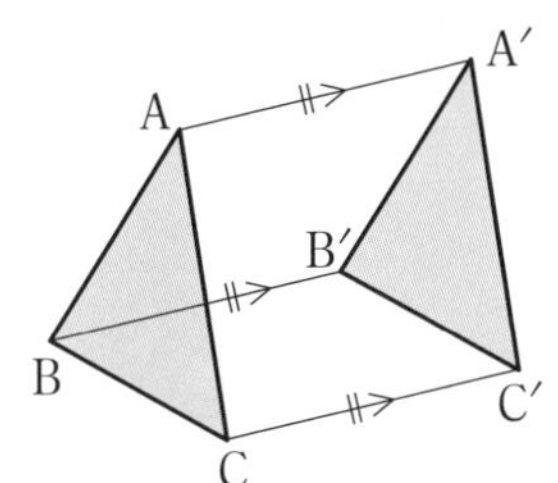

2．**対称移動**

図形を，ある直線を折り目にして折り返す移動を対称移動といい，折り目の直線を**対称の軸**といいます。

右の図が，直線lを対称の軸として△ABCを△A′B′C′に対称移動した図です。

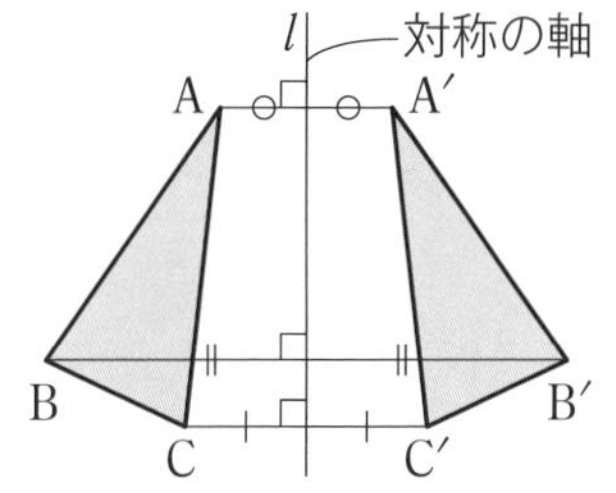

3．回転移動

図形を，ある点を中心として一定の角度だけ回転する移動を回転移動といい，中心とする点のことを**回転の中心**といいます。

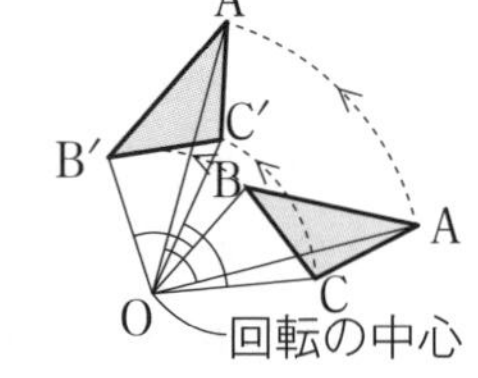

右の図で，$\angle AOA' = \angle BOB' = \angle COC'$ です。

180°の回転移動を，**点対称移動**といいます。

これで，3つの移動が出そろいました。移動についてわかりましたか？

平行移動はずらす，対称移動は折る，回転移動は回す！

そういうことです。頭に入れてください。

例題 82

次の問に答えなさい。

(1) 右の図で，△ABCを，点Aを点Dに移すように平行移動した△DEFをかきなさい。

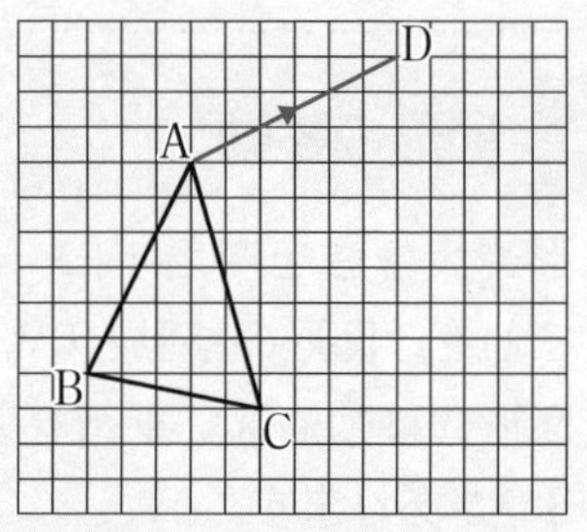

(2) 右の図で，△ABCを，直線lを対称の軸として対称移動した△DEFをかきなさい。

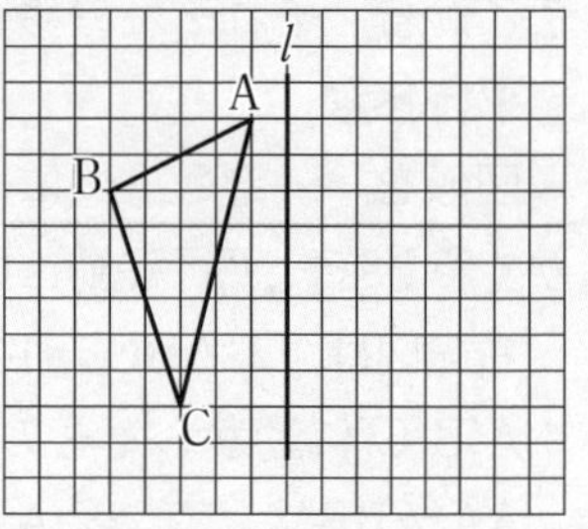

(3) 右の図で，△ABCを，点Oを回転の中心として180°回転移動（点対称移動）した△DEFをかきなさい。

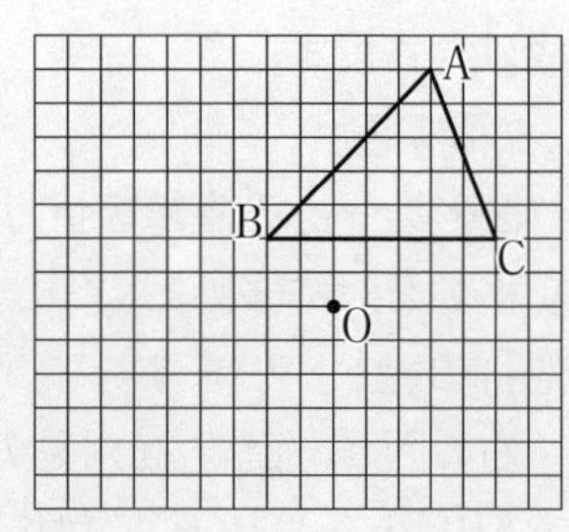

指示された移動の意味はわかりますね。いきなり△DEFをかこうとしてはいけません。

まず，それぞれの点を1つずつ移動させます。

点Aを点Dに，点Bを点Eに，点Cを点Fにです。そして点D，E，Fの位置が決まってから，最後にそれらを結んで△DEFをかきます。

図形の移動のしかた

① 点を移動させる → ② 点を結ぶ

このやり方をマスターしてください。

いきなり図形をかこうとせず，点を移すんですね。

はい，そうです。次のようになります。

(1)

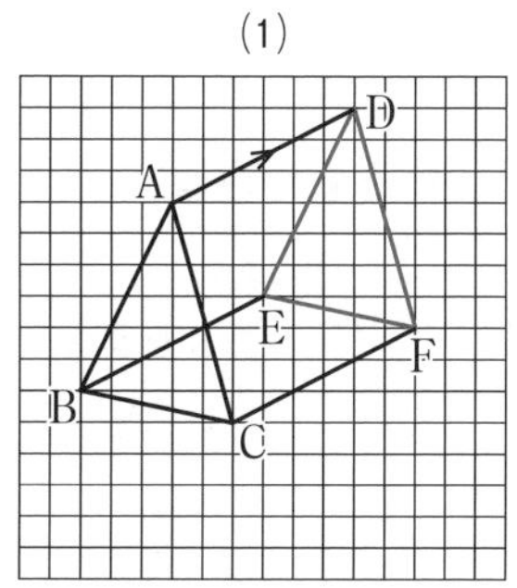

(2)

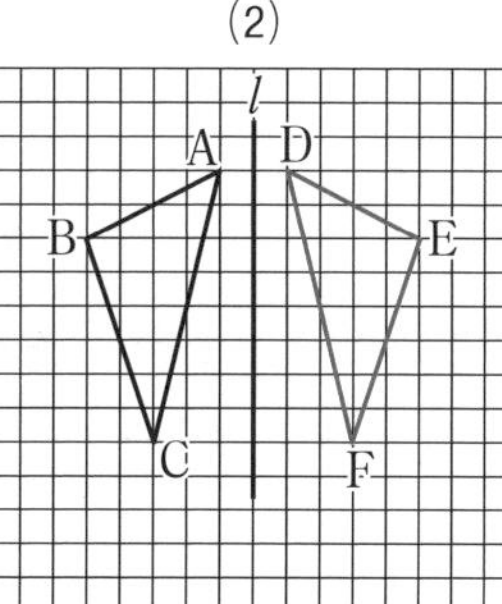

(3)

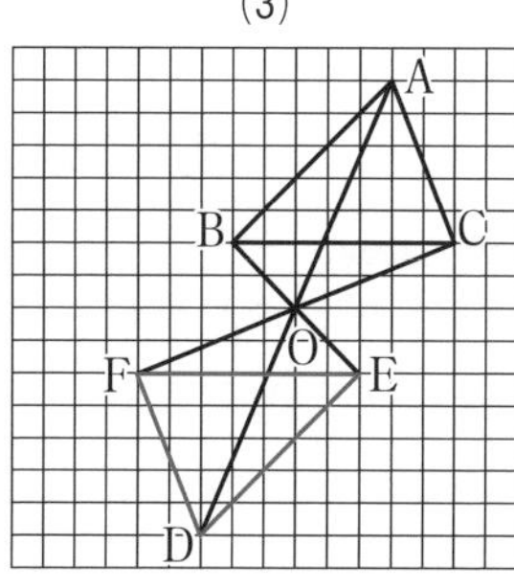

確認問題 60

次の問に答えなさい。

(1) 右の図1で，△ABCを，点Bを回転の中心として反時計まわりに90°回転移動させた△A′BC′をかきなさい。

(2) 図2の三角形は，すべて正三角形である。△ABCを，次のように移動すると㋐，㋑，㋒のどれと重なるか。

①BCを対称の軸とした対称移動

②点AをBに移す平行移動

③点Cを回転の中心とし，反時計まわりに120°の回転移動

図1

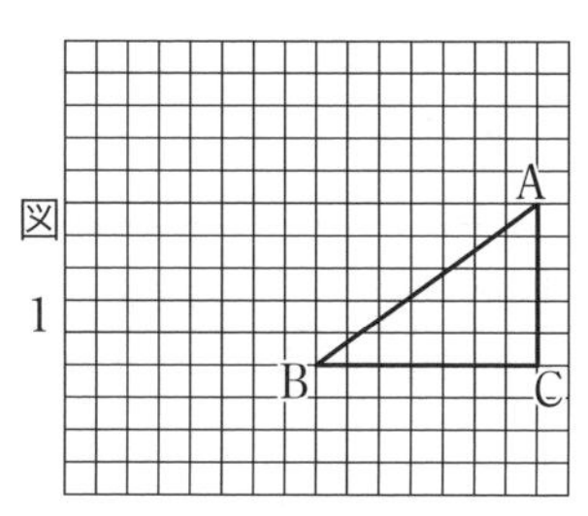

図2

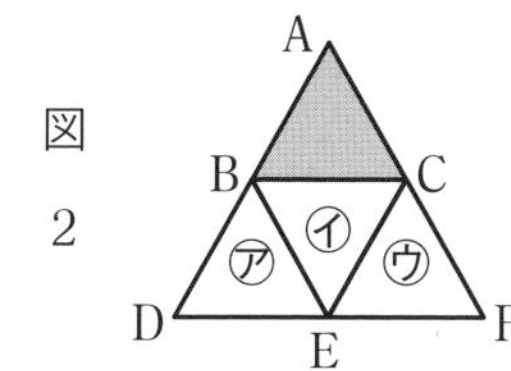

テーマ

2 作　図

イントロダクション

- **作図のしかた ➡ 定規，コンパスの正しい使い方を理解する**
- **基本の作図をする ➡ 3つの基本作図を知り，できるようにする**
- **条件にあった作図をする ➡ どんな作図をすべきか**

作図のしかた

ここでは，定規とコンパスを使います。手元に用意してください。分度器は使いません。

右の線分ABと等しい長さの線分CDをノートにかいてください。どのようにやりますか？

A————B

長さを定規ではかって，ノートに同じ長さでかきます。

多くの生徒さんがそのようにやりますが，それはまちがいなんです。

定規の目盛りは使わないのが作図のルールです。

等しい長さをとるのは，コンパスの役目です。

右のように，まず点Cをとったら，定規でCから半直線をひきます(①)。そして，線分ABの長さをコンパスでとり，Cを中心に円をかき(②)，交点をDとします。

C, D, ①, ②

作図では，**定規やコンパスでかいた線は消してはいけません。**

作図のルール

①定規とコンパスだけを使い，分度器は使わない。
②等しい長さをとるのはコンパス。
③定規は，直線，線分，半直線をひくもの。目盛りは使わない。
④作図でかいた線は消さない。

例題 83

右の3本の線分の長さを辺とする△ABCを作図しなさい。

A————B
B——————C
A—————C

どの辺からかいてもかまいません。

たとえば，辺BCからかいてみます。

点Bをとり，定規で半直線をかく(①)。

コンパスでBCの長さをとり，点Bを中心として円をかく(②)。①と②の交点がC。

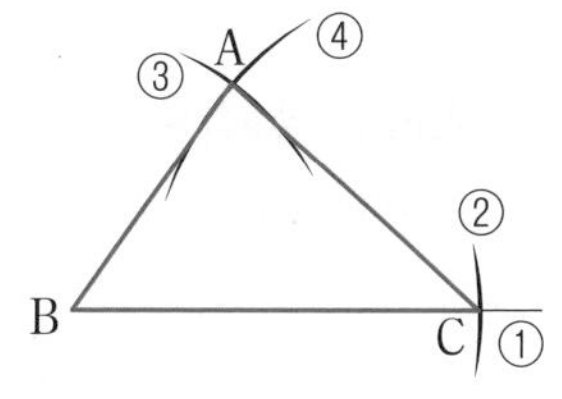

コンパスでABの長さをとり，点Bを中心に円をかく(③)。

コンパスでACの長さをとり，点Cを中心に円をかく(④)。

③と④の交点がAです。そして，AとB，AとCをそれぞれ定規で結んで，できあがりです。

確認問題 61

右の△ABCと合同な△DEFを作図しなさい。

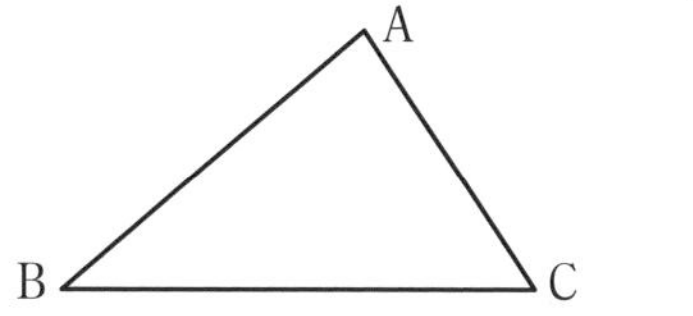

作図の基本

これから，3つの基本作図について学びます。

1．**垂線**

⑴ **直線上にない点から垂線を下ろす**

右の図で，点Pから直線lに垂線を下ろします。

点Pを中心に，直線lと交わるように円をかき(①)，その交点をA，Bとします。

次に，点A，Bから等しい半径の円をかき(②，③)，その交点をQとします。

そして，点PとQを結んで，でき上がりです。

説明用にA，B，Qという点を示しましたが，**実際の作図では，P以外の点に名前はつけません。**

⑵ **直線上の点から垂線を立てる**

点Pから直線lの垂線を立てます。

Pを中心に円をかき(①)，lとの交点をA，Bとします。点A，Bから等しい半径の円をかき(②，③)，その交点をQとします。

点PとQを結んで，でき上がりです。

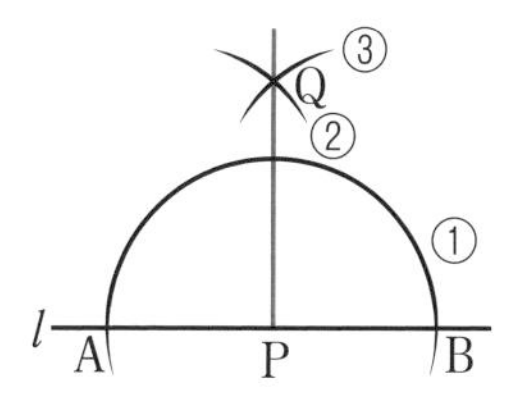

前のページを見なくてもできるようになるまで，練習してください。

2．**垂直二等分線**

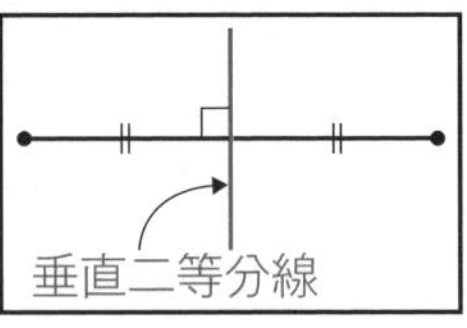

線分の中点を通り，その線分と垂直な直線のことを，垂直二等分線といいます。

では，右の図で，線分ABの垂直二等分線を作図していきます。

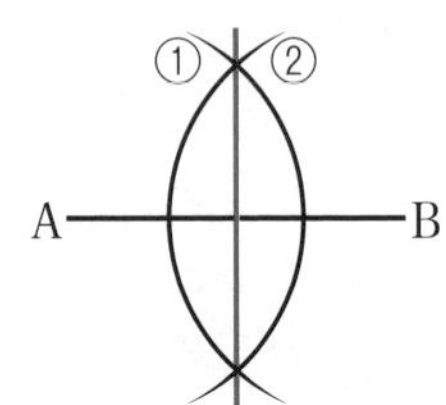

点A，Bを中心に，等しい半径の円①，②をかきます。

その円の2つの交点を通る直線をひきます。何度も練習して，できるようにしてください。

3．**角の二等分線**

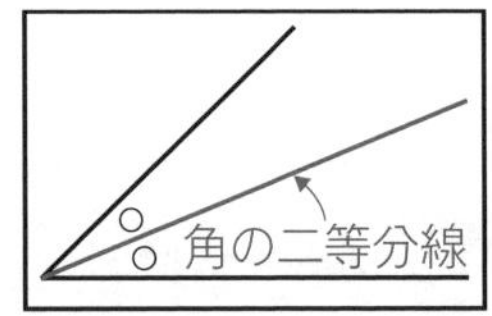

角を二等分する半直線を，その角の二等分線といいます。

ただし，分度器を使ってはいけません。右の∠AOBの二等分線を作図しましょう。点Oを中心にして円をかき(①)，辺OA，OBとの交点をP，Qとします。

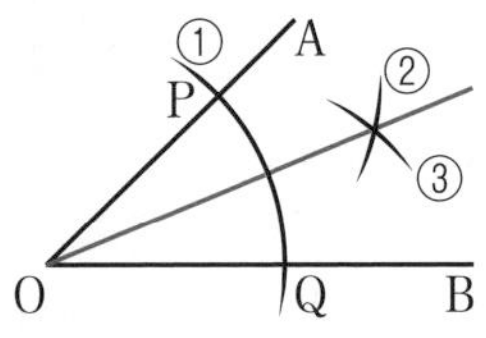

点P，Qを中心に，等しい半径の円②，③をかきます。

点Oとその交点を結んだ半直線が，∠AOBの二等分線です。

ここでも，実際の作図では，PやQの名前はつけません。

以上が，基本となる作図です。

垂線，垂直二等分線，角の二等分線。これで全部ですか？

はい，基本作図はこれで全部です。

どの作図をすべきか考えたり，どの作図とどの作図を組み合わせるかを考えていくことになります。

とりあえず，これらがかけることが大切ですね。

では問題にあたってみましょう。

例題 84

次の問に答えなさい。

(1) 線分ABの中点Mを作図で求めなさい。　A――――B

(2) 下の∠XOYの二等分線を作図しなさい。

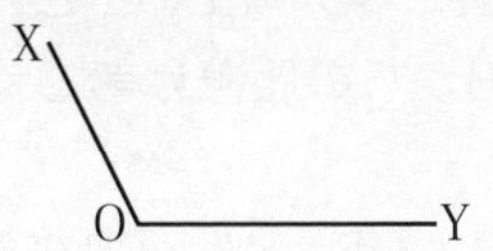

(1) 基本作図のうち，中点ができる作図が1つだけあります。

わかりました！　垂直二等分線ですね。

よくわかりましたね。垂直に**二等分**するので，中点が作図できます。

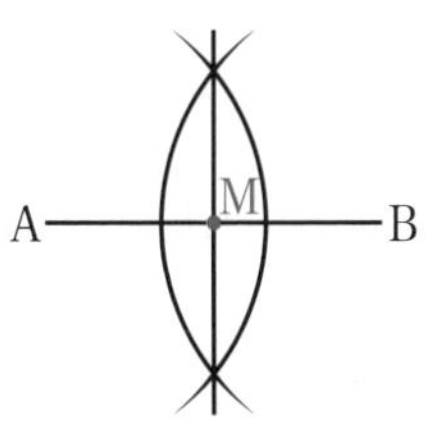

線分の中点
→垂直二等分線

(2) このように，大きい角であっても，角の二等分線の作図は，何もかわりません。

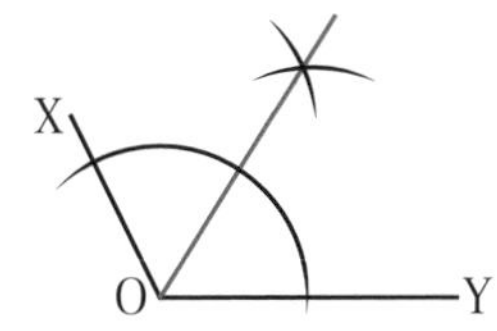

確認問題 62

右の図の△ABCで，辺BCを底辺としたときの，高さAHを作図しなさい。

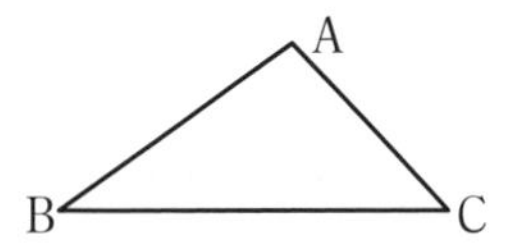

たとえば，45°の角を作図することを考えます。分度器は使えません。どうやったらよいでしょうか。

45°とは，90°の半分ですね。

したがって，垂線で90°をつくり，それを二等分すればできますね(右の図)。

このように，作図の意味を考えたり，組み合わせていくことをやっていきましょう。

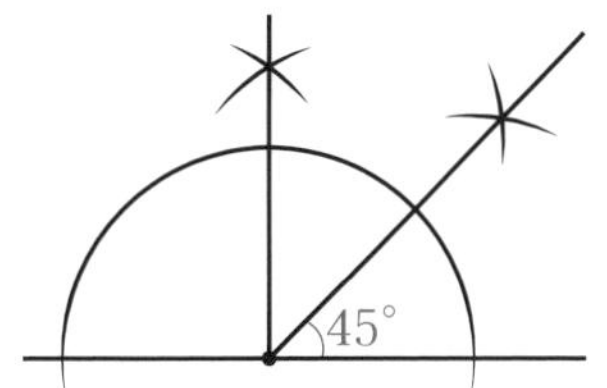

いろいろな作図

まず，垂直二等分線のもつ性質から。

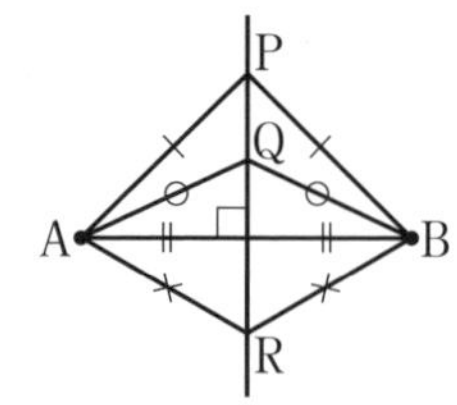

たとえば，線分ABの垂直二等分線上の，どんな点をとっても，2点A，Bからの距離は等しくなっています。

右の図で，PA＝PB，QA＝QB，RA＝RBなのです。つまり，線分の垂直二等分線とは，線分の両端から等しい距離にある直線といえます。これは大切な性質です。

線分ABの垂直二等分線…2点A，Bから等しい距離にある直線

次に，角の二等分線の性質です。

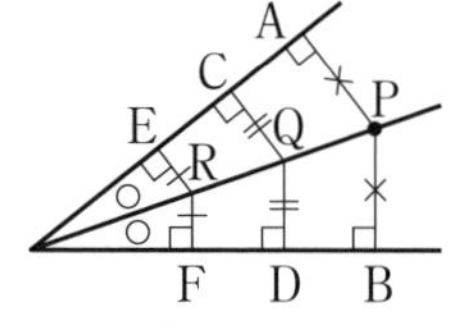

角の二等分線上の，どんな点をとっても，角の辺までの距離は等しくなっています。

右の図で，PA＝PB，QC＝QD，RE＝RFなのです。つまり，角の二等分線上の点は，角の2辺からの距離が等しいのです。これも重要です。

角の二等分線…角の内部にあって，角の2辺から等しい距離にある直線

最後に，円と接線の関係をみてみましょう。

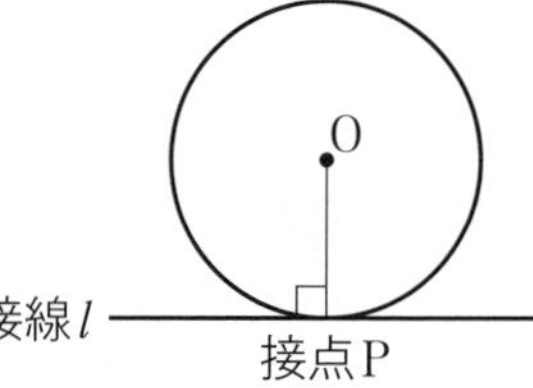

円と直線が1点で出あうとき，この直線を**接線**といい，円と直線が接する点を**接点**といいます。

このとき，$l \perp OP$が成り立ちます。

円の接線は，接点を通る半径と垂直

これらを用いて作図のしかたを考えてみましょう。

例題 85

次の問に答えなさい。

(1) 2点A，Bから等しい距離にある，直線l上の点Pを作図しなさい。

•B

A•

l

(2) 円Oの周上の点Aにおける接線を作図しなさい。

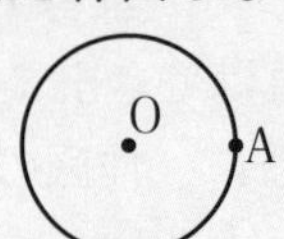

(1)　2点A，Bから等しい距離といえば，線分ABの垂直二等分線です。

　それと直線lの交点がPとなります。このように，かくべき作図を，自分で考えていきます。

(2)　接線は，そう，半径OAと垂直でしたね。

　まず，OAを結び，Aの方に延長します。作図では，延長するのは自由です。そして，OAの垂線をAから立てれば完成です。

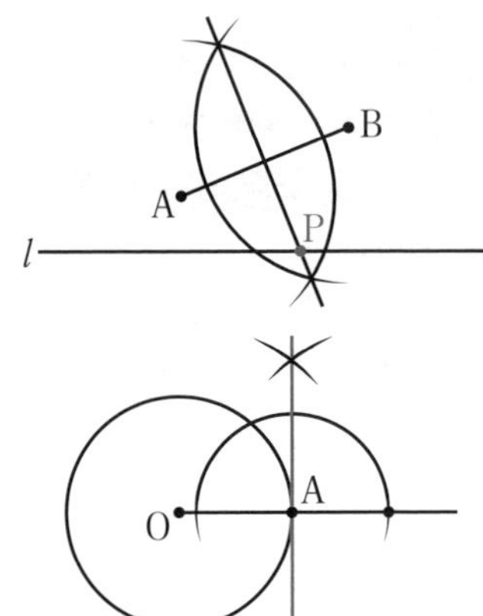

例題 86

　右の図で，∠AOB＝30°となる角を作図しなさい。

　30°…どうやったらできるでしょうか。ヒントは，60°÷2＝30°です。何とか60°が作れれば，二等分すればいいですね。

　60°を持っている図形は何か，考えてください。

わかりました！　正三角形です。

　よく気づきました。その通りです。

　右の図のように，等しい長さの辺をとり，その角を二等分してでき上がりです。

　△POBは，結ぶと正三角形になっています。

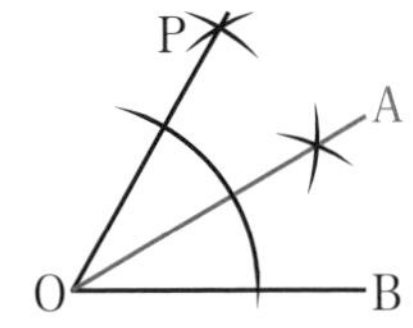

確認問題 63

　右の図のように，∠XOYと，辺OY上に2点A，Bがある。2点A，Bから等しい距離にあって角の2辺OX，OYから等しい距離にある点Pを作図しなさい。

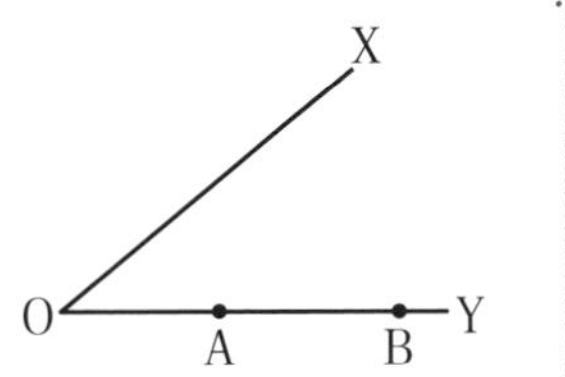

テーマ

3 円とおうぎ形の計量

イントロダクション

- ◆ 円の計量 ➡ 円の面積，円周の長さを求める
- ◆ おうぎ形の計量 ➡ おうぎ形の面積，弧の長さ，中心角を求める
- ◆ いくつかの図形の組み合わせ ➡ どうすれば長さや面積が求められるか

円の計量

円の面積は，半径×半径×円周率で求めることができます。そして，円周率はπを用いるんでした。

半径が3cmの円の面積ならば，$3\times3\times\pi=9\pi$ (cm^2)ですね。より簡単に求める公式を考えてみます。

半径がrの円の面積は，$r\times r\times\pi=\pi r^2$です。

円周は，直径×円周率なので，$(r\times2)\times\pi=2\pi r$となります。今回，これは覚えてしまいましょう。

半径が与えられたら，この公式のrにその値を代入して求めます。

覚えよう!

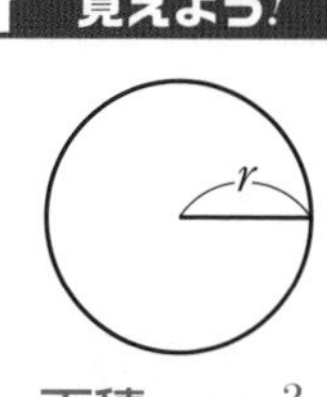

面積　πr^2
円周　$2\pi r$

例題 87

次の問に答えなさい。

(1) 半径5cmの円の面積と円周の長さを求めなさい。

(2) 半径$\dfrac{7}{4}$cmの円の面積と円周の長さを求めなさい。

(1) 円の面積

πr^2に$r=5$を代入して，

$\pi\times5^2=$ **25π (cm^2)** 

円周の長さ

$2\pi r$に$r=5$を代入して，

$2\pi\times5=$ **10π (cm)** 答

(2) 円の面積

$\pi\times\left(\dfrac{7}{4}\right)^2=$ **$\dfrac{49}{16}\pi$ (cm^2)** 答

円周の長さ

$2\pi\times\left(\dfrac{7}{4}\right)=$ **$\dfrac{7}{2}\pi$ (cm)** 答

確認問題 64

次の問に答えなさい。

(1) 半径8cmの円の面積と円周の長さを求めなさい。

(2) 半径$\dfrac{5}{2}$cmの円の面積と円周の長さを求めなさい。

おうぎ形の計量

右の図をみてわかるとおり，おうぎ形とは，円の一部の図形です。したがって，

$$\text{おうぎ形の面積}=\text{円の面積}\times\frac{\text{中心角}}{360^\circ}=\pi r^2\times\frac{\text{中心角}}{360^\circ}$$

$$\text{おうぎ形の弧の長さ}=\text{円周}\times\frac{\text{中心角}}{360^\circ}=2\pi r\times\frac{\text{中心角}}{360^\circ}$$

で求められます。

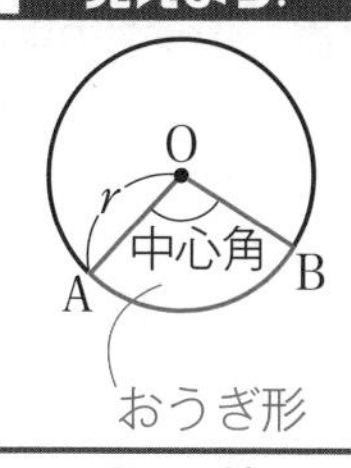

面　積

$\pi r^2\times\dfrac{\text{中心角}}{360^\circ}$

弧の長さ

$2\pi r\times\dfrac{\text{中心角}}{360^\circ}$

たとえば，右の図のおうぎ形では，

面積は$(\pi\times6^2)\times\dfrac{30}{360}=3\pi\,(\text{cm}^2)$

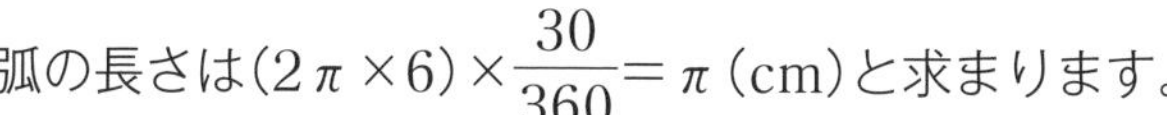

弧の長さは$(2\pi\times6)\times\dfrac{30}{360}=\pi\,(\text{cm})$と求まります。

円の面積や円周の長さに$\dfrac{\text{中心角}}{360^\circ}$をかけるんですね。

はい，そのとおりです。さほど難しくないはずですよ。

例題 88

次のおうぎ形の，面積と弧の長さを求めなさい。

(1)　半径が8cm，中心角が45°

(2)　半径が5cm，中心角が72°

(1)　面積　$(\pi\times8^2)\times\dfrac{45}{360}$

$=64\pi\times\dfrac{1}{8}$

$=8\pi\,(\text{cm}^2)$　答

弧の長さ　$(2\pi\times8)\times\dfrac{45}{360}$

$=16\pi\times\dfrac{1}{8}$

$=2\pi\,(\text{cm})$　答

(2)　面積　$(\pi\times5^2)\times\dfrac{72}{360}$

$=25\pi\times\dfrac{1}{5}$

$=5\pi\,(\text{cm}^2)$　答

弧の長さ　$(2\pi\times5)\times\dfrac{72}{360}$

$=10\pi\times\dfrac{1}{5}$

$=2\pi\,(\text{cm})$　答

確認問題 65

次のおうぎ形の面積と弧の長さを求めなさい。

(1) 半径が12m，中心角が60°

(2) 半径が6cm，中心角が150°

ここまで，大文夫でしょうか。次に，中心角を求めることをやります。

例題 89

次の図で，おうぎ形の中心角x°の大きさを求めなさい。

(1)

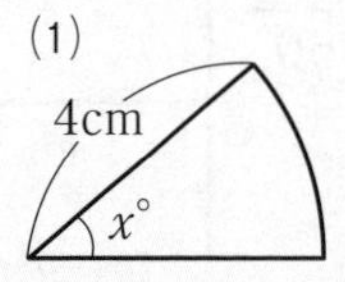

面積
$2\pi\,\text{cm}^2$

(2)

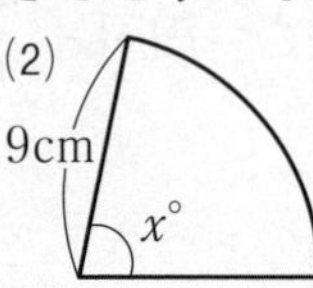

弧の長さ
$4\pi\,\text{cm}$

(1) 中心角x°を用いて，面積を求める式を，まず作ってみましょう。

面積は，$(\pi\times4^2)\times\dfrac{x}{360}$となりますが，これが$2\pi$なので

$(\pi\times4^2)\times\dfrac{x}{360}=2\pi$という方程式ができます。

かなりややこしい方程式で，解きにくそうですね。

一見そうですね。しかし，うまく解く方法があります。

$16\pi\times\dfrac{x}{360}=2\pi$

まず，両辺をπでわります。

$16\times\dfrac{x}{360}=2$

次に，両辺に360をかけます。

$16x=720$

$x=45$　　答　45°　思ったより楽ですね。

(2) 弧の長さは$(2\pi\times9)\times\dfrac{x}{360}$なので，

$18\pi\times\dfrac{x}{360}=4\pi$

πでわる

$18\times\dfrac{x}{360}=4$

360をかける

$18x=1440$

$x=80$　　答　80°

中心角を求める方程式

①両辺をπでわる

②両辺に360をかける

確認問題 66

半径が3cm，弧の長さが2π cmのおうぎ形の中心角を求めなさい。

図形の組み合わせと計量

例題 90

次の図で影をつけた部分の面積を，それぞれ求めなさい。

(1)

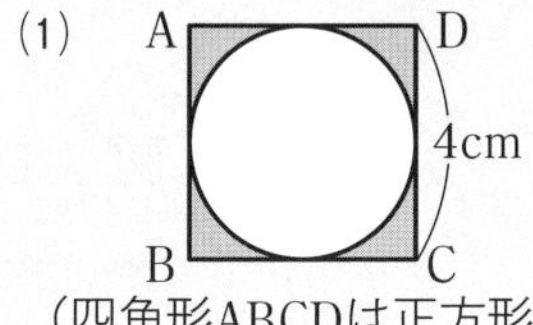

(四角形ABCDは正方形)

(2)

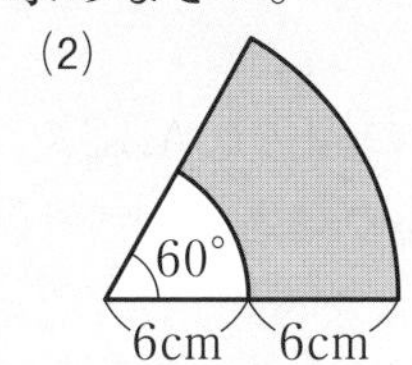

(1) 正方形の面積から，円の面積をひけば求まります。
円の直径は正方形の1辺の長さと等しいから4cm。
よって，円の半径は2cm
$4\times4-\pi\times2^2=16-4\pi$ (cm²) 答

これは，もう計算できないんですか？

はい，これ以上計算できません。12πとしないよう，注意してください。

(2) 大きいおうぎ形(半径12cm)の面積から，小さいおうぎ形の面績をひけば求まります。

$$(\pi\times12^2)\times\frac{60}{360}-(\pi\times6^2)\times\frac{60}{360}$$

$$=144\pi\times\frac{1}{6}-36\pi\times\frac{1}{6}$$

$=24\pi-6\pi$　←これは両方にπがついているので，計算できます。

$=18\pi$ (cm²) 答

確認問題 67

右の図の影をつけた部分の面積を求めなさい。

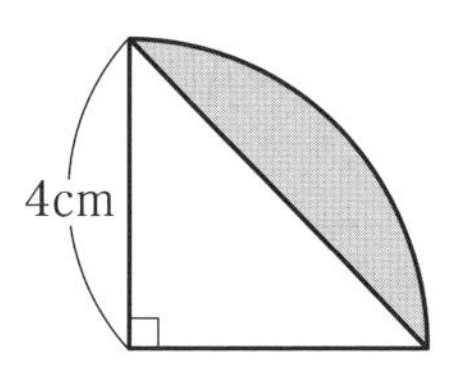

平面図形まとめ

定期テスト対策 A

▶解答：p.217

1. 右の図のように3点A，B，Cがある。次のものをかきなさい。

(1) 直線BC

(2) 線分AC

(3) 半直線BA

2. 右の図の△ABCを，矢印PQ方向に，線分PQの長さだけ平行移動させた△A′B′C′をかきなさい。

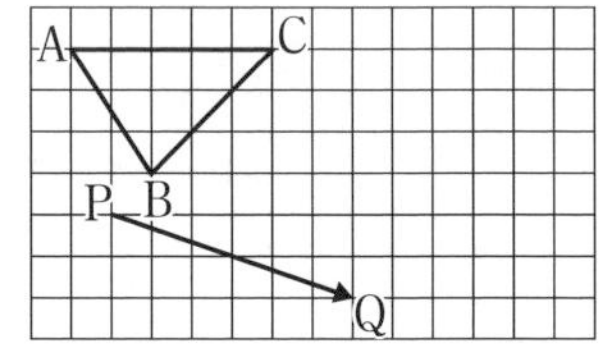

3. 右の図の△ABCを，直線lを対称の軸として対称移動させた△A′B′C′をかきなさい。

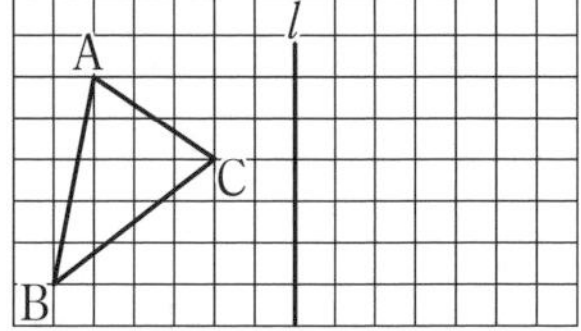

4. 右の図の△ABCを，点Oを回転の中心として，反時計まわりに90°回転移動させた△A′B′C′をかきなさい。

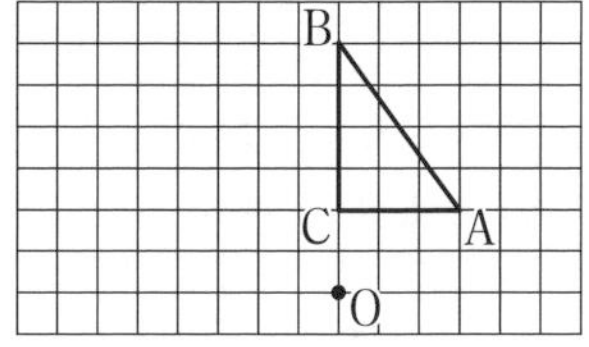

5. 次の作図をしなさい。

(1) ∠AOBの二等分線

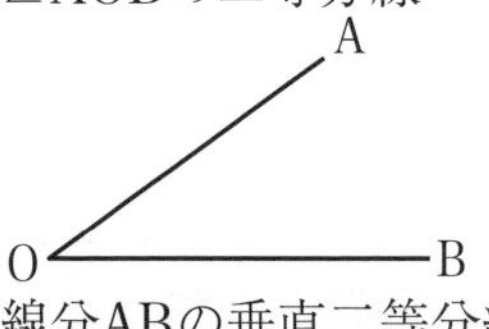

(2) 点Pを通る直線lの垂線

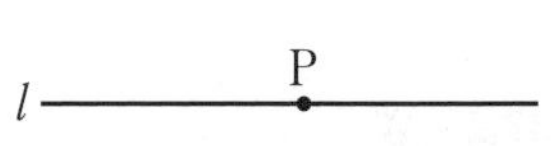

(3) 線分ABの垂直二等分線

(4) 点Pから直線lに下ろした垂線

6.　右の図の△ABCにおいて，辺BC上に点Pをとり，線分APで△ABCの面積を2等分したい。
線分APを作図しなさい。

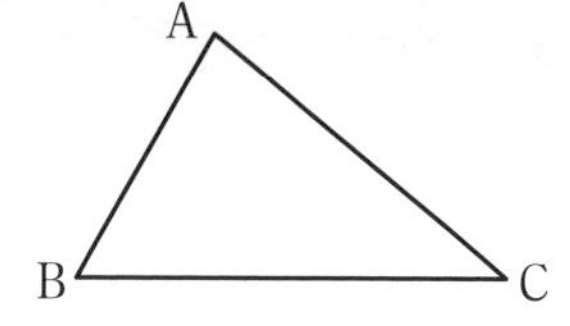

7.　右の図において，辺AC上にあって，2辺AB，CBから等しい距離にある点Pを作図しなさい。

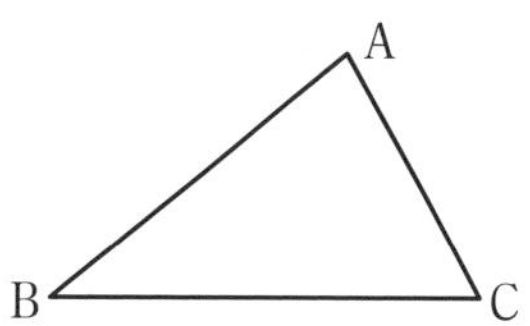

8.　次のようなおうぎ形の弧の長さと面積を求めなさい。

(1)

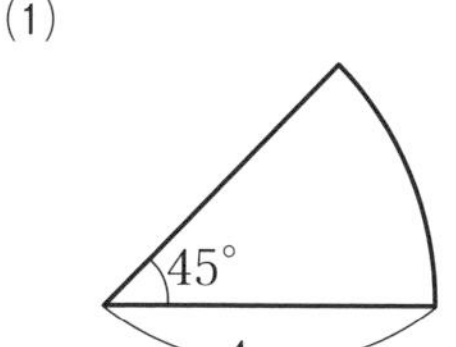

(2)

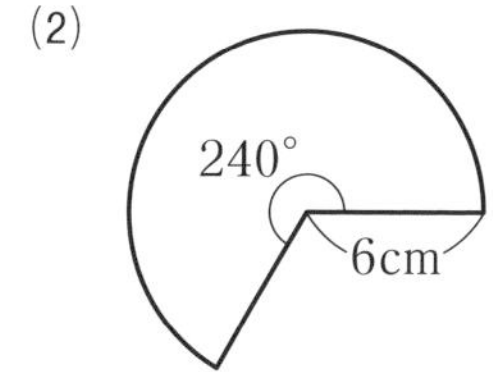

9.　次のようなおうぎ形の中心角の大きさを求めなさい。

(1)　半径9cm，弧の長さ4π cm

(2)　半径6cm，面積12π cm^2

10.　次の図で，影をつけた部分の面積を求めなさい。

(1)

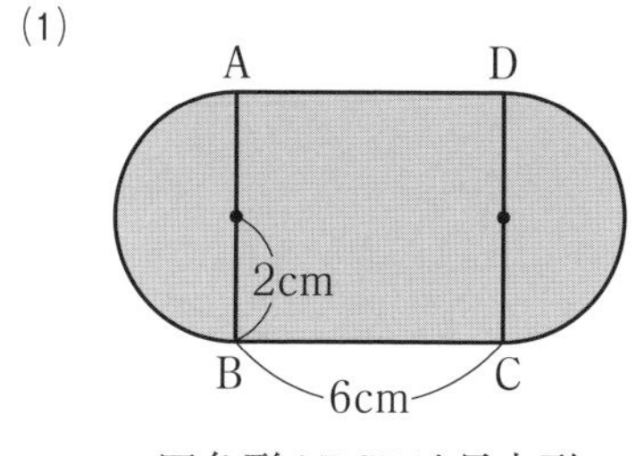

四角形ABCDは長方形

(2)

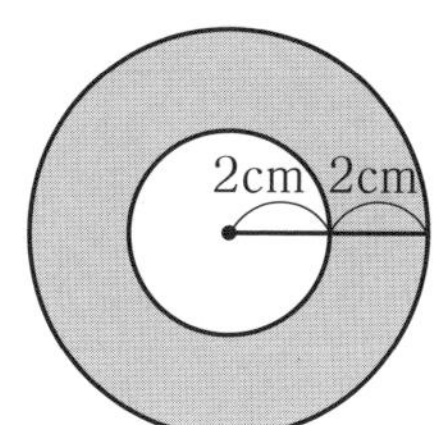

平面図形まとめ

定期テスト対策 B

▶解答：p.219

1.　右の図は，正方形を8つの合同な直角二等辺三角形に分けたものである。影をつけた三角形について，次の問に番号で答えなさい。

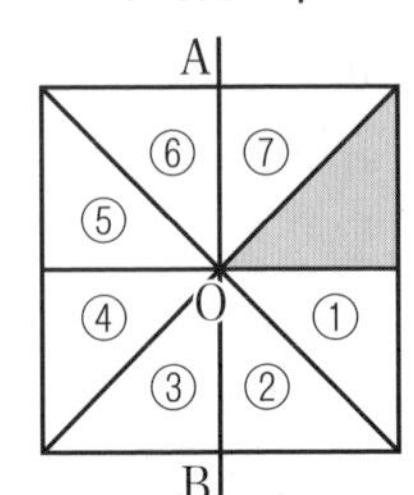

(1)　平行移動するとき，重なる図形はどれか。

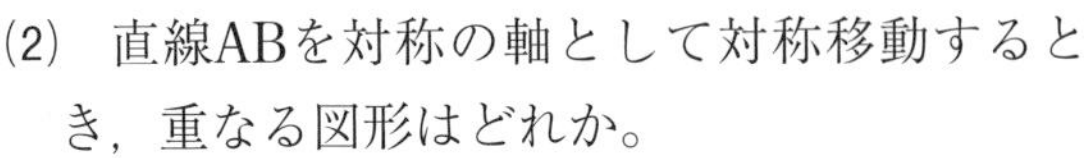

(2)　直線ABを対称の軸として対称移動するとき，重なる図形はどれか。

(3)　点Oを回転の中心として回転移動するとき，重なる図形をすべて答えなさい。

2.　右の図において，3点A，B，Cから等しい距離にある点Pを作図しなさい。

•A

B•　　　•C

3.　右の図のような四角形ABCDの紙を，辺ABが辺CBと重なるように折ったとき，折り目となる線を作図しなさい。

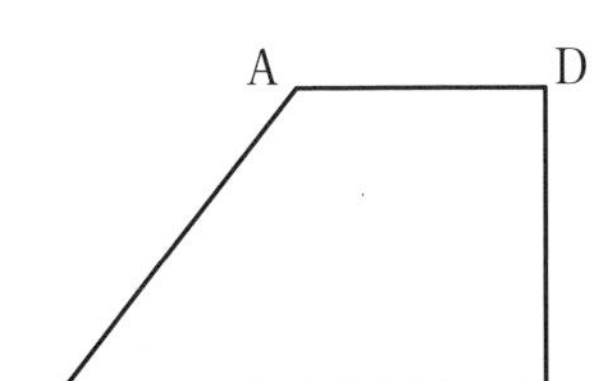

4.　直線ABと点Pで接し，直線AC上に中心があるような，円Oを作図しなさい。

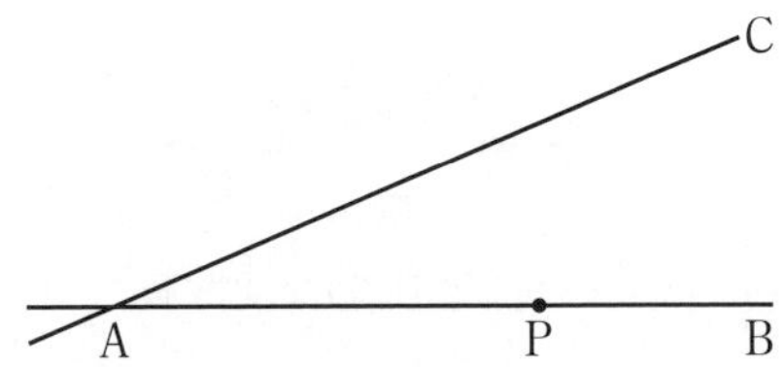

5.　右の図の半直線OAを用いて，$\angle$BOA＝135°となる$\angle$BOAを1つ作図しなさい。

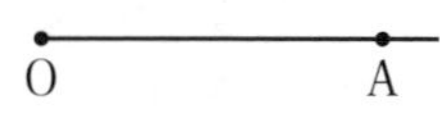

6.　右の図のおうぎ形の，弧の長さと面積を求めなさい。

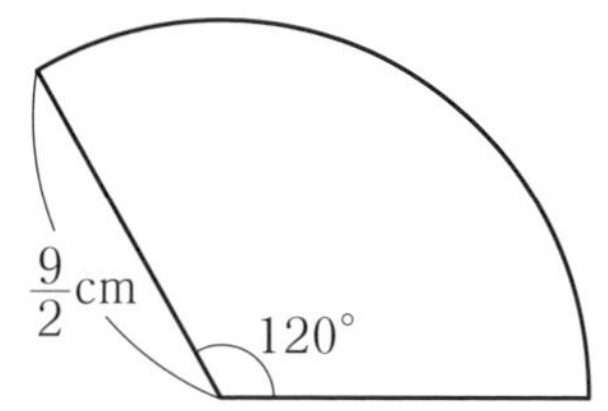

7.　半径4cm，面積10π cm^2のおうぎ形の，中心角と弧の長さを求めなさい。

8.　下の図は，おうぎ形と正方形を組み合わせたものである。影をつけた部分の面積を求めなさい。

(1)

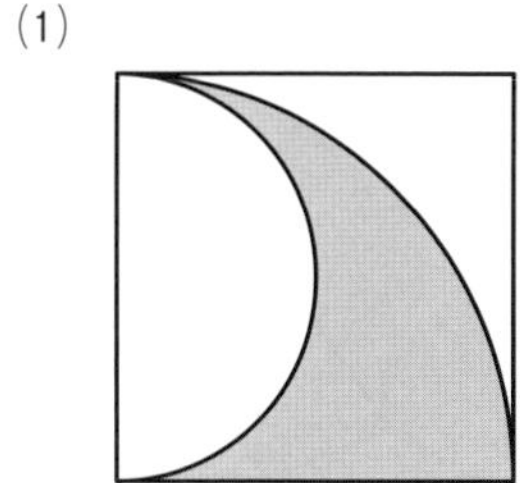

(2)

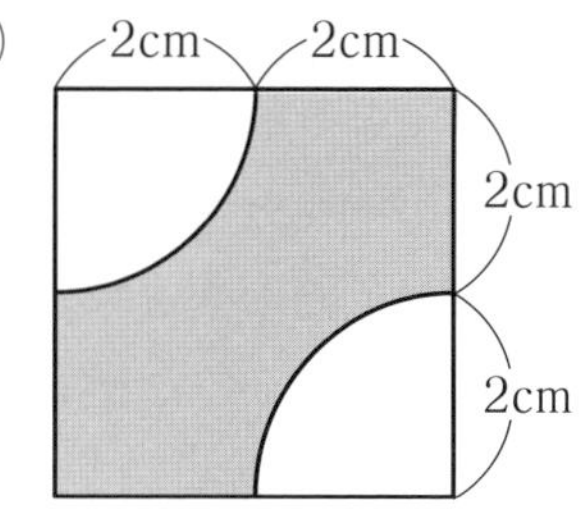

(3)

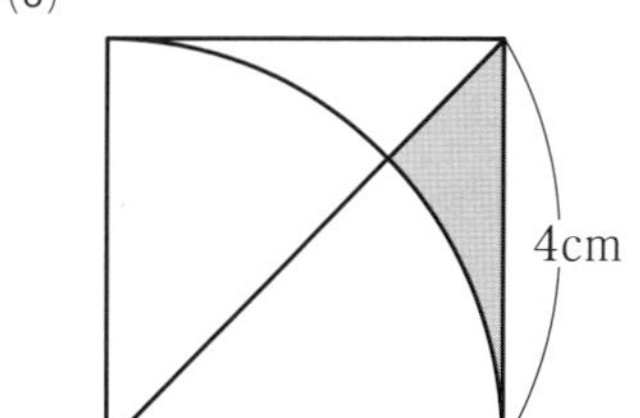

(4)

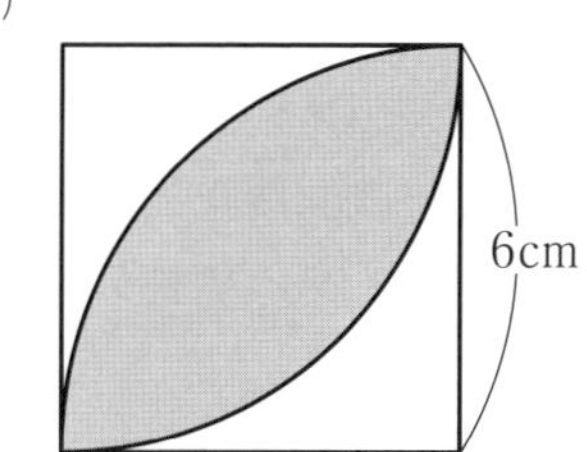

第6章 空間図形

テーマ1 いろいろな立体

イントロダクション

- ◆ いろいろな立体の名称 ➡ 柱体，錐体の名称を理解する
- ◆ 多面体の辺，頂点，面の数を求める ➡ どんな性質があるか
- ◆ 正多面体を知る ➡ どんな特徴があるか，

いろいろな立体の名称

平面だけで囲まれた立体のことを**多面体**（ためんたい）といいます。

右の図でいえば，①と②が多面体です。

③や④は曲面があるので，多面体とはいえません。

① ② ③ ④

そして，多面体は，面の数によって四面体，五面体，六面体などといいます。上の①，②は，どちらも六面体です。

例題 91

次の立体のうち，多面体はどれか。また，それは何面体か答えなさい。

(1) 三角錐，(2) 円錐，(3) 五角柱，(4) 円柱，(5) 球

平面だけで囲まれているのは(1)，(3)です。そして，(1)は面が4枚，(3)は7枚です。

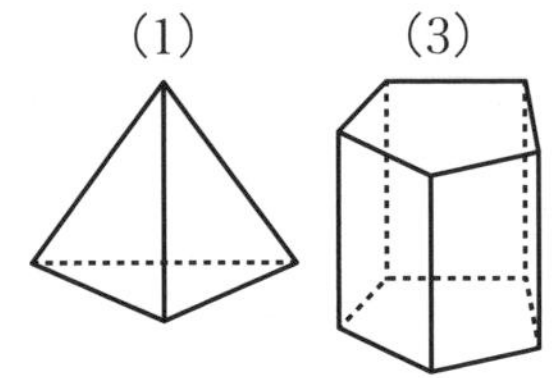

答 (1) **四面体**，(3) **七面体**

さらに立体をくわしく分類していきます。

1．**角柱**

三角柱，四角柱，五角柱，…などを角柱といいます。

そして，底面が正三角形，正方形，正五角形，…で，側面がすべて合同な長方形である角柱のことを，正三角柱，正四角柱，正五角柱，…といいます。

2．角錐

三角錐，四角錐，五角錐，…などを角錐といいます。

そして，底面が正三角形，正方形，正五角形，…で，側面がすべて合同な二等辺三角形である角錐のことを正三角錐，正四角錐，正五角錐，…といいます。

側面は正三角形でなくても，正○角錐というんですか？

はい，正○角錐の側面は，合同な二等辺三角形でよいのです。正三角形である必要はありません。知っておいてください。

例題 92

四角錐の面の数，辺の数，頂点の数をそれぞれ求めなさい。

見取り図をかいて数えることはできますが，あえて，頭の中だけで考えてみてください。

四角錐の形が頭に浮かびますか？

底が四角形で，上の頂点に辺が集まっているアレです。では数えます。

面の数…底面1枚，側面4枚で計5枚

辺の数…底面に4本，側面にも4本で計8本

頂点の数…底面に4個，あと頂点1個で計5個

○○○ 頭の中で図を想像

㊀ **面の数5，辺の数8，頂点の数5**　　もう1問訓練しましょう。

確認問題 68

六角柱の面の数，辺の数，頂点の数をそれぞれ求めなさい。

多面体ではない立体，つまり曲面をもっている立体には，円柱，円錐，球などがあります。これらについては，もう少し後でくわしく学びます。

正多面体

多面体のうち，次の条件をみたす，へこみのない立体を正多面体という。

① すべての面が合同な正多角形である
② どの頂点にも面が同じ数だけ集まっている

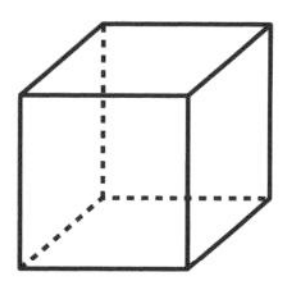

右の立方体は，へこみはなく，すべての面が合同な正方形で，どの頂点にも面が3つずつ集まっています。

したがって，立方体は正多面体の1つです。他にもあります。

正多面体には，次の5種類があります。

正四面体

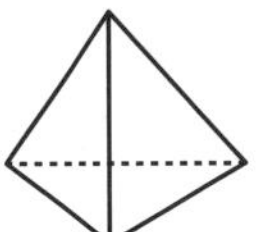

正六面体(立方体)

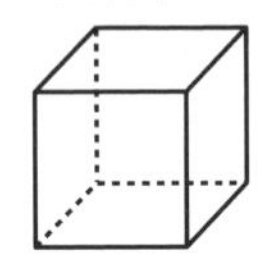

正八面体

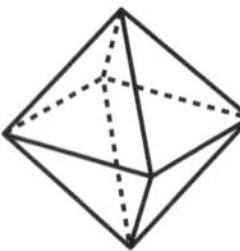

正十二面体

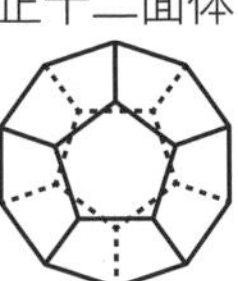

正二十面体

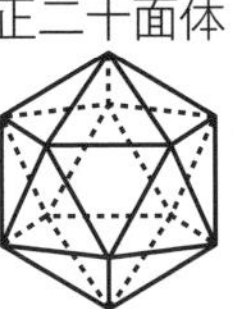

今，「5種類があります」と言いましたが，この5種類しかありません。

この5種類を覚えるのも，かくのもムリです！

そうですよね。覚えられるわけがありませんよね。
そこで，次の3つの項目だけでいいので，覚えてください。

1. 名称……正○面体の○は，四，六，八，十二，二十です。
2. 面の形…正六面体は正方形，正十二面体は正五角形，
   他は正三角形でできています。
3. 1つの頂点に集まる面の数…順に，3，3，4，3，5枚です。

正多面体は，これだけは覚えよう。

何度も言ってみたり，書いてみたりして，しっかり覚えてください。
それができたら，その図形がかけなくて大文夫ですよ。
チェックしてみましょう。

確認問題 69

正多面体について，次の表に適するものを入れなさい。

名　称					
面 の 形					
1つの頂点に集まる面の数					

例題 93

正八面体の辺の数と頂点の数をそれぞれ求めなさい。

上の見取図を見ずに，計算で求める方法を考えます。

すべての面を切りはなすと，右の図のように，正三角形が8枚になります。切りはなした状態で，辺は3×8＝24(本)になっていますね。ここまで，いいですか？

これを組み立てるとき，2つの辺をくっつけて1つの辺ができますね。したがって，24÷2＝12（本）と求められるのです。 答 **辺の数は12**

次に，頂点の数を求めてみましょう。

もう一度，すべての面を切りはなした図にもどってください。

正三角形が8枚なので，バラバラな状態で，頂点は3×8＝24（個）あります。今度は，それを「1つの頂点に集まる面の数」でわります。正八面体は，1つの頂点に集まる面は4つなので，24÷4＝6（個） 答

なぜ1つの頂点に集まる面の数でわるんですか？

言いかえれば，バラバラだった4つの頂点をくっつけて組み立てると1つの頂点ができるからです。

まとめると，次のようになります。

正多面体の辺の数，頂点の数の求め方

辺の数…切りはなした図の辺の数÷2
頂点の数…切りはなした図の頂点の数÷1つの頂点に集まる面の数

例題 94

正十二面体の辺の数と頂点の数を，それぞれ求めなさい。

正十二面体とは，正五角形が12個でできた立体で，1つの頂点に集まる面の数は3でしたね。

辺の数は，5×12÷2＝30 答

頂点の数は，5×12÷3＝20 答　　このように簡単に求められます。

では，正多面体の集大成をしましょう。がんばってください。

確認問題 70

次の表を完成させなさい。

名称					
面の数					
面の形					
1つの頂点に集まる面の数					
辺の数					
頂点の数					

空間における位置関係

イントロダクション

- ◆ 2平面の位置関係 ➡ 2つの場合と，垂直になる条件を知る
- ◆ 直線と平面の位置関係 ➡ 3つの場合と，垂直になる条件を知る
- ◆ 2直線の位置関係 ➡ ねじれの位置とは何か

2平面の位置関係

2つの平面があるとき，この2つの平面は交わる場合と交わらない場合があります。下の図のとおりです。

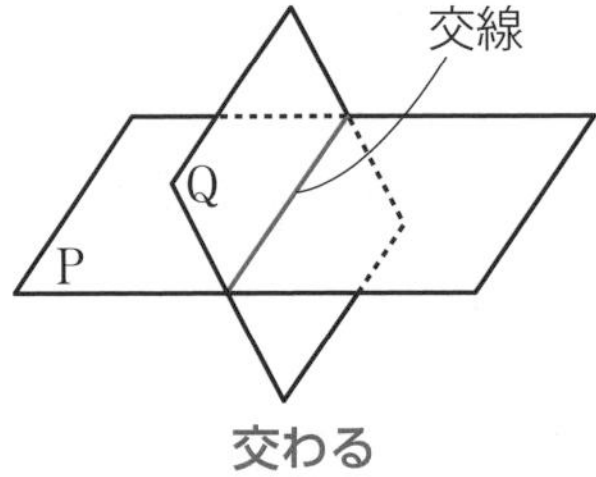

交わる

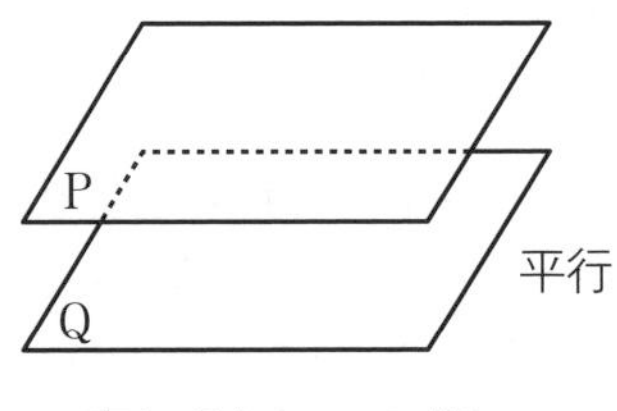

交わらない⇒P∥Q

交わるとき，2つの平面の共通部分は直線となって，それを**交線**といいます。

交わらないとき，2つの平面は平行となって，P∥Qのように表します。

さらに，交わるとき，垂直に交わることがあります。ノートを，ちょうど半分開いた，右のような状態です。

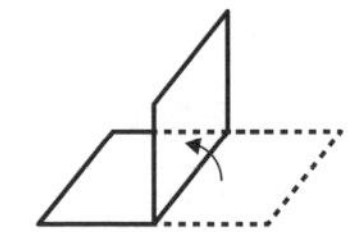

では，どんなことが成り立っているとき，2つの平面が垂直というのか，説明しましょう。

交線上の点Oから垂線OA，OBを立てたとき，右の図のように∠AOB＝90°となれば，平面P，Qは垂直といえるのです。

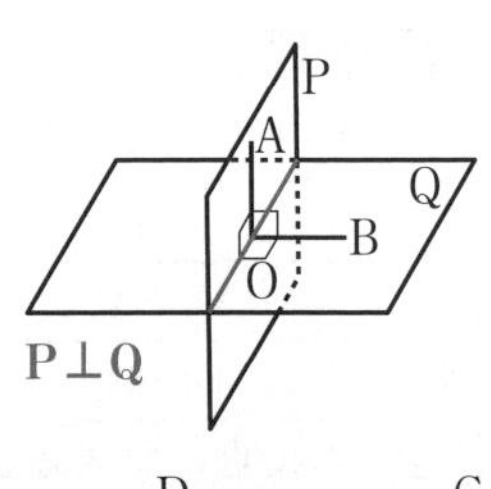

P⊥Q

たとえば，右の直方体の頂点Hに注目してください。今のことが成り立っていますね。したがって，平面AEHDと平面EFGHは垂直といえるわけです。ちょっと難しいですが，直方体であれば，これが垂直と直感できますね。

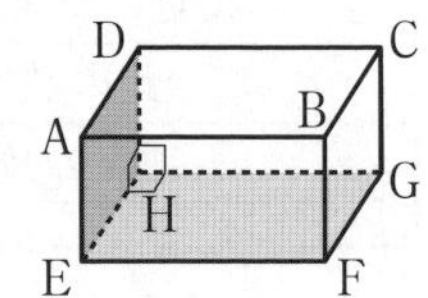

例題 95

右の図の直方体について，次の問に答えなさい。

⑴　面ABCDと平行な面を求めなさい。

⑵　面ABCDと垂直な面をすべて求めなさい。

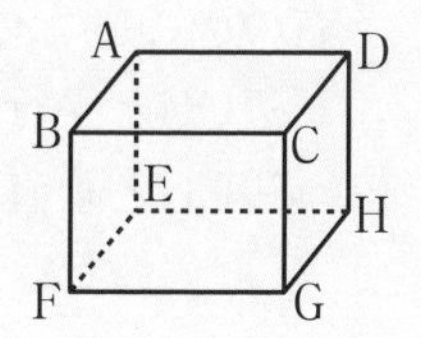

⑴　面ABCDと交わらない平面なので，**面EFGH**　答

⑵　たとえば，面CGHDと面ABCDの交線はCDで，CD⊥CB，CD⊥CG，∠BCG＝90°なので，　面ABCD⊥面CGHDといえます。

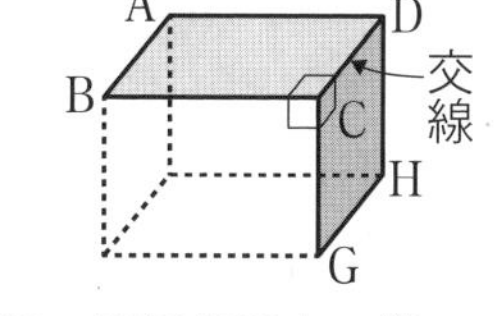

同様に考えて，**面CGHD，面BFGC，面AEFB，面DHEA**　答

平面と直線の位置関係

平面と直線の位置関係には，次の3つの場合があります。

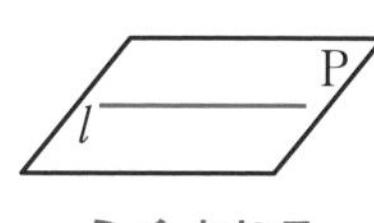

ふくまれる

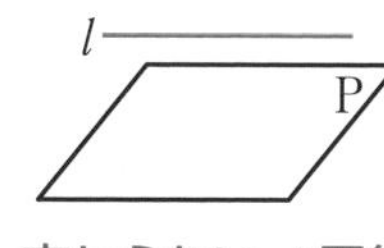

交わらない⇒平行

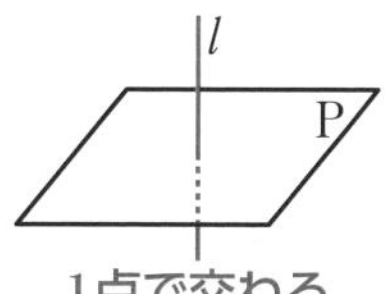

1点で交わる

上の，1点で交わるうち，垂直に交わる状態を考えてみます。直線lが平面Pと垂直であるときは，直線lは交点Oを通るP上のどの直線とも垂直になっています。右の図で，$l \perp a$，$l \perp b$，$l \perp c$，…　です。

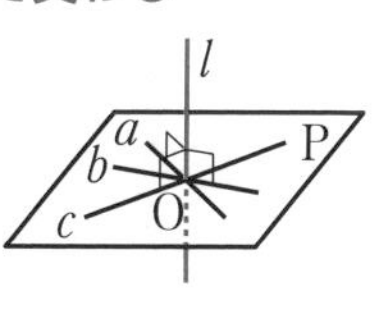

では，垂直かどうかは，どうやって調べるんですか？

そうですよね。何本の直線と90°を調べていけばいいのかと思いますね。2本でいいです。つまり，右の図でいえば，$l \perp m$，$l \perp n$であれば，$l \perp$Pといえるのです。

それがいえたあとは，点Oを通るP上のどんな直線をひこうが，lと垂直となることが保証されるんです。

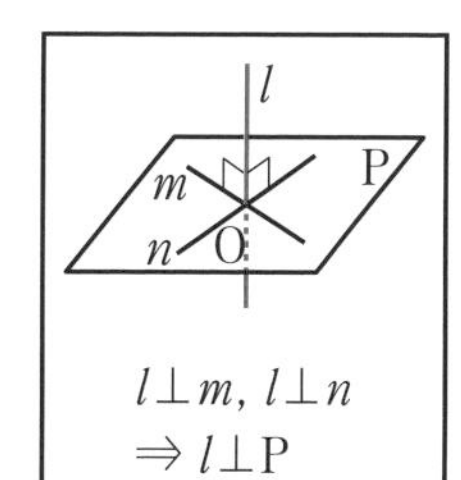

例題 96

右の図の直方体について，次の問に答えなさい。

(1) 辺CGと平行な面をすべて求めなさい。

(2) 辺CGと垂直な面をすべて求めなさい。

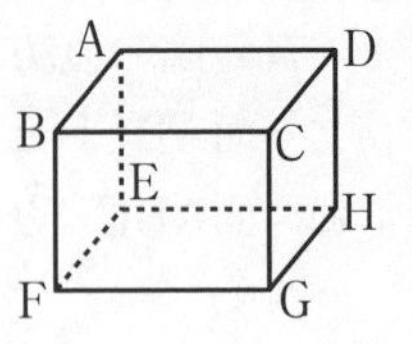

(1) 辺CGと交わらない面で，**面AEHD，面BFEA** 答

(2) CG⊥FG，CG⊥HGより，2か所の垂直があるので，

CG⊥面EFGH

同様にCG⊥面ABCD

答 **面EFGH，面ABCD**

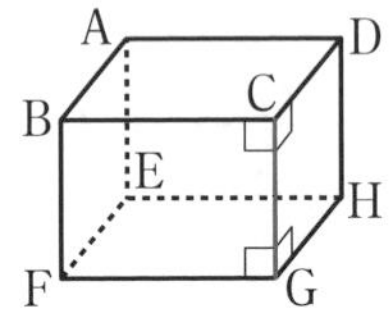

確認問題 71

次の図の三角柱は，直方体を2つに切ってできたものである。

この三角柱で次の問に答えなさい。

(1) 辺ABと平行な面を求めなさい。

(2) 辺ABと垂直な面を求めなさい。

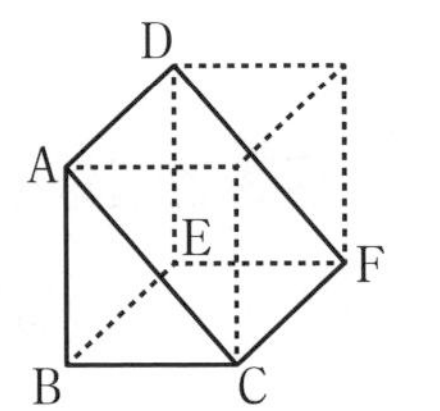

2 直線の位置関係

手に，2本のペンを持ってみてください。まず交わるように交差させてください。次に，平行になるようにしてください。最後に，交わりもせず，平行でもないようにペンを持つことはできますか？

この位置関係のことを，**ねじれの位置**といいます。

まとめれば，下のようになります

空間における2直線の位置関係

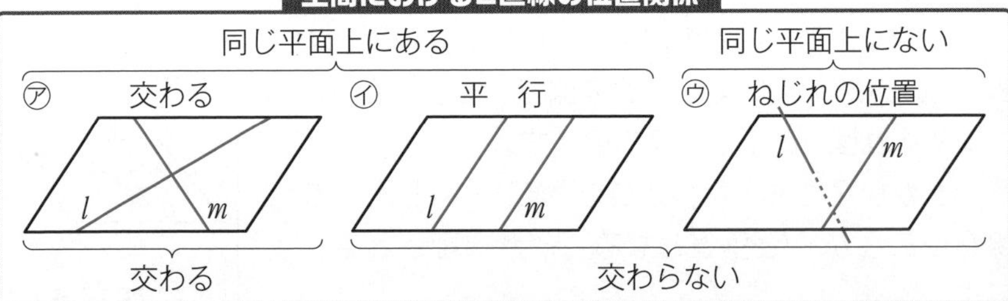

「ねじれの位置」は大切です。「ねじれ」などと略してはいけません。

例題 97

右の図の直方体について次の問に答えなさい。

(1) 辺BCと平行な辺をすべて求めなさい。

(2) 辺BCと垂直に交わる辺をすべて求めなさい。

(3) 辺BCとねじれの位置にある辺をすべて求めなさい。

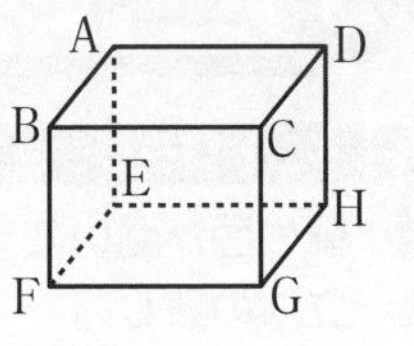

(1) 同じ平面上にあって，交わらない辺を考えます。

面ABCDで，BC∥AD，面BFGCで，BC∥FG，面BCHEで考えれば，BC∥EH

よって，**辺AD，辺FG，辺EH** 答

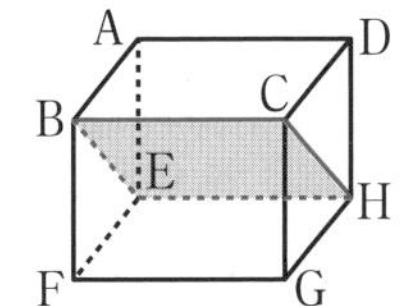

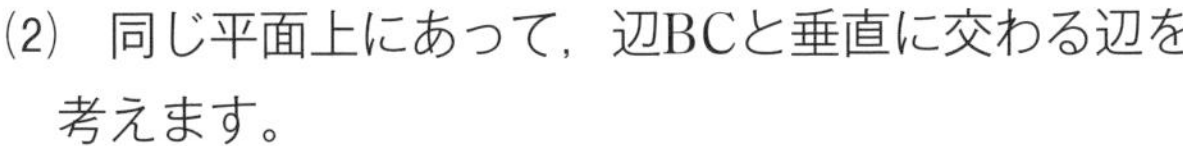

(2) 同じ平面上にあって，辺BCと垂直に交わる辺を考えます。

まず，面ABCDで，BC⊥AB，BC⊥DCです。

また，面BFGCで，BC⊥BF，BC⊥CGです。

よって，**辺AB，辺DC，辺BF，辺CG** 答

(3) 辺BCと同じ平面にない辺を求めます。

答 **辺AE，辺DH，辺EF，辺HG**

ねじれの位置は，もれがないか心配です。

もれなくさがすよい方法を教えましょう。

「平行」，「交わる」以外がねじれの位置でしたね。では，辺BCと平行な辺，辺BCと交わる辺すべてに×印をつけてみてください。

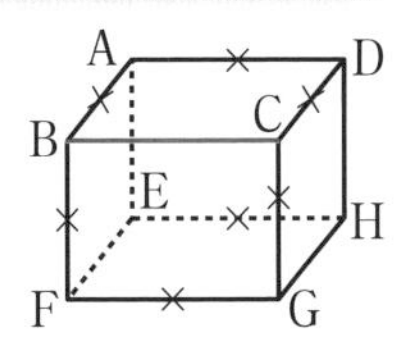

そして，×がついていない辺が，すべてねじれの位置です。

このようにやると，正確に，もれなくさがせますね。

ねじれの位置にある辺の求め方⇒**平行な辺，交わる辺を除外**して求める

確認問題 72

右の図の三角柱は，立方体を2つに切ってできた立体である。

(1) 辺ABと平行な辺を求めなさい。

(2) 辺ABと垂直に交わる辺をすべて求めなさい。

(3) 辺ABとねじれの位置にある辺をすべて求めなさい。

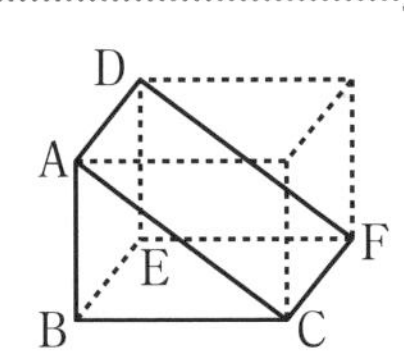

テーマ3 立体のつくりと表し方

イントロダクション

◆ **線や面が動いてできる立体** ➡ **どんな立体ができるか**
◆ **立体の表し方** ➡ **どんな表し方があるか**
◆ **展開図，投影図をかく** ➡ **正確にかく方法を身につける**

面の動き

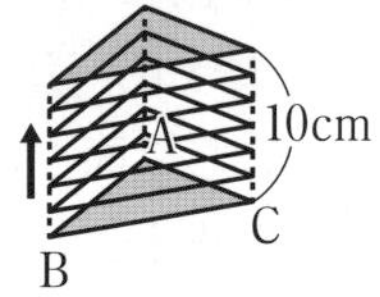

右の図のように，△ABCを，それと垂直な方向に10cm動かすとします。

すると，△ABCが通ったあとには，高さ10cmの三角柱ができます。

このように，面を，その面と垂直な方向に平行移動させると，いろいろな柱体ができるわけです。

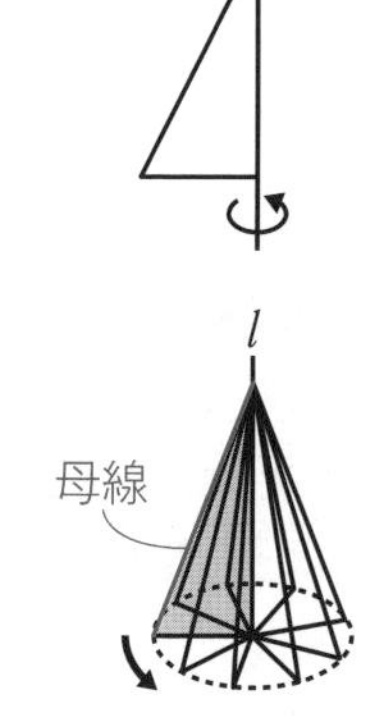

次に，1つの平面図形を，1つの直線を軸として回転させてみます。

皆さんは，昔お子様ランチについていた旗をグルグル回して遊んだことはありませんか？　あれです。右の図を回すと何ができますか？　そう，円錐ですね。

このように，1つの平面図形を，直線lを軸として1回転させてできる立体を**回転体**（かいてんたい）といいます。

このときの直線lを**回転の軸**といいます。

また，回転体の側面をつくる線分のことを，**母線**（ぼせん）といいます。

例題 98

次の平面図形を，直線lを軸として1回転させると，どんな立体ができるか答えなさい。

(1) l （直角三角形）

(2) l （長方形）

(3) l （半円）

(1)は三角錐にはなりません。注意しましょう。

⑴　円錐，⑵　円柱，⑶　球

立体の表し方

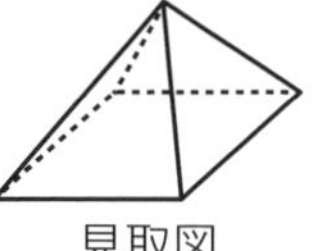
見取図

立体の表し方として，よく使われるのが**見取図**です。見取図はどんな立体かが視覚的にわかりやすいのが特長です。一方，正確な長さと角を伝えるには不向きです。

そこで，それぞれの面がどのようになっているのかを正確に表すことができる図が，**展開図**です。

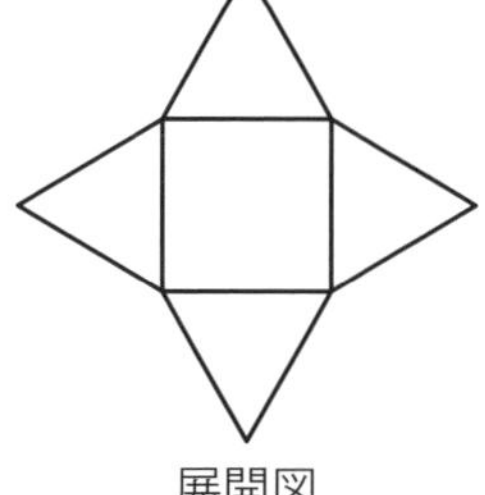
展開図

展開図があれば，その立体を組み立てることもできます。しかし，逆に，どのような立体ができるかが少しわかりづらくなってしまいます。

正確に長さを示し，かつ，どんな立体かがわかる図として，**投影図**（とうえいず）があります。

その立体を真上から見た図を平面図，正面から見た図を立面図といいます。立体を投影図で表すとき，ふつう，平面図と立面図を使って表します。

上の四角錐を，投影図で表してみましょう。

まず，この立体を正面から見てみます。すると，二等辺三角形に見えます。次に，この立体を真上から見たとします。どのように見えますか？

正方形に見えると思います。

そして，頂点と，頂点までの線分が4本見えますね。

それを右の図のように組み合わせてかきます。

立面図と平面図を逆にしないよう，注意してください。

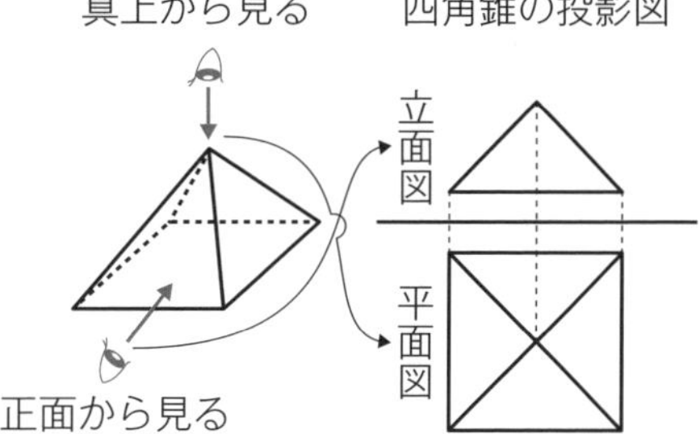

例題 **99**

次の展開図で表された立体の名称をかきなさい。

(1)

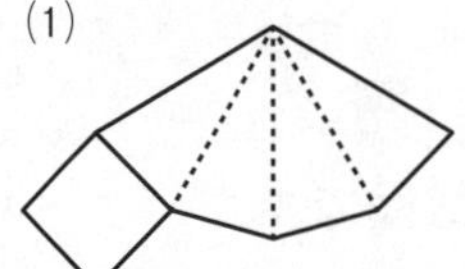

(2)

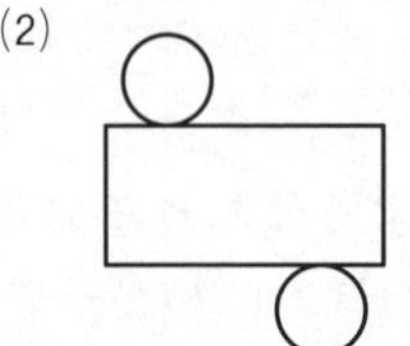

(3)

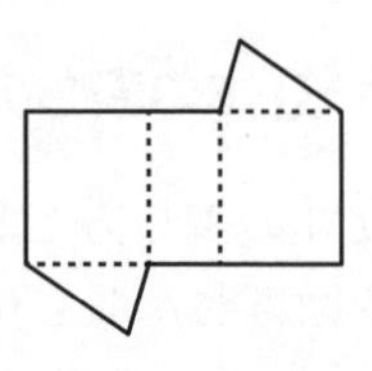

(1) 底面が四角形の角錐ができます。 答 **(正)四角錐**

(2) 底面が円の柱体となるので，**円柱** 答

(3) 底面が三角形の柱体となるので，**三角柱** 答

確認問題 **73**

次の展開図で表された立体の名称をかきなさい。

(1)

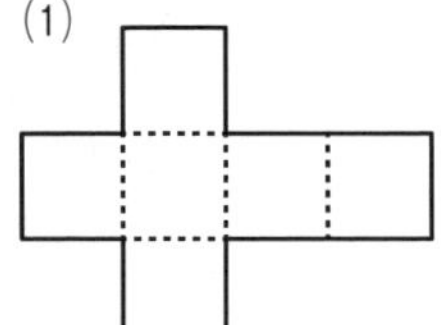

(2)

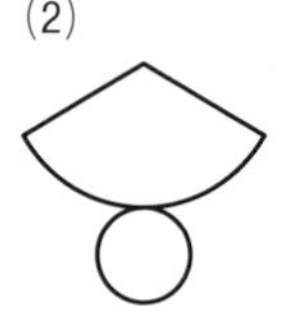

(3)

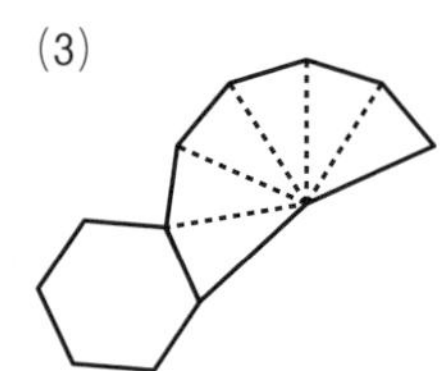

例題 **100**

次の投影図で表された立体の名称をかきなさい。

(1)

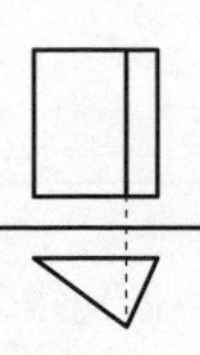

(2)

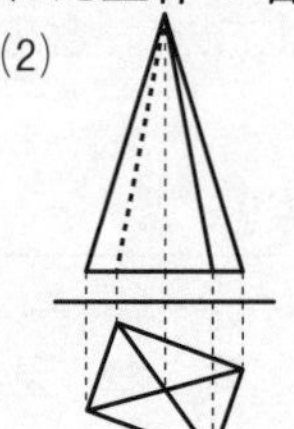

(3)

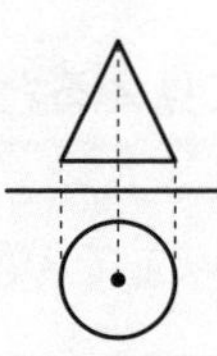

(4)

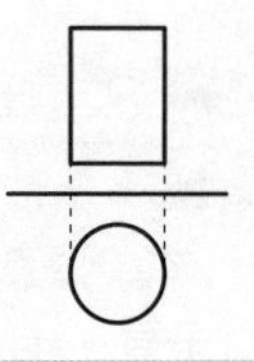

(1) 平面図が三角形，立面図が長方形より，右の図のような**三角柱** 答

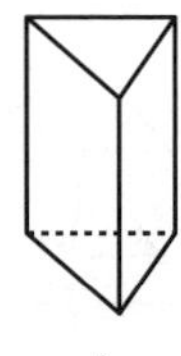

(2) 平面図が四角形，立面図が三角形より，右の図のような**四角錐** 答

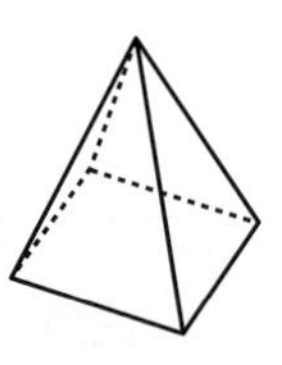

(3) 平面図が円，立面図が二等辺三角形より，右の図のような**円錐** 答

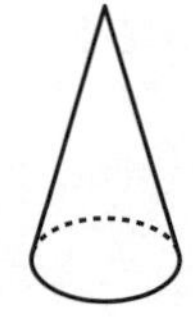

(4) 平面図が円，立面図が長方形より，右の図のような**円柱** 答

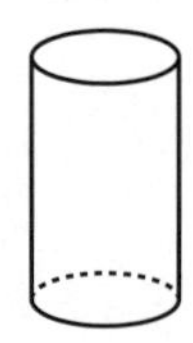

確認問題 74

次の投影図で表された立体の名称をかきなさい。

(1) 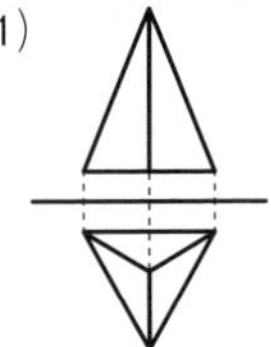

(2) 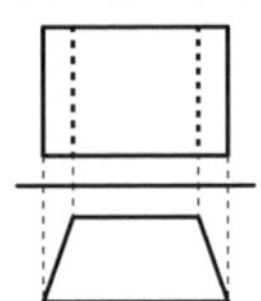

(3) 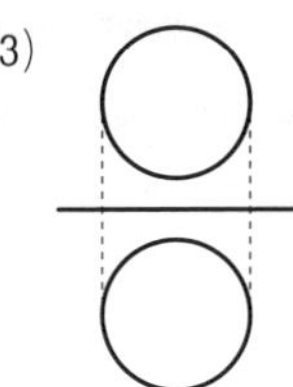

例題 101

右の投影図について，次の問に答えなさい。

(1) この立体の名称を答えなさい。

(2) この立体の母線の長さを求めなさい。

(3) 底面の円周の長さを求めなさい。

(4) この立体の展開図をかいたとき，側面のおうぎ形の中心角を求めなさい。

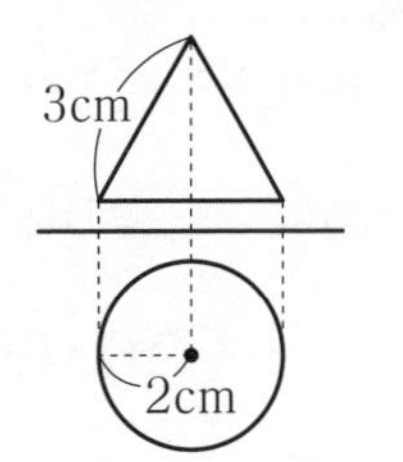

(1) 平面図が円，立面図が二等辺三角形なので，右の図のような**円錐** 答

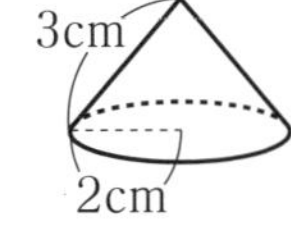

(2) 母線は，回転体の側面をつくる線分なので，

3cm 答

(3) 底面は半径2cmの円だから，円周は$2\pi\times2=4\pi$ (cm) 答

(4) 右の図のような展開図ができます。側面のおうぎ形の中心角をx°とする。このおうぎ形の弧(赤い線)の長さはわかりますか？

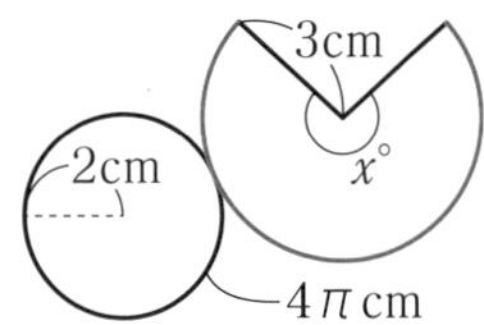

底面の円周と同じはずで，4πcm……ですか？

よくわかりました。そのとおりです。

よって，$(2\pi\times3)\times\dfrac{x}{360}=4\pi$　という方程式ができます。

$$6\times\frac{x}{360}=4$$

これを解いて$x=240$と求まります。 答 240°

テーマ4 立体の体積と表面積

イントロダクション

- ◆ 立体の体積を求める ➡ 柱体，錐体の体積の求め方を知る
- ◆ 角柱・角錐の表面積を求める ➡ 展開図を正確にかく
- ◆ 円柱・円錐の表面積を求める ➡ 底面の円周を利用する

角柱，円柱，角錐，円錐の体積

角柱や円柱の体積は，(底面積)×(高さ)で求められます。

角錐や円錐の体積は，(底面積)×(高さ)×$\frac{1}{3}$で求められます。

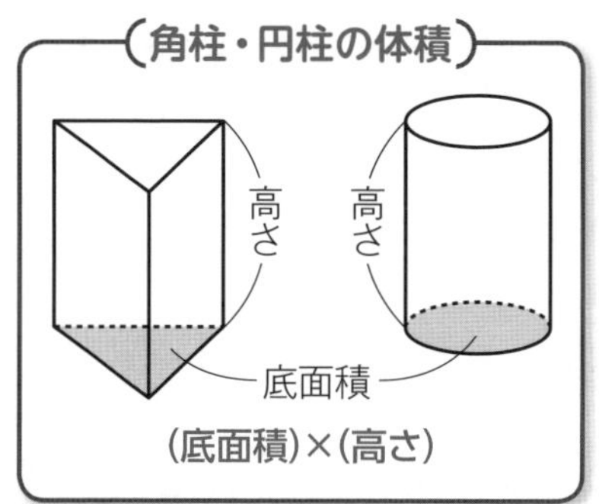

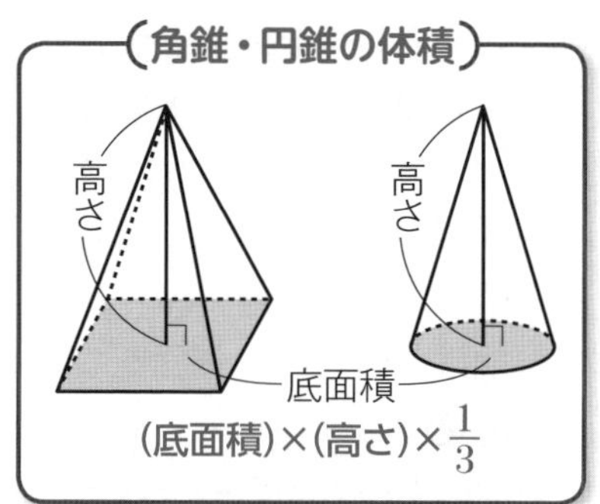

例題 102

次の立体の体積を求めなさい。

(1)

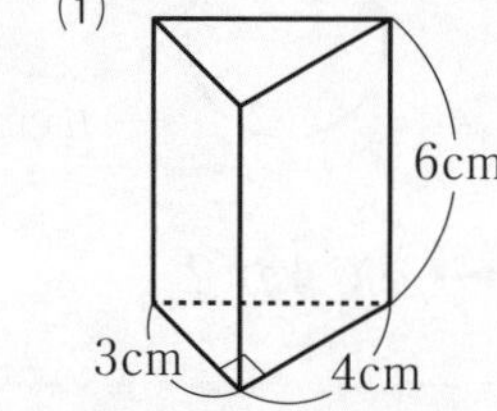

(2)

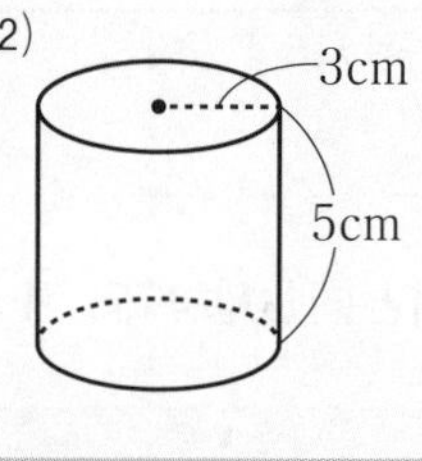

(3)

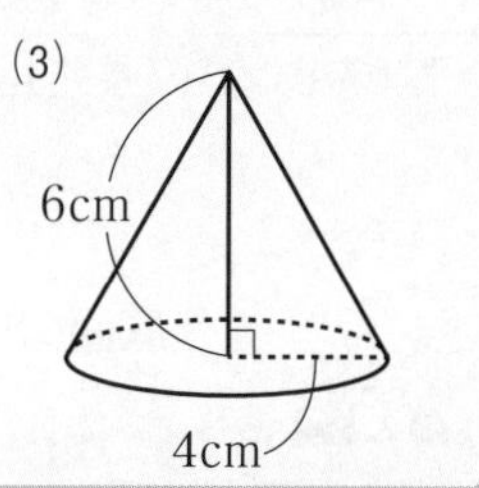

(1) 底面は直角三角形

$\left(3\times4\times\frac{1}{2}\right)\times6$

$=6\times6$

$=36\,(\text{cm}^3)$ 答

(2) 底面は円だから，

$(\pi\times3^2)\times5$

$=45\pi\,(\text{cm}^3)$ 答

(3) 底面は円

$(\pi\times4^2)\times6\times\frac{1}{3}$

$=32\pi\,(\text{cm}^3)$ 

このように，角錐や円錐の体積は，底面が合同で高さが等しい角柱や円柱の体積の$\frac{1}{3}$になります。（錐の体積）＝（柱の体積）×$\frac{1}{3}$です。

確認問題 75

次の立体の体積を求めなさい。

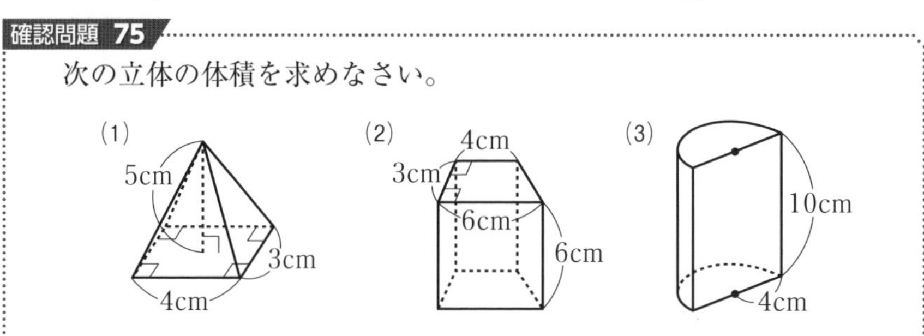

角柱，円柱の表面積

立体のすべての面の面積の和を**表面積**（ひょうめんせき）といいます。

表面積を求めるには，展開図をかいて考えます。

右の図の三角柱の展開図で，側面全体（赤の部分）の面積を**側面積**（そくめんせき）といい，1つの底面の面積を**底面積**（ていめんせき）といいます。

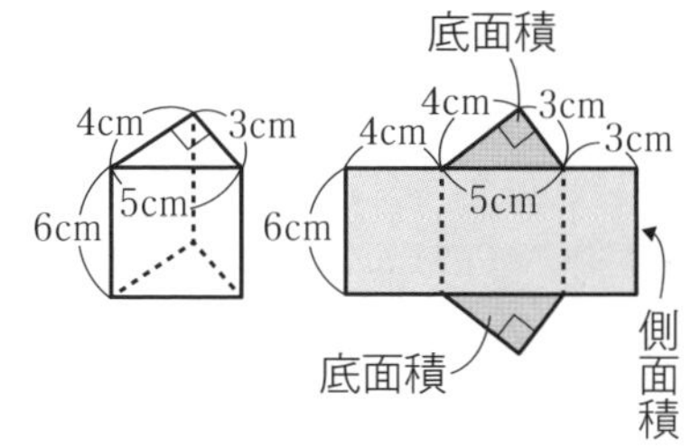

側面積は側面全体で，底面積は1つの底面なんですか？

はい，底面1枚分の面積を底面積というんです。気をつけてください。角柱や円柱には底面が2つありますね。

したがって，**（表面積）＝（底面積）×2＋（側面積）** で求められます。上の例で考えてみましょう。

（底面積）＝$3\times4\times\frac{1}{2}=6$（$cm^2$）です。

側面は長方形です。横の長さは$4+5+3=12$（cm）なので，

（側面積）＝$6\times12=72$（cm^2）となります。

よって，（表面積）＝$6\times2+72=84$（cm^2）　と求まります。

側面の長方形の横の長さが，底面の周の長さとなるのがポイントです。

例題 103

右の図の円柱の表面積を求めなさい。

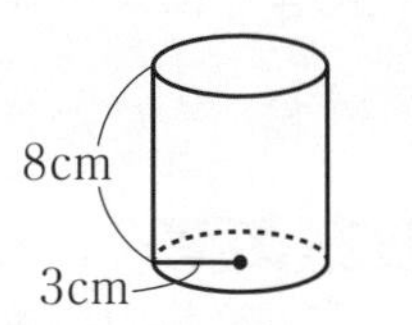

展開図をかくと，右の図のようになります。

まず，底面積は$\pi \times 3^2 = 9\pi$ (cm^2) です。次に側面積を求めたいのですが，この長方形の横の長さはどうやったら求められますか？

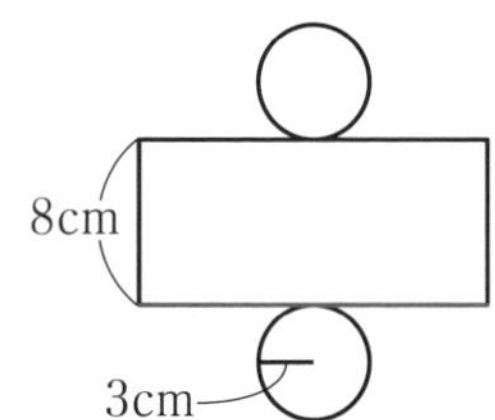

底面の円周の長さと同じです！

そのとおりです。ここが同じ長さでないと組み立てられませんね。

底面の円周は，$2\pi \times 3 = 6\pi$ (cm) なので，上の赤い線も6π cm。

よって，側面積は$8 \times 6\pi = 48\pi$ (cm^2)

(表面積) $= 9\pi \times 2 + 48\pi =$ **66π (cm^2)** 答

確認問題 76

次の立体の表面積を求めなさい。

(1)

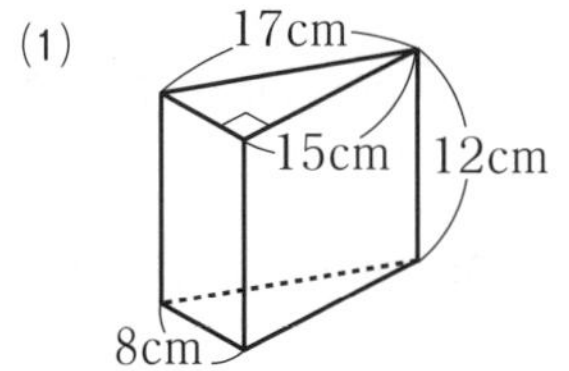

(2)

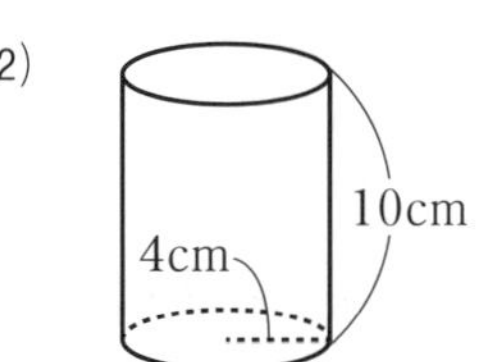

角錐・円錐の表面積

右の正四角錐の表面積を求めてみます。

底面積は$3 \times 3 = 9$ (cm^2)

側面積は三角形4つ分です。

$\left(3 \times 4 \times \frac{1}{2}\right) \times 4 = 24$ (cm^2)

表面積は，$9 + 24 = 33$ (cm^2)

角錐や円錐は底面が1つなので，**(表面積) = (底面積) + (側面積)**

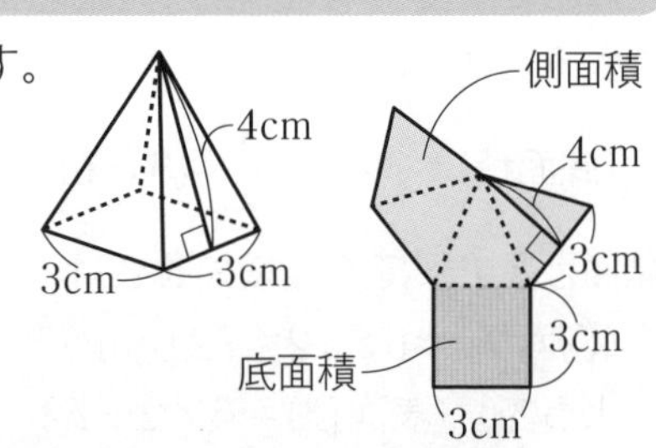

例題 104

右の図の円錐について，次の問に答えなさい。

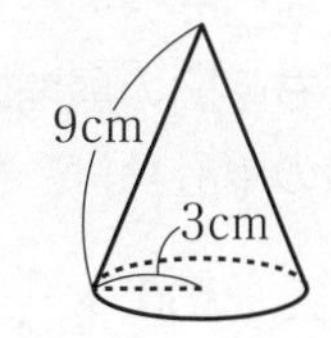

(1) 展開図をかいたとき，側面のおうぎ形の中心角を求めなさい。

(2) この円錐の表面積を求めなさい。

(1) 右の図のような展開図ができます。

おうぎ形の中心角をx°とする。

このおうぎ形の弧(赤い線)の長さが底面の円周と等しいので，6π cm

よって，$(2\pi\times9)\times\dfrac{x}{360}=6\pi$

前によくやった方程式ですね。

πでわって，

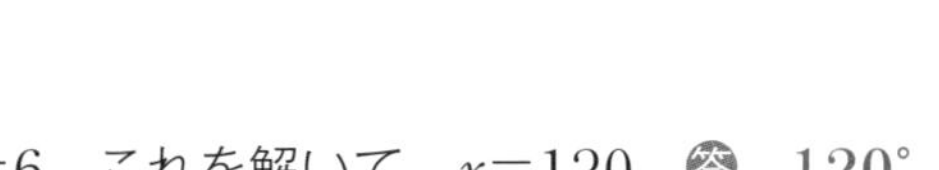

$18\times\dfrac{x}{360}=6$　これを解いて，$x=120$　答　120°

(2) 底面積は$\pi\times3^2=9\pi\,(\text{cm}^2)$

側面積は，$\pi\times9^2\times\dfrac{120}{360}=27\pi\,(\text{cm}^2)$

よって，表面積は$9\pi+27\pi=$ **$36\pi\,(\text{cm}^2)$** 答

ここで，側面のおうぎ形の中心角を素早く求める方法を紹介しましょう。

右の図で，中心角x°を求めてみます。

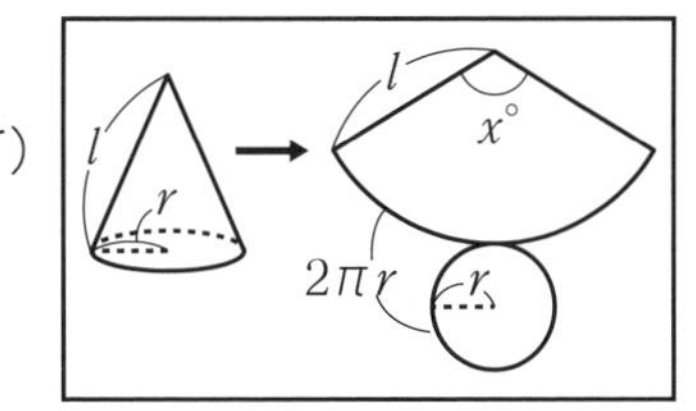

$2\pi l\times\dfrac{x}{360}=2\pi r$(←弧の長さについて)

πでわって

$2l\times\dfrac{x}{360}=2r$

$lx=360r$より，$x=360\times\dfrac{r}{l}$　となります。

つまり，**側面のおうぎ形の中心角＝$360^\circ\times\dfrac{\text{底面の半径}}{\text{母線}}$** なのです。

これはスゴいです！　簡単に中心角が求まりますね。

例題 104 の中心角も，これを使うと楽に求まります。ぜひ使いましょう。

前ページの練習をしておきましょう。

右の図の展開図をかいたとき，側面のおうぎ形の中心角は，次のように求まります。

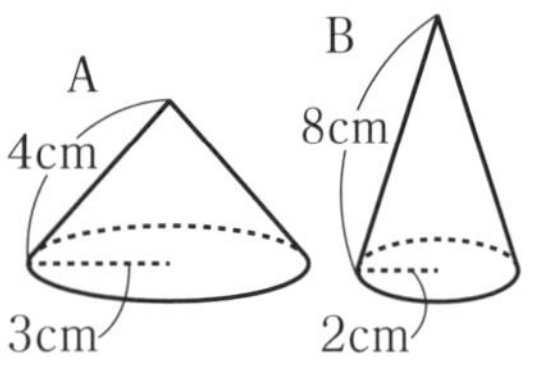

A　$360^\circ \times \frac{3}{4} = 270^\circ$，B　$360^\circ \times \frac{2}{8} = 90^\circ$

確認問題 77

右の図の円錐について，次の問に答えなさい。

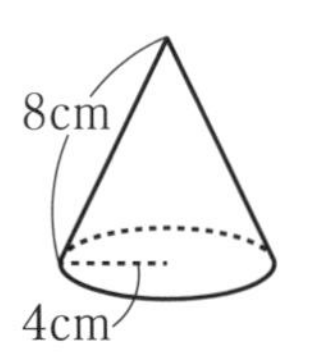

(1)　展開図をかいたとき，側面のおうぎ形の中心角を求めなさい。

(2)　この円錐の表面積を求めなさい。

球の体積と表面積

半径rの球の(体積)$=\frac{4}{3}\pi r^3$，

(表面積)$=4\pi r^2$です。

しっかり覚えてください。右の図のように，最初は語呂(ごろ)で覚えてもいいです。

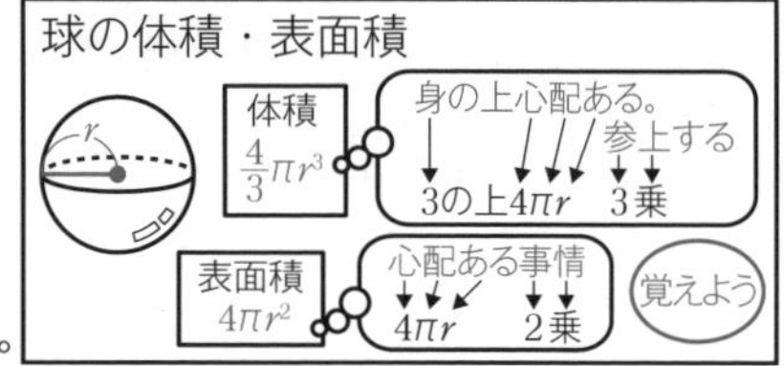

例題 105

右の立体の体積と表面積を求めなさい。

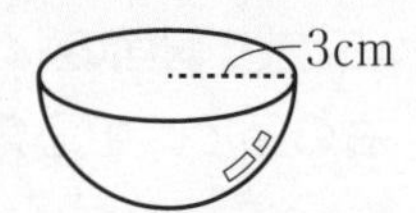

半球です。

(体積)$=\left(\frac{4}{3}\pi \times 3^3\right) \times \frac{1}{2} = 18\pi\ (\text{cm}^3)$　答

球面の面積は，$(4\pi \times 3^2) \times \frac{1}{2} = 18\pi\ (\text{cm}^2)$　これはこの立体の表面積ではありません。

立体のすべての面の和には，上の面の面積も必要ですよね？

そのとおりです。この立体の表面積には，上の面も含まれます。赤い面の円の面積$\pi \times 3^2 = 9\pi\ (\text{cm}^2)$を加えて，(表面積)$=18\pi + 9\pi = 27\pi\ (\text{cm}^2)$　答

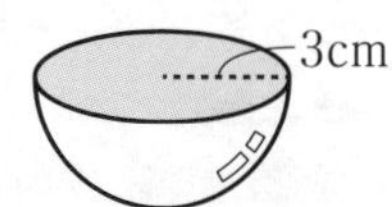

確認問題 78

次の立体の体積と表面積を求めなさい。

(1) 半径6cmの球　(2) 右の図の立体

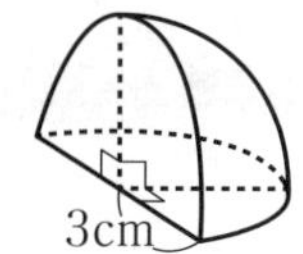

トレーニング15

次の問に答えなさい。 ▶解答：p.222

1. 次の立体の体積を求めなさい。

(1)

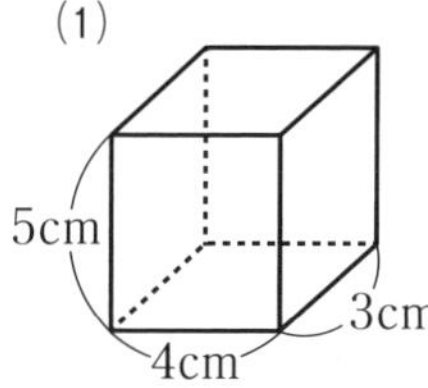

(2)

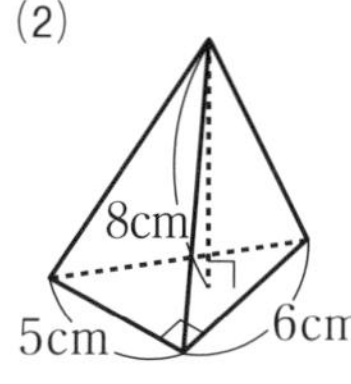

(3)

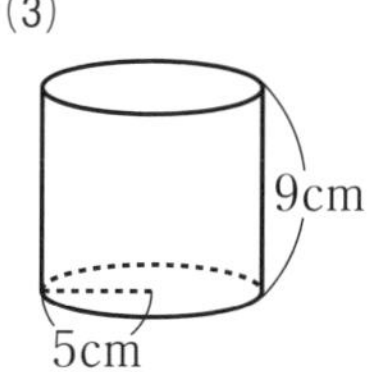

(4)

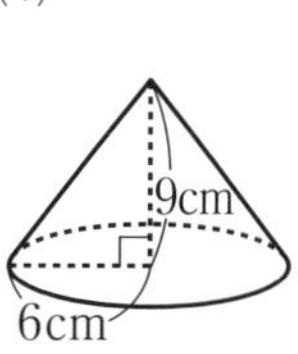

2. 次の立体の表面積を求めなさい。

(1)

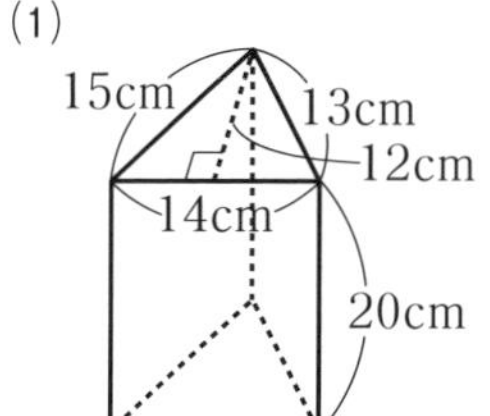

(2)

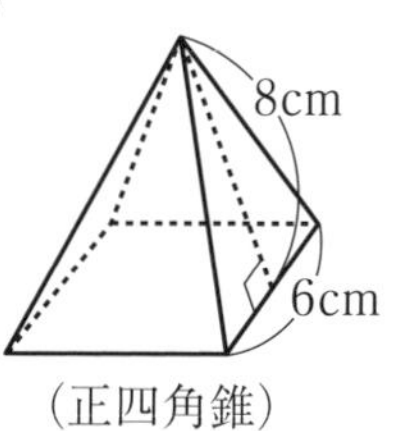

（正四角錐）

(3)

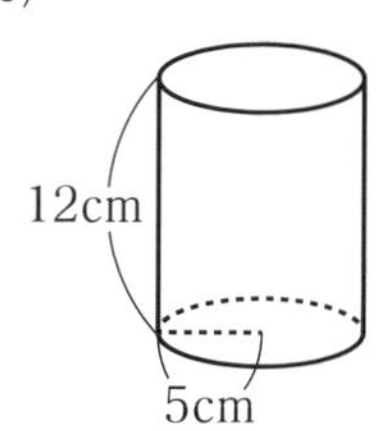

3. 右の図の円錐について，次の問に答えなさい。

(1) 側面の展開図の，おうぎ形の中心角を求めなさい。

(2) この円錐の表面積を求めなさい。

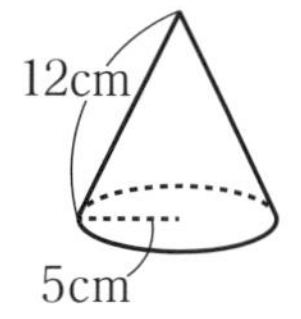

4. 右の図の立体は，半径4cmの球から，その$\frac{1}{4}$を切り取った立体である。この立体の体積と表面積を求めなさい。

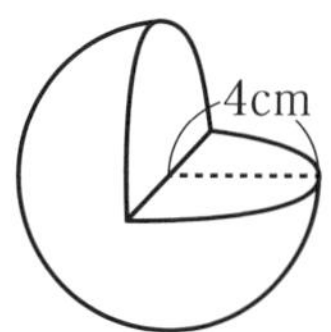

空間図形まとめ　定期テスト対策A

▶解答：p.223

1. 次の(1)〜(3)にあてはまるものを，それぞれア〜カからすべて選び，記号で答えなさい。

ア　三角柱　　イ　三角錐　　ウ　円柱　　エ　円錐

オ　四角柱　　カ　四角錐

(1)　多面体　　(2)　側面が三角形である立体

(3)　底面が2つある立体

2. 次の□に適することばを入れなさい。

(1)　へこみのない多面体のうち，すべての面が ア□ な イ□ で，どの頂点にも同じ数の ウ□ が集まる立体を，正多面体という。

(2)　正多面体は，エ□，正六面体，オ□，正十二面体，カ□ の5種類しかない。

3. 次の立体について，面の数，辺の数，頂点の数をそれぞれ求めなさい。

(1)　三角柱　　(2)　五角錐

4. 次の立体の投影図を完成させなさい。

(1)　円柱

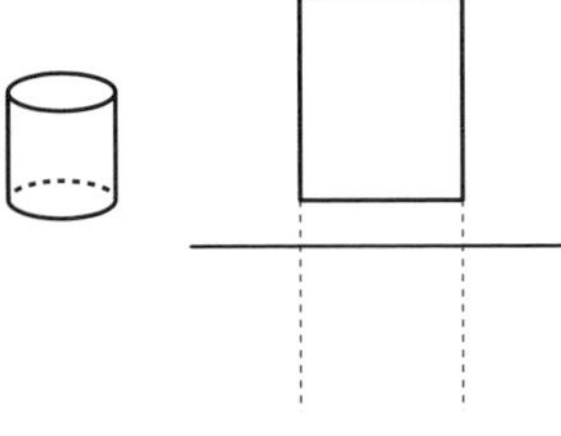

(2)　四角錐

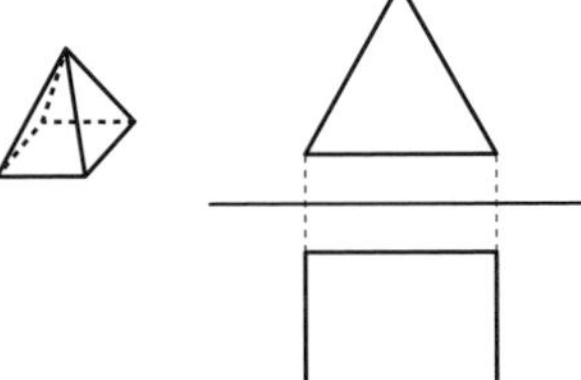

5. 右の図の立方体について。面ABCDと平行な面，垂直な面をすべて答えなさい。

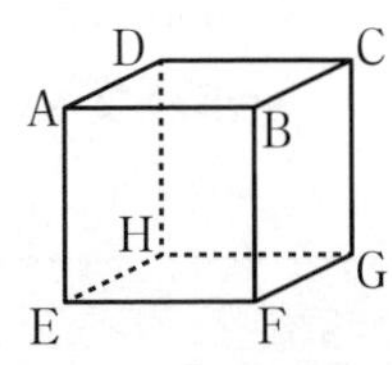

6.　右の図は，直方体を半分に切ってできた立体である。次の問に答えなさい。

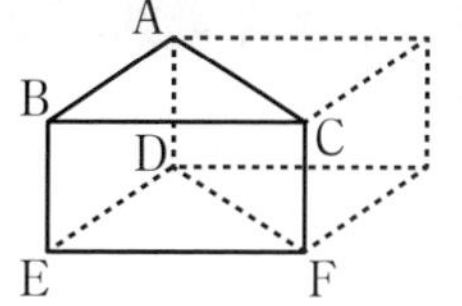

(1)　辺BEと平行な辺をすべて答えなさい。

(2)　辺BEと垂直に交わる辺をすべて答えなさい。

(3)　辺BEとねじれの位置にある辺をすべて答えなさい。

7.　次の立体の体積を求めなさい。

(1)　三角柱

6cm
3cm
8cm

(2)　円柱

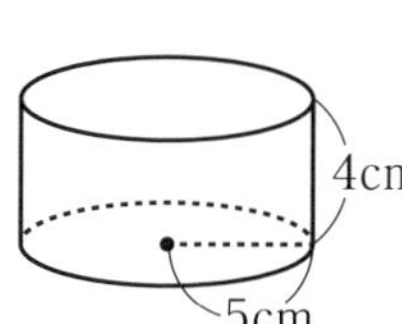

(3)　正四角錐

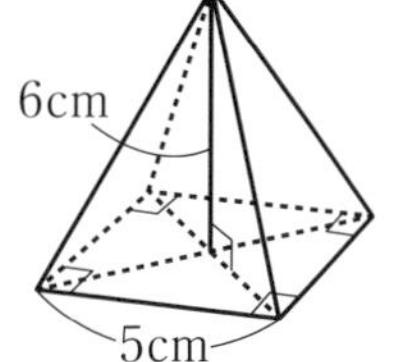

8.　次の立体の表面積を求めなさい。

(1)　三角柱

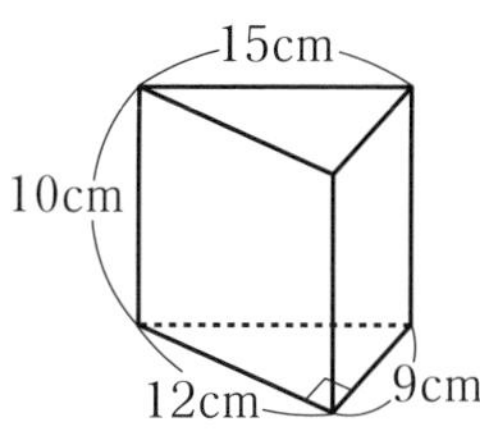

(2)　円柱

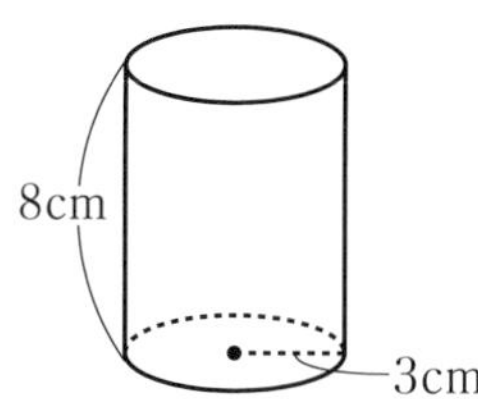

9.　右の図の円錐について，次の問に答えなさい。

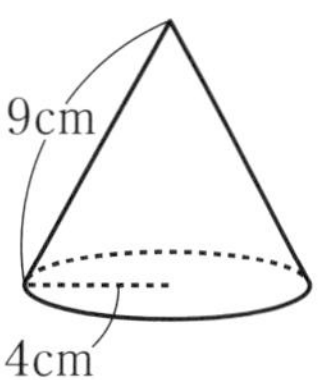

(1)　展開図をかいたとき，側面のおうぎ形の中心角の大きさを求めなさい。

(2)　表面積を求めなさい。

空間図形まとめ

定期テスト対策 B

▶解答：p.224

1.　正多面体のうち，次の(1)，(2)にあてはまるものをすべて答えなさい。

(1)　すべての面が合同な正三角形であるもの

(2)　1つの頂点に集まる面の数が3個であるもの

2.　右の立体は，直方体から三角柱を切り取ったものである。これについて，次の問に答えなさい。

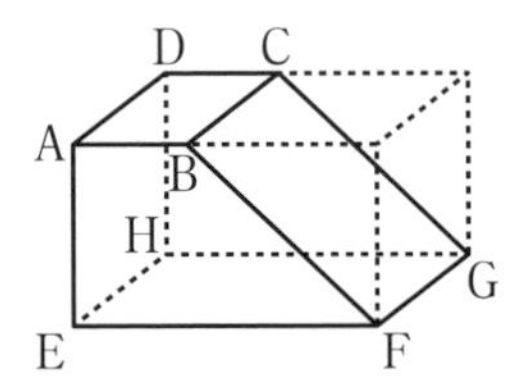

(1)　面ABCDと平行な辺をすべて答えなさい。

(2)　辺ABと平行な辺をすべて答えなさい。

(3)　辺BFとねじれの位置にある辺をすべて答えなさい。

3.　正多面体について，次の空らんをうめなさい。

	正四面体	正八面体	正十二面体
面の数			
面の形			
1つの頂点に集まる面の数			
辺の数			
頂点の数			

4.　右の図のように，直径6cmの球と，それがちょうど入る円柱がある。
次の問に答えなさい。

(1)　円柱の側面積を求めなさい。

(2)　球の表面積を求めなさい。

5.　右の投影図で表される立体について，次の問に答えなさい。

(1)　体積を求めなさい。

(2)　表面積を求めなさい。

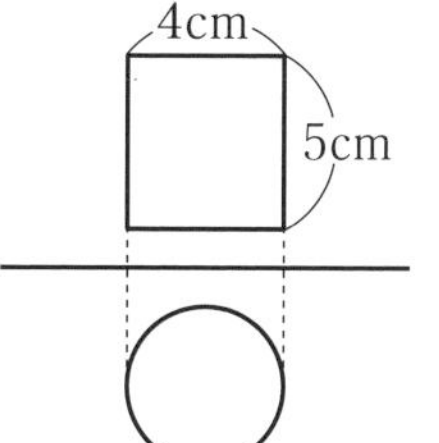

6.　右の投影図で表される立体の表面積を求めなさい。

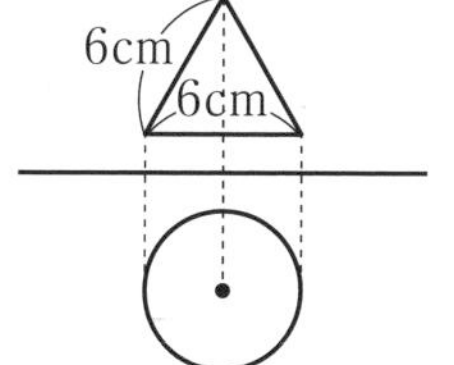

7.　右のような図形を，直線lを回転の軸として1回転させてできる立体の体積を求めなさい。

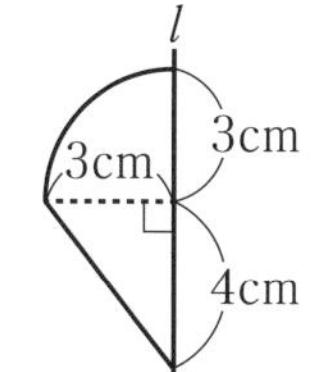

8.　右の図の影をつけた部分の四角形を，直線lを回転の軸として1回転させてできる立体の体積を求めなさい。

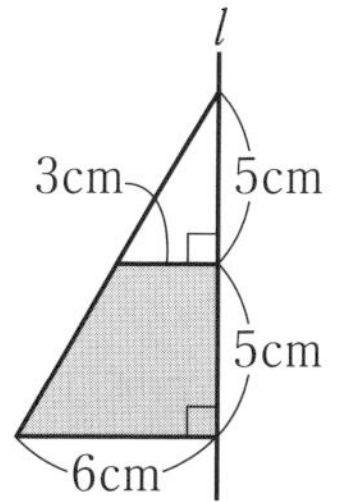

第7章 データの整理と確率

テーマ1 データの整理

イントロダクション

- データの性質を表す数を求める ➡ 代表値の復習をしよう
- データをまとめる ➡ 度数分布表，ヒストグラムを正確につくる
- データを比較する ➡ 傾向をつかみ，比較する

代表値

小学校で学んだ，代表値について復習しましょう。

代表値にはどんなものがあったか覚えていますか？

確か，**平均値**，**最頻値**，**中央値**がありました。

しっかり覚えていましたね。では，おさらいしておきましょう。

下の表は，10人であるゲームをしたときの得点を，低い方から順にならべたものです。

1	1	2	3	3	4	4	4	5	5	(点)

平均値，最頻値，中央値を求めてみます。

平均値は，全体の得点の合計を求めて，人数でわればよかったですね。

$$(1+1+2+3+3+4+4+4+5+5)\div 10=3.2\text{(点)}$$

最頻値は，一番多くの人が取った得点です。このゲームでは，4点の人が一番多いので，4点です。

中央値は，この表のように低い方から順に並べたとき，まん中の人が取った得点です。今回は人数が10人で偶数なので，5番目と6番目の人の得点の平均です。

5番目の人は3点，6番目の人は4点ですから，3.5点となります。

まとめておきましょう。

代表値の求め方

平均値…(資料の値の合計)÷(資料の個数)

最頻値…資料の中で最も多く現れる値

中央値…資料を小さい順に並べたとき，ちょうど中央にくる値
度数が偶数のときは，まん中の2つの値の平均値

○○●○○ ↑ 中央値 ｜ ○○●●○○ この値の平均　20人なら，20÷2＝10で，10番目と11番目の値の平均

確認問題 79

下の表は，あるゲームの得点の，20人の記録である。次の問に答えなさい。

3	5	3	1	2	6	3	5	5	1
4	6	5	2	6	1	5	2	4	3

(点)

(1)　平均値を求めなさい。

(2)　最頻値を求めなさい。

(3)　中央値を求めなさい。

度数分布表とヒストグラム

ある20人の生徒のハンドボール投げの記録を，右の表のようにまとめたとします。

各区間のことを**階級**(かいきゅう)といいます。

たとえば，「15m以上20m未満の階級」のようにいいます。

区間の幅を**階級の幅**といいます。

この例では，階級の幅は5mです。

階級の中央の値を**階級値**といいます。

階級に入っている資料の個数を**度数**といいます。この例では，人数を表します。

そして，このような表を**度数分布表**といい，右のようなグラフに表したものを，**ヒストグラム**といいます。

たくさんの用語や表し方が出てきました。いったんここまでにしますね。

度数分布表

階級(m)	度数(人)
0以上　5未満	1
5　～10	3
10　～15	3
15　～20	6
20　～25	5
25　～30	2
計	20

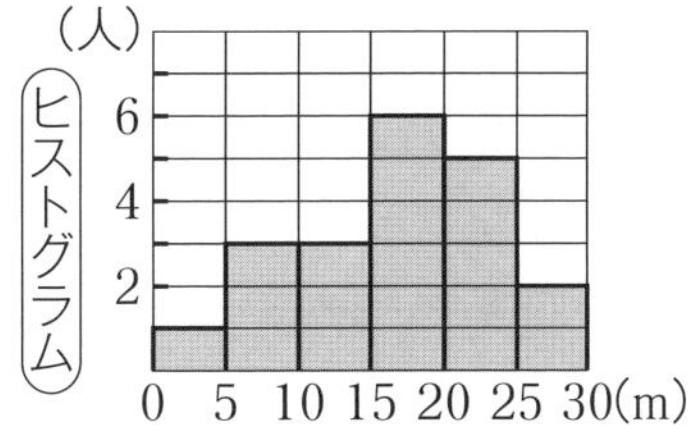

例題 106

右の表は，生徒30人のハンドボール投げの記録を，度数分布表にまとめたものである。次の問に答えなさい。

階級(m)	度数(人)
4以上　8未満	2
8　～12	6
12　～16	ア□
16　～20	6
20　～24	5
24　～28	3
28　～32	1
計	30

(1)　アにあてはまる数を求めなさい。

(2)　階級の幅を答えなさい。

(3)　ヒストグラムをつくりなさい。

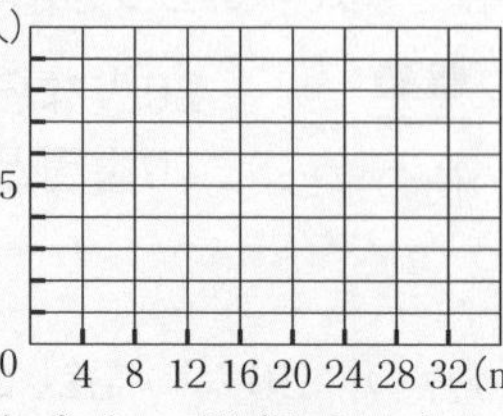

(4)　度数がもっとも大きい階級は，どの階級か。また，その階級値を求めなさい。

(1)　全体の度数(人数)から，他の度数をひけば求まります。

30－(2＋6＋6＋5＋3＋1)＝7(人)　答　7

(2)　「8m以上12m未満」のように，4mきざみになっているので，

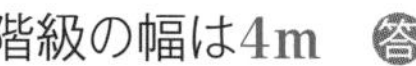

階級の幅は4m　答

「未満」はその数を含まないのに，4mなんですか？

確かにちょっとしっくりきませんね。

しかし，たとえば8m以上12m未満の階級とは，8mから11mまでではなく，8mから11.99…mまでです。したがって4mとなるんです。

(3)　右の図のようになります。

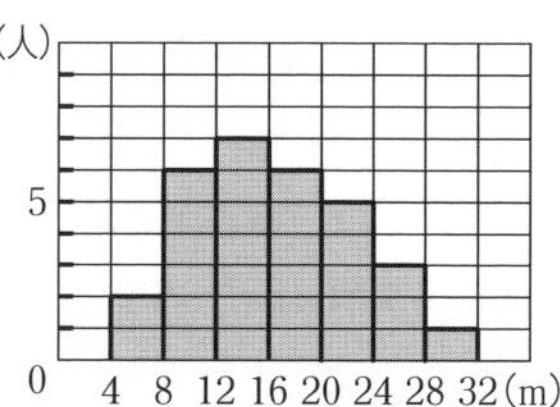

(4)　アに7が入ったので，この階級の度数がもっとも大きい。

答　**12m以上16m未満の階級**

そして，その階級値は階級の中央の値なので，**14m**　答

ここで，1つ新しいことを伝えましょう。ヒストグラムで，階級値を結んで作った右のようなグラフを，**度数折れ線**または**度数分布多角形**といいます。覚えておいてください。

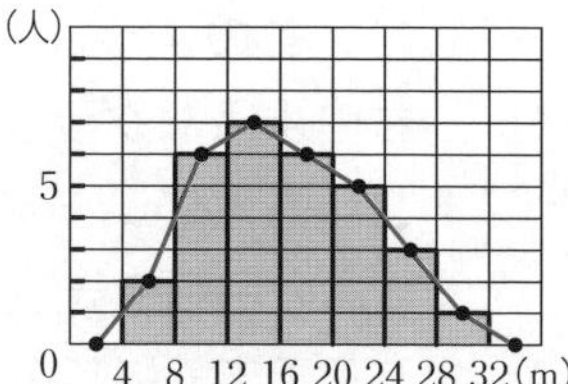

確認問題 80

下の資料Aは，ある中学校の生徒20人の握力について調べた記録を，度数分布表にまとめたものである。次の問に答えなさい。

(1)　階級の幅を求めなさい。

(2)　度数がもっとも大きい階級はどの階級か。

(3)　この度数分布表をもとに，Bにヒストグラムと度数折れ線をかきなさい。

A

階級(kg)	度数(人)
20以上24未満	2
24　～28	4
28　～32	3
32　～36	7
36　～40	4
計	20

B

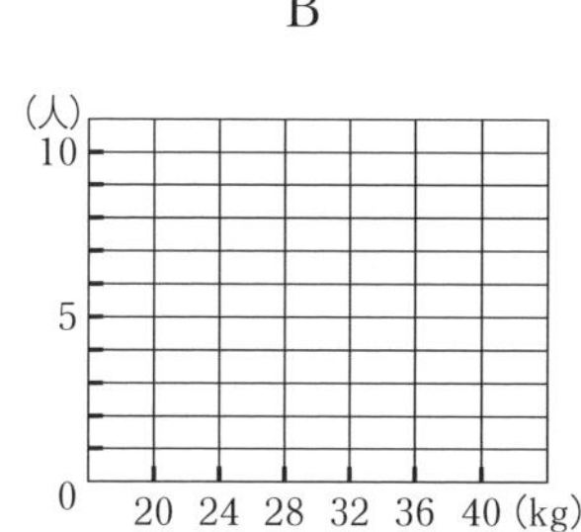

例題 107

右の表は，ある部活の生徒20人の通学時間を度数分布表にまとめたものである。

この表から，通学時間の平均値を求めなさい。

階級(分)	度数(人)
0以上10未満	6
10　～20	8
20　～30	4
30　～40	2
計	20

平均値は，全体の通学時間の合計を人数でわって求めます。

正確な通学時間がわからないのに，どうするんですか？

確かに，生徒1人ひとりの実際の通学時間がわかりませんね。

度数分布表から平均値を求めるときは，階級値を用いるんです。

たとえば，10分以上20分未満であれば，15分の人が8人いたとします。

$(5\times6+15\times8+25\times4+35\times2)\div20=16$(分)　㊫　と求めます。

確認問題 81

右の表は，ある都市の4月の最高気温について，度数分布表にまとめたものである。

この表から最高気温の平均値を求めなさい。

階級(℃)	度数(日)
6以上 8未満	5
8 ～10	8
10 ～12	12
12 ～14	4
14 ～16	1
計	30

相対度数

2つのチームA，Bがあり，ハンドボール投げの記録を右のように，度数分布表にまとめました。

この2つのチームの資料を比較したいと思いますが，チームの人数がちがって，比較しづらいですね。

このように，全体の度数が異なる資料を比較するときに，良い方法があります。

各度数の全体に対する割合として，

階級(m)	度数(人)	
	A	B
8以上12未満	1	1
12 ～16	3	5
16 ～20	8	15
20 ～24	6	20
24 ～28	2	7
28 ～32	0	2
計	20	50

$\dfrac{\textbf{(その階級の度数)}}{\textbf{(全体の度数)}}$を求めるのです。これを，その階級の**相対度数**(そうたいどすう)といいます。

たとえば，Aチームの8m以上12m未満の階級には1人います。

その相対度数は，$\dfrac{1}{20}=0.05$となります。

このようにして表をつくりかえると，右のようになります。

では，この表を利用して，どのように比較するとわかりやすいでしょうか？

階級(m)	相対度数	
	A	B
8以上12未満	0.05	0.02
12 ～16	0.15	0.10
16 ～20	0.40	0.30
20 ～24	0.30	0.40
24 ～28	0.10	0.14
28 ～32	0.00	0.04
計	1.00	1.00

2つのヒストグラムを作れば比較できそうです。

それでも比較できますが，実は，こういうときは度数折れ線が威力を発揮します。相対度数を縦軸にとって，右のようにかきます。2つのグラフを同じところにかけるので，Bチームの方が距離が長いという傾向がつかめます。

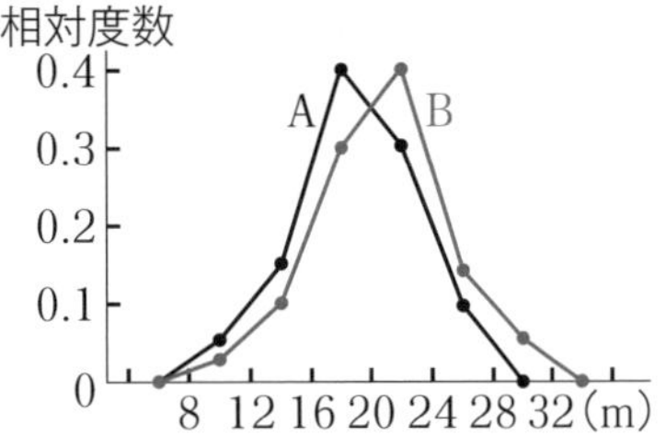

全体の度数が異なる資料の比較 ⇒ { 相対度数を求める。度数折れ線で，比較する。

確認問題 82

A中学校の生徒100人とB中学校の生徒200人の通学時間を調べたところ，右の度数分布表のようになった。次の問に答えなさい。

階級(分)	度数(人) A中	度数(人) B中
5以上10未満	20	80
10 ～15	26	56
15 ～20	34	28
20 ～25	13	24
25 ～30	7	12
計	100	200

(1) 2つの中学校の相対度数を度数分布表①にまとめなさい。

(2) 2つの中学校の度数折れ線を，縦軸に相対度数をとって②にかきなさい。

(3) A中学校とB中学校では，どちらが通学時間が長い傾向にあるか答えなさい。

①

階級(分)	相対度数 A中	相対度数 B中
5以上10未満		
10 ～15		
15 ～20		
20 ～25		
25 ～30		
計	1.00	1.00

②

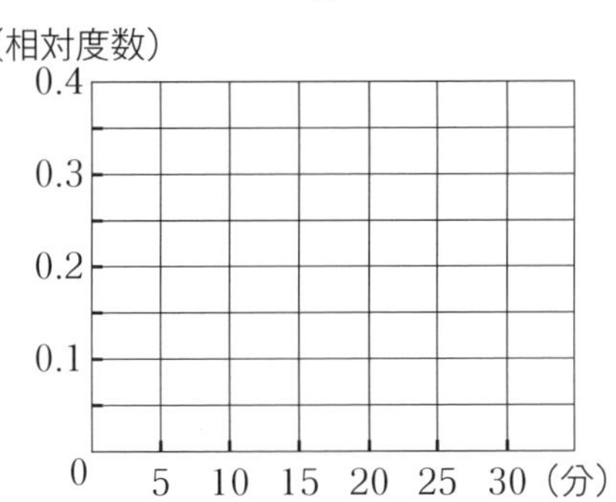

累積度数

度数分布表において，最初の階級からその階級までの度数の合計を，**累積度数**といいます。

例を使って説明しましょう。

下の表は，生徒40人の通学時間について調べた結果を度数分布表に表したものです。

度数(人数)を，一番上からその階級の数までたした数が累積度数です。

階級(分)	度数(人)	累積度数
0以上10未満	4	4
10　～20	16	20
20　～30	14	34
30　～40	6	40
合計	40	

20 ← 4+16

34 ← 4+16+14

累積度数の求め方はわかりますか？

累積度数を調べると，どんなことがわかるんですか？

よい質問です。次のようなことがすぐにわかる利点があります。

たとえば，通学時間が30分未満の生徒は何人いるか→34人

通学時間が短い方から数えて30番目の生徒はどの階級か→20～30分

など，データを小さい順に並べたときの分布がすぐにわかるのです。

では，これを相対度数で考えてみましょう。

度数分布表において，最初の階級からその階級までの相対度数の合計を，**累積相対度数**といいます。

上の例で相対度数，累積相対度数を求めてみましょう。

階級(分)	相対度数	累積相対度数
0以上10未満	0.10	0.10
10　～20	0.40	0.50
20　～30	0.35	0.85
30　～40	0.15	1.00
合計	1.00	

累積相対度数から，30分未満の生徒が85％いることなどがわかります。

つまり，全体の中での割合がわかるのです。

例題 108

下の表は，生徒20人のある日の睡眠時間を，度数分布表にまとめたものである。次の問に答えなさい。

(1) 累積度数のらんに，数を記入しなさい。

(2) 睡眠時間が短い方から数えて10番目の生徒はどの階級にあるか，求めなさい。

(3) 睡眠時間が8時間未満の生徒は何人いるか求めなさい。

(4) 右の表の空らんをうめ，表を完成させなさい。

(5) 睡眠時間が7時間未満の生徒は，全体の何%にあたるか求めなさい。

階級(時間)	度数(人)	累積度数
5以上 6未満	2	
6 ～ 7	5	
7 ～ 8	6	
8 ～ 9	4	
9 ～10	3	
計	20	

階級(時間)	相対度数	累積相対度数
5以上 6未満	0.10	0.10
6 ～ 7		
7 ～ 8		
8 ～ 9		
9 ～10		1.00
計	1.00	

(1) 下の左の表のようになります。

(2) 累積度数をみれば，10番目の生徒がいるのは，**7時間以上8時間未満の階級** 答

(3) 7時間以上8時間未満の階級の累積度数なので，**13人** 答

(4) 下の右の表のようになります。
相対度数や累積相対度数は，ふつうケタをそろえます。
たとえば，0.3であれば，0.30とします。

(5) 累積相対度数が0.35なので，**35%** 答

階級(時間)	度数(人)	累積度数
5以上 6未満	2	2
6 ～ 7	5	7
7 ～ 8	6	13
8 ～ 9	4	17
9 ～10	3	20
計	20	

階級(分)	相対度数	累積相対度数
5以上 6未満	0.10	0.10
6 ～ 7	0.25	0.35
7 ～ 8	0.30	0.65
8 ～ 9	0.20	0.85
9 ～10	0.15	1.00
計	1.00	

テーマ2 確　率

イントロダクション

- ◆ 確率の意味 ➡ 起こりやすさを数で表す
- ◆ 実験結果から確率を求める ➡ 相対度数との関係を知る
- ◆ 計算による確率との関係 ➡ どんな値に近づくか

確　率

世の中には，いろいろな確率というものがあります。

たとえば，宝くじで1等が当たる確率(たぶん相当低いでしょうね)，降水確率，さいころで6の目の出る確率…などです。

その確率とは，**あることがらの起こりやすさを表す数**です。

例題 109

下の表は，1個の画びょうをくり返し投げたとき，右の図のように針のある方が下向きになった回数を記録したものである。

次の問に答えなさい。

投げた回数	20	100	200	300	500	1000
下向きの回数	11	59	125	182	307	621
下向きの相対度数						

(1) 下向きの相対度数を，四捨五入して小数第2位まで求め，空らんに記入しなさい。

(2) 下向きになる確率を小数第2位まで求めなさい。

(1) 20回のとき，$\frac{11}{20}=0.55$，100回のとき，$\frac{59}{100}=0.59$

200回のとき，$\frac{125}{200}=0.63\,(0.625)$，…と求めていきます。

投げた回数	20	100	200	300	500	1000
下向きの回数	11	59	125	182	307	621
下向きの相対度数	0.55	0.59	0.63	0.61	0.61	0.62

(2) 回数が多くなるほど，どんな値に近づくかを考えます。

この実験では，1000回が一番多いので，その相対度数を確率とみなします。よって，**0.62** 答

一番多い回数のときの相対度数を確率とみなすんですね。

はい。だんだんとどの値に近づくかを見ていきます。

（多数回の実験における確率）…（一番多い回数のときの相対度数）

確認問題 83

下の表は，あるボタンを投げたとき，右のように表が出た回数をまとめたものである。

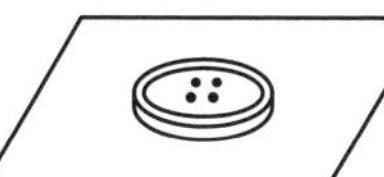

投げた回数	20	100	200	500	1000
表が出た回数	8	39	79	191	381
表が出た相対度数					

(1) 表が出た相対度数を，四捨五入して小数第2位まで求め，空らんに記入しなさい。

(2) 表が出る確率を小数第2位まで求めなさい。

このように，確率は0以上1以下の数で表します。

$0 \leqq$（確率）$\leqq 1$

- （確率）＝0とは，絶対に起こらないこと
- （確率）＝1とは，必ず起こること　　を表す

例題 110

下の表は，1個のさいころを投げたとき，1の目が出た回数をまとめたものである。

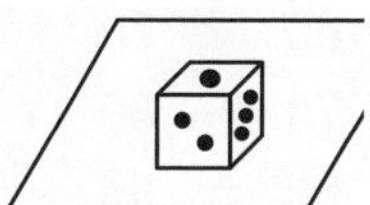

投げた回数	10	20	50	100
1が出た回数	2	3	8	17
1が出た相対度数				

(1) 相対度数を小数第2位まで求め，表の空らんをうめなさい。

(2) 1が出る相対度数はいくつに近づくと考えられるか，分数で答えなさい。

(1)

投げた回数	10	20	50	100
1が出た回数	2	3	8	17
1が出た相対度数	0.20	0.15	0.16	0.17

(2) 出る目の数は6通りあるので，$\frac{1}{6}$ 答 と計算で求められます。

データの整理と確率まとめ

定期テスト対策A

▶解答：p.225

1．右の表は，生徒26人のある日の睡眠時間を，度数分布表にまとめたものである。

ヒストグラムと度数折れ線をかきなさい。

階級(時間)	度数(人)
5以上 6未満	2
6 ～ 7	5
7 ～ 8	9
8 ～ 9	7
9 ～10	3
計	26

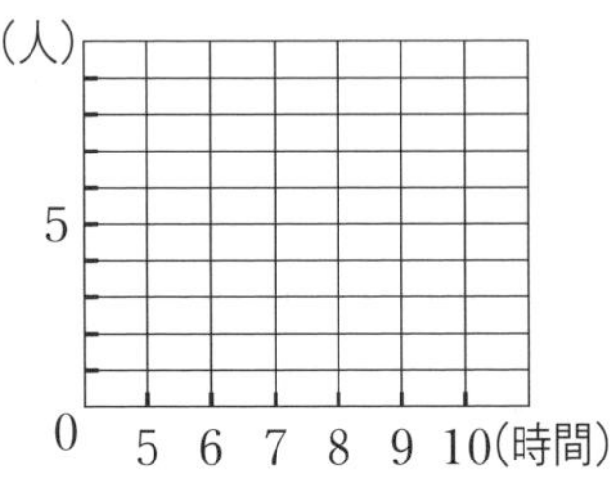

2．次のデータは，あるクラス20人の，数学のテストの得点である。これをもとに，度数分布表とヒストグラムをつくりなさい。

72	63	59	68	88	93	77	44	78	63	
83	78	98	85	75	71	80	52	69	73	(点)

階級(点)	度数(人)
40以上 50未満	
50 ～ 60	
60 ～ 70	
70 ～ 80	
80 ～ 90	
90 ～100	
計	20

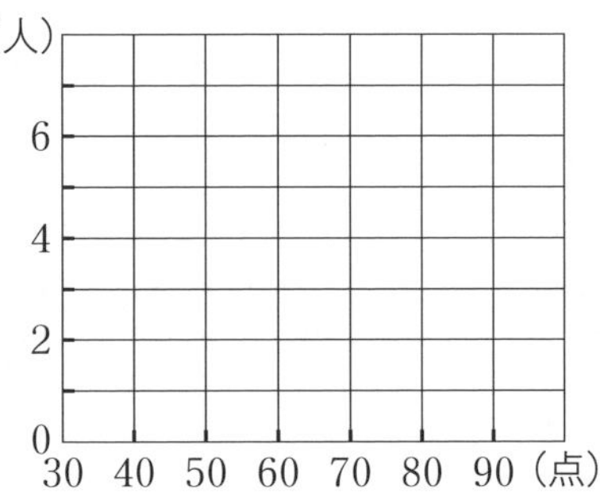

3．右の表は，あるクラスの生徒30人が，1か月に図書館で借りた本の冊数を，度数分布表にまとめたものである。

この30人の冊数の平均値を求めなさい。

階級(冊)	度数(人)
0以上 2未満	6
2 ～ 4	8
4 ～ 6	10
6 ～ 8	4
8 ～10	2
計	30

4. 右の表は，あるクラス40人のハンドボール投げの記録を，度数分布表にまとめたものである。次の問に答えなさい。

階級(m)	度数(人)	累積度数
6以上10未満	2	
10 ～14	7	
14 ～18	10	
18 ～22	16	
22 ～26	5	
計	40	

⑴ 階級の幅を求めなさい。

⑵ 表の空らんに適する数を入れなさい。

⑶ 18m未満の生徒は何人いるか，求めなさい。

5. 下の表は，ある生徒50人の通学時間を，度数分布表にまとめたものである。次の問に答えなさい。

⑴ 表の空らんに適する数を入れなさい。

⑵ 通学時間が20分未満の生徒は，全体の何％にあたるか，求めなさい。

階級(分)	度数(人)	相対度数	累積相対度数
0以上 5未満	4		
5 ～10	8		
10 ～15	10		
15 ～20	12		
20 ～25	4		
25 ～30	2		
計	40	1.00	

6. 下の表は，1個のねじをくり返し投げたとき，右のようになったことを上向きとして，記録したものである。表の空らんをうめ，上向きになる確率を小数第2位まで求めなさい。

投げた回数	20	50	100	200	1000
上向きの回数	6	16	33	64	311
上向きの相対度数					

データの整理と確率まとめ

定期テスト対策 B

▶解答：p.226

1. 右の表は，Aグループの50人とBグループの20人について，家庭学習時間を調べ，その結果をまとめたものである。次の問に答えなさい。

階級(分)	Aグループ 度数(人)	Bグループ 度数(人)
30以上　60未満	2	1
60　～　90	8	2
90　～120	16	4
120　～150	12	5
150　～180	10	7
180　～210	2	1
計	50	20

(1) 階級の幅は何分か。

(2) Aグループの最頻値は何分か。

(3) それぞれのグループにおいて相対度数を求め，下の表に記入しなさい。

(4) 下図に，Aグループ，Bグループの度数折れ線を，相対度数を用いてかきなさい。

(5) 家庭学習時間が長い傾向にあるのは，どちらのグループといえるか。

階級(分)	Aグループ 相対度数	Bグループ 相対度数
30以上　60未満		
60　～　90		
90　～120		
120　～150		
150　～180		
180　～210		
計	1.00	1.00

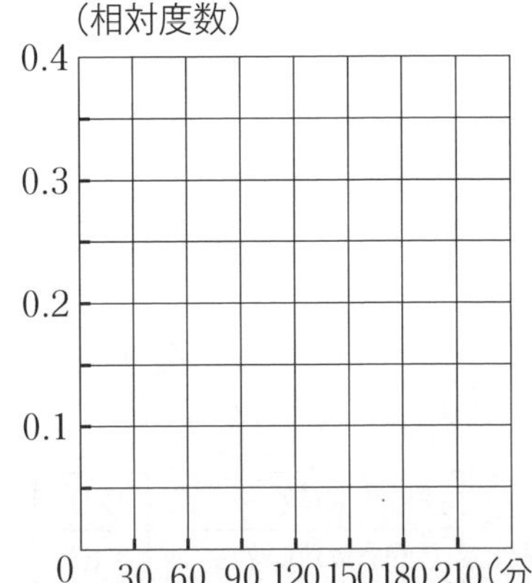

2.　右の表は，250人の生徒の握力を計測した結果を度数分布表にまとめたものである。次の問に答えなさい。

⑴　表の空らんに適する数を記入しなさい。

階級(kg)	度数(人)	累積度数(人)
16以上20未満	10	
20　～24	35	
24　～28		98
28　～32	72	
32　～36	45	
36　～40		
計	250	

⑵　握力が低い方から数えて150番目の生徒は，どの階級に入っているか求めなさい。

3.　下の表は，50人の生徒について，1日のパソコンの操作時間を調べ，その結果を度数分布表にまとめたものである。次の問に答えなさい。

⑴　表の空らんに適する数を記入しなさい。

⑵　60分未満の操作時間の生徒は，全体の何％といえるか求めなさい。

階級(分)	度数(人)	相対度数	累積相対度数
0以上　20未満	6		
20　～　40	10		
40　～　60	12		
60　～　80	13		
80　～100	5		
100　～120	4		
計	50	1.00	

4.　1個のさいころを投げる実験をして，5か6の目が出た回数を記入した。表の空らんをうめ，5か6が出る相対度数はいくつに近づくと考えられるか，分数で答えなさい。

投げた回数	10	20	50	100
5か6が出た回数	4	7	16	34
5か6が出た相対度数				

MEMO

確認問題・トレーニング・定期テスト対策の

解答・解説

第1章 正の数・負の数

確認問題 1

(ア) 51の約数は，1，3，17，51なので，素数ではない。

(イ) 47の約数は，1，47なので，素数。

(ウ) 0は自然数ではないので，素数ではない。

(エ) 13の約数は，1，13なので，素数。

(オ) 91の約数は，1，7，13，91なので，素数ではない。

よって，素数は(イ)，(エ) 答

確認問題 2

(1)

2) 54
3) 27
3) 9
　　3

$54=2\times3^3$ 答

(2)

2) 126
3) 63
3) 21
　　7

$126=2\times3^2\times7$ 答

(3)

2) 180
2) 90
3) 45
3) 15
　　5

$180=2^2\times3^2\times5$ 答

確認問題 3

3) 63
3) 21
　　7

$63=3^2\times7$より，

63の約数は，

1，3，7，9，21，63 答

↑ 9 (3^2)　↑ 21 (3×7)　↑ 63 $(3^2\times7)$

確認問題 4

2) 56
2) 28
2) 14
　　7

$56=2^3\times7$より，2と7をかければ

$(2^3\times7)\times2\times7$

$=2^4\times7^2$

よって，かける数は$2\times7=14$ 答

確認問題 5

(1) ① $+2$　② -7.5

(2) 値下げすることは負の数で表すから，-20円 答

確認問題 6

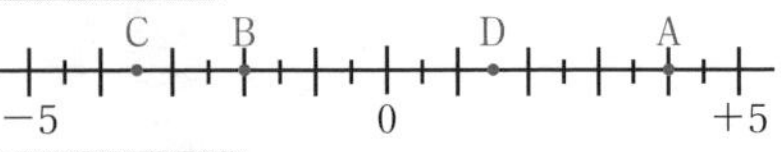

確認問題 7

(1) 原点からの距離が3以下の整数を考える。

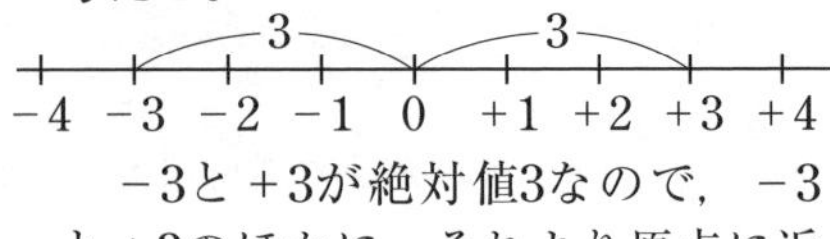

-3と$+3$が絶対値3なので，-3と$+3$のほかに，それより原点に近い数もあてはまる。

よって，-3，-2，-1，0，$+1$，$+2$，$+3$ 答

(2) 負の数は，絶対値が大きいほど小さいから，

$-4<-3.1<-1.8$

正の数は，絶対値が大きいほど大きいから，$+2<+3.6$

よって，小さい方から順に，-4，-3.1，-1.8，0，$+2$，$+3.6$ 答

確認問題 8

(1) 同符号なので，

$+(2+8)=+10$ 答

(2) 同符号なので，

$-(7+13)=-20$ 答

(3) 異符号なので，

$-(12-5)=-7$ 答

(4) 異符号なので，

$+(6-2)=+4$ 答

確認問題 9

(1) $(+10)-(+6)$

$=(+10)+(-6)$

$=+4$ 答

(2) $(-9)-(+4)$

$=(-9)+(-4)$

$=-13$ 答

(3) $(-5)-(-12)$

$=(-5)+(+12)$

$=+7$ 答

(4) $(+7)-(-3)$

$= (+7) + (+3)$

$= +10$ 答

トレーニング1

(1) $+7$　(2) $+13$　(3) -6

(4) -27　(5) $+9$　(6) -12

(7) -7　(8) 0

(9) $(+3) - (-7)$

$= (+3) + (+7)$

$= +10$ 答

(10) $(-7) - (-5)$

$= (-7) + (+5)$

$= -2$ 答

(11) $(+25) - (+8)$

$= (+25) + (-8)$

$= +17$ 答

(12) $0 - (+6)$

$= 0 + (-6)$

$= -6$ 答

(13) -0.2

(14) $(+0.8) - (+0.3)$

$= (+0.8) + (-0.3)$

$= +0.5$ 答

(15) $\left(+\frac{5}{6}\right) - \left(+\frac{1}{6}\right)$

$= \left(+\frac{5}{6}\right) + \left(-\frac{1}{6}\right)$

$= +\frac{4}{6} = +\frac{2}{3}$ 答

(16) $\left(-\frac{2}{3}\right) - \left(-\frac{1}{2}\right)$

$= \left(-\frac{2}{3}\right) + \left(+\frac{1}{2}\right)$

$= \left(-\frac{4}{6}\right) + \left(+\frac{3}{6}\right) = -\frac{1}{6}$ 答

トレーニング2

(1) $(+2) - (+6) - (-5)$

$= 2 - 6 + 5 = 7 - 6$

$= 1$ 答 （＋は省きました）

(2) $(+1) - (+6) - (-3)$

$= 1 - 6 + 3$

$= 4 - 6$

$= -2$ 答

(3) $(-4) - (-5) - (+2) + (-1)$

$= -4 + 5 - 2 - 1$

$= -7 + 5$

$= -2$ 答

(4) $5 - (-3) - 9 - 1$

$= 5 + 3 - 9 - 1$

$= 8 - 10$

$= -2$ 答

(5) $-2 - (+1) - 3 - (+9)$

$= -2 - 1 - 3 - 9$

$= -15$ 答

(6) $2 - (-4) - 7 - (+6) - 8$

$= 2 + 4 - 7 - 6 - 8$

$= 6 - 21$

$= -15$ 答

(7) $-(+15) + 27 - 30 + (+12)$

$= -15 + 27 - 30 + 12$

$= -45 + 39$

$= -6$ 答

(8) $-0.3 - (-1.2) + (-0.7) - 1.6$

$= -0.3 + 1.2 - 0.7 - 1.6$

$= -2.6 + 1.2$

$= -1.4$ 答

(9) $-\frac{1}{3} + \left(-\frac{1}{2}\right) - \left(-\frac{5}{6}\right)$

$= -\frac{1}{3} - \frac{1}{2} + \frac{5}{6}$

$= -\frac{2}{6} - \frac{3}{6} + \frac{5}{6}$

$= -\frac{5}{6} + \frac{5}{6}$

$= 0$ 答

(10) $\frac{4}{5} - \frac{1}{2} - \frac{3}{4} + \frac{7}{10}$

$= \frac{16}{20} - \frac{10}{20} - \frac{15}{20} + \frac{14}{20}$

$= \frac{30}{20} - \frac{25}{20}$

$=\dfrac{5}{20}$

$=\dfrac{1}{4}$ 答 （＋は省きました）

確認問題 10

(1) 同符号の数の積なので，正
$(+6)\times(+5)=+30$ 答

(2) 異符号なので，負
$(+12)\times(-8)=-96$ 答

(3) 0

(4) 異符号なので，負
$(-10)\times(+5)=-50$ 答

(5) 同符号なので，正
$(-1.5)\times(-10)$
$=+(1.5\times10)$
$=+15$ 答

(6) $\left(-\dfrac{2}{3}\right)\times(+6)$
$=-\left(\dfrac{2}{3}\times6\right)$
$=-4$ 答

確認問題 11

(1) $(-42)\div(+7)$
$=-(42\div7)$
$=-6$ 答

(2) $(-25)\div(-5)$
$=+(25\div5)$
$=+5$ 答

(3) $(+15)\div\left(-\dfrac{5}{6}\right)$
↓逆数
$=(+15)\times\left(-\dfrac{6}{5}\right)$
$=-\left(15\times\dfrac{6}{5}\right)$
$=-18$ 答

(4) $\left(-\dfrac{15}{4}\right)\div\left(-\dfrac{3}{8}\right)$
↓逆数
$=\left(-\dfrac{15}{4}\right)\times\left(-\dfrac{8}{3}\right)$
$=+\left(\dfrac{15}{4}\times\dfrac{8}{3}\right)$
$=+10$ 答

確認問題 12

(1) 負の数が2個だから＋で，
$+(2\times3\times8)=48$ 答

(2) 負の数が3個だから－で，
$-(5\times4\times0.3\times2)=-12$ 答

(3) 乗法では，0が1つでもあると，積は0になる。よって，0 答

トレーニング 3

(1) 30　(2) -24　(3) -4

(4) $(-18)\div\left(-\dfrac{2}{5}\right)$
$=(-18)\times\left(-\dfrac{5}{2}\right)$
$=+\left(18\times\dfrac{5}{2}\right)$
$=45$ 答

(5) $(-4)\times(-4)=16$ 答

(6) $-4\times4=-16$ 答

(7) $(-2)\times(-2)\times(-2)=-8$ 答

(8) 負の数を6個かけるから，＋
よって，$(-1)^6=1$ 答

(9) $(-3)\times(-2)\times(-5)\times(+2)$
$=-(3\times2\times5\times2)$
$=-60$ 答

(10) $-4\div(-3)\times9$
$=-4\times\left(-\dfrac{1}{3}\right)\times9$
$=+\left(4\times\dfrac{1}{3}\times9\right)$
$=12$ 答

(11) $-24\div(-6)\times(-4)$
$=-24\times\left(-\dfrac{1}{6}\right)\times(-4)$
$=-\left(24\times\dfrac{1}{6}\times4\right)$

$= -16$ 答

(12) $-2\times7\div(+4)\times(-6)$

$= -2\times7\times\left(+\frac{1}{4}\right)\times(-6)$

$= +\left(2\times7\times\frac{1}{4}\times6\right)$

$= 21$ 答

(13) $(-6)^2\div(-9)$

$= (+36)\times\left(-\frac{1}{9}\right)$

$= -\left(36\times\frac{1}{9}\right)$

$= -4$ 答

(14) $(-5)^2\times(-8)\div(-2)^3$

$= (+25)\times(-8)\div(-8)$

$= (+25)\times(-8)\times\left(-\frac{1}{8}\right)$

$= 25$ 答

(15) $(-4^2)\div(+8)\div(-2)$

↓注意！

$= (-16)\times\left(+\frac{1}{8}\right)\times\left(-\frac{1}{2}\right)$

$= +\left(16\times\frac{1}{8}\times\frac{1}{2}\right)$

$= 1$ 答

トレーニング4

(1) $(-6+2)\times(-5)$

$= (-4)\times(-5)$

$= 20$ 答

(2) $(-32)\div(-4)-2\times(+6)$

$= (+8)-(+12)$

$= +8-12$

$= -4$ 答

(3) $4\times(-1+2)-3\times(-5)$

$= 4\times(+1)-3\times(-5)$

$= (+4)-(-15)$

$= +4+15$

$= 19$ 答

(4) $-3\times(-7)-10\div2$

$= (+21)-(+5)$

$= +21-5$

$= 16$ 答

(5) $(-2)^4-6\times(+3)$

$= (+16)-(+18)$

$= +16-18$

$= -2$ 答

(6) $5\times(-2^2)-18\div(-3)$

$= 5\times(-4)-18\div(-3)$

$= (-20)-(-6)$

$= -20+6$

$= -14$ 答

(7) $6\times(-4)-(-3)\times4^2$

$= 6\times(-4)-(-3)\times16$

$= (-24)-(-48)$

$= -24+48$

$= 24$ 答

(8) $4\times(-8)-(-3-2\times3^2)$

$= 4\times(-8)-(-3-2\times9)$

$= 4\times(-8)-(-3-18)$

$= 4\times(-8)-(-21)$

$= (-32)-(-21)$

$= -32+21$

$= -11$ 答

(9) $-9-\{3-(1-5)\}\times(-2)^2$

$= -9-\{3-(-4)\}\times(+4)$

$= -9-(3+4)\times(+4)$

$= -9-(+28)$

$= -9-28$

$= -37$ 答

(10) $(-6)^2\times\frac{1}{9}+\{7-(-3)\}\div\left(-\frac{2}{3}\right)$

$= (+36)\times\frac{1}{9}+(7+3)\times\left(-\frac{3}{2}\right)$

$= (+4)+(+10)\times\left(-\frac{3}{2}\right)$

$= (+4)+(-15)$

$= +4-15$

$= -11$ 答

確認問題 13

(1) $87+13=100$より，

$87+38+13$
$=87+13+38$
$=(87+13)+38$
$=100+38$
$=138$ 答

(2) $8\times0.25=2$より，
$8\times48\times0.25$
$=8\times0.25\times48$
$=(8\times0.25)\times48$
$=2\times48$
$=96$ 答

(3) $12\times\left(\frac{2}{3}-\frac{3}{4}\right)$
$=12\times\frac{2}{3}+12\times\left(-\frac{3}{4}\right)$
$=8+(-9)$
$=8-9$
$=-1$ 答

(4) $(-17)\times95+(-17)\times5$
$=(-17)\times(95+5)$
$=(-17)\times100$
$=-1700$ 答

確認問題 14

	加　法	減　法	乗　法	除　法
自然数	○	×	○	×
整　数	○	○	○	×
数	○	○	○	○

確認問題 15

火…68－2＝66（冊），水…66＋7＝73（冊），木…73－5＝68（冊）
金曜の，前日（木曜）との差は
70－68＝＋2（冊）

	月	火	水	木	金
本の数(冊)	68	66	73	68	70
前日との差(冊)		−2	+7	−5	+2

確認問題 16

7日間の基準との差の合計は，
$(-3)+(+1)+(-6)+0+(-2)+(+8)+(-5)$
$=-3+1-6+0-2+8-5$
$=9-16$
$=-7$（個）
1日あたりの基準との差は，
$(-7)\div7=-1$（個）
よって，平均は，
$30-1=29$（個） 答

正の数・負の数まとめ　定期テスト対策A

1(1) 31，37，41，43，47
(2) ①$50=2\times5^2$　②$48=2^4\times3$
③$54=2\times3^3$
④$270=2\times3^3\times5$

2(1) －300円，(2) ＋2℃

3(1) －4，－3，－2，－1，0，1，2，3，4の9個 答
(2) －4，－3，3，4

4(1) －4，－3，－1.5，0，＋2.5，＋3.8
(2) 0，－1.5，＋2.5，－3，＋3.8，－4

5(1) $-6+3-5$
$=-11+3$
$=-8$ 答

(2) $12-(-4)-(+10)-3$
$=12+4-10-3$
$=16-13$
$=3$ 答

(3) $-5+13-15+2-1$
$=-21+15$
$=-6$ 答

(4) $\left(-\frac{1}{3}\right)-\left(-\frac{1}{2}\right)$
$=-\frac{2}{6}+\frac{3}{6}$
$=\frac{1}{6}$ 答

(5) $(-1.8)-(+1.6)-(-2.4)$
$=-1.8-1.6+2.4$
$=-3.4+2.4$

$=-1$ 答

6(1) -72　(2) 4　(3) 64

(4) $-2\times2\times2\times2=-16$ 答

(5) $18\times\left(-\frac{10}{3}\right)=-60$ 答

(6) $\left(-\frac{3}{4}\right)\times(-2)\times(+3)$

$=+\left(\frac{3}{4}\times2\times3\right)$

$=\frac{9}{2}$ 答

(7) $(-2)^2\times3$

$=(+4)\times3$

$=12$ 答

(8) $(-3)^2\div\left(+\frac{3}{2}\right)\times\left(-\frac{1}{2}\right)$

$=(+9)\times\left(+\frac{2}{3}\right)\times\left(-\frac{1}{2}\right)$

$=-\left(9\times\frac{2}{3}\times\frac{1}{2}\right)$

$=-3$ 答

7(1) $(-3)\times(4-2)$

$=(-3)\times2$

$=-6$ 答

(2) $(-3)\times5-8\div(-2)$

$=(-15)-(-4)$

$=-15+4$

$=-11$ 答

(3) $9\div(-3)-(-4^2)$

$=(-3)-(-16)$

$=-3+16$

$=13$ 答

(4) $(-6)^2-20\div4$

$=(+36)-5$

$=+36-5$

$=31$ 答

8 ア…分数，イ…整数，
ウ…自然数

9(1) 加法と乗法なので，①，③ 答

(2) 加法と減法と乗法なので，
①，②，③ 答

10(1) 最も高かったのは5日，最も低かったのは2日。その差は，
$(+7)-(-4)=11$ より，
11℃ 答

(2) 基準との差の合計は，
$(-2)+(-4)+(+3)+(+1)$
$+(+7)=5$（℃）
1日あたりの差は $5\div5=1$（℃）
よって，$25+1=26$（℃） 答

正の数・負の数まとめ　定期テスト対策B

1(1) $324=2^2\times3^4$

$=(2\times3^2)^2$

$=18^2$　よって，18の2乗 答

(2) $240=2^4\times3\times5$ より，
指数をすべて偶数にするために，かける最小の自然数は $3\times5=15$ 答

(3) $147=3\times7^2$ より，約数は，1, 3, 7,
3×7，7^2，3×7^2
よって，
1，3，7，21，49，147 答

2(1) $\frac{1}{2}-\frac{1}{3}-\frac{1}{4}$

$=\frac{6}{12}-\frac{4}{12}-\frac{3}{12}$

$=-\frac{1}{12}$ 答

(2) $\left(-\frac{5}{8}\right)-\left(+\frac{3}{4}\right)-\left(-\frac{1}{2}\right)$

$=-\frac{5}{8}-\frac{6}{8}+\frac{4}{8}$

$=-\frac{7}{8}$ 答

(3) $-2+\frac{3}{4}-\left(-\frac{1}{6}\right)-\frac{7}{12}$

$=-\frac{24}{12}+\frac{9}{12}+\frac{2}{12}-\frac{7}{12}$

$=-\frac{31}{12}+\frac{11}{12}$

$=-\frac{20}{12}$

$=-\frac{5}{3}$ 答

(4) $-\frac{1}{5}+\frac{5}{6}-\frac{2}{3}+\frac{1}{2}$

$=-\frac{6}{30}+\frac{25}{30}-\frac{20}{30}+\frac{15}{30}$

$=-\frac{26}{30}+\frac{40}{30}=\frac{14}{30}$

$=\frac{7}{15}$ 答

3 斜めの数の和が$3+0+(-3)=0$より，どの列の和も0

よって，ア −7，イ −10，ウ 10，エ 7，オ −4 答

4(1) $(-4)^2\times(-3^2)$

$=(+16)\times(-9)$

$=-144$ 答

(2) $\frac{16}{81}$

(3) $+(64\div 8\times 2)$

$=16$ 答

(4) $+\left(4\times\frac{1}{6}\times 9\right)=6$ 答

(5) $-\left(\frac{9}{28}\times\frac{7}{2}\times\frac{4}{9}\right)$

$=-\frac{1}{2}$ 答

(6) $12\times\left(-\frac{4}{3}\right)\times\left(-\frac{1}{10}\right)$

$=+\left(12\times\frac{4}{3}\times\frac{1}{10}\right)$

$=\frac{8}{5}$ 答

5(1) $-36\div(-9)-(-15)$

$=4+15$

$=19$ 答

(2) $64+4\times(-9)$

$=64+(-36)$

$=28$ 答

(3) $+(36\div 3\div 4)+(-2)$

$=(+3)+(-2)$

$=1$ 答

(4) $\{(+9)+(+16)\}\div(-25)$

$=(+25)\div(-25)$

$=-1$ 答

(5) $(+4)\times\left(\frac{1}{4}-\frac{2}{4}\right)$

$=(+4)\times\left(-\frac{1}{4}\right)$

$=-1$ 答

(6) $\left(\frac{4}{6}-\frac{15}{6}\right)\times\left(-\frac{6}{5}\right)$

$=\left(-\frac{11}{6}\right)\times\left(-\frac{6}{5}\right)$

$=+\left(\frac{11}{6}\times\frac{6}{5}\right)$

$=\frac{11}{5}$ 答

(7) $\left(-\frac{7}{8}\right)+\left(+\frac{9}{4}\right)\div(-9)$

$=\left(-\frac{7}{8}\right)+\left(-\frac{1}{4}\right)$

$=-\frac{7}{8}-\frac{2}{8}$

$=-\frac{9}{8}$ 答

(8) $(+9)\times\left(-\frac{2}{3}\right)-(4-1)$

$=(-6)-(+3)$

$=-6-3$

$=-9$ 答

6(1) $73\times(59-49)$

$=73\times 10$

$=730$ 答

(2) $(-92)\times(37+63)$

$=(-92)\times 100$

$=-9200$ 答

(3)　$120\times\left(-\frac{5}{12}\right)+120\times\frac{3}{10}$

$+120\times\left(-\frac{1}{24}\right)$

$=-50+36-5$

$=-19$ 答

7(1)　C…Bより3個多いから

$+1$ 答

D…Cより5個多いから

$+6$ 答

(2)　Aの個数との差の合計は,

$(-2)+(+1)+(+6)+(+3)=8$

1人あたりの差は,

$8\div 5=1.6$(個)

よって平均71.6(個) 答

8　3回の負けの得点は,

$(-3)\times 3=-9$(点)

$+6$点との差は,

$(+6)-(-9)=+15$点

1回勝つごとに$+5$点得点するから,

$(+15)\div(+5)=3$より,

3回勝った 答

第2章 文字と式

確認問題 17

(1) a　(2) $0.1ab$

(3) $7a^2$　(4) $2x^2y^2z$

(5) $(a+b)^2$　このカッコは省けない。

確認問題 18

(1) $\frac{a}{5}$　(2) $\frac{(-3)}{a}=\frac{-3}{a}=-\frac{3}{a}$ 答

(3) $\frac{2}{xy}$　(4) 符号は正になり，$\frac{x}{y}$ 答

(5) $\frac{(x+4)}{(-3)}=\frac{x+4}{-3}=-\frac{x+4}{3}$ 答

確認問題 19

(1) $\frac{-ab}{6}=-\frac{ab}{6}$ 答

6だけが分母にくる。

(2) $\frac{ac}{2b}$

÷の直後の2とbが分母にくる。

(3) $-3x-1$

(4) $-2a+3bc$

(5) b^2-4ac

(6) $a\times3-(x+y)\div2=3a-\frac{x+y}{2}$ 答

カッコはとる。

確認問題 20

(1) $x=-2$を代入して，

$6+3\times(-2)=0$ 答

(2)① $x=3$，$y=-4$を代入して，

$3\times3+2\times(-4)=9-8=1$ 答

② $5\times3-2\times(-4)^2$

$=15-2\times16=-17$ 答

確認問題 21

(1) $6x$／$-\frac{1}{2}$と分けて，

項は$6x$と$-\frac{1}{2}$ 答　xの係数は6 答

(2) $-y$／-3と分けて，

項は$-y$と-3 答

$(-1)\times y=-y$なので，

yの係数は-1 答

(3) $-\frac{a}{2}$／$+5$と分けて，

項は$-\frac{a}{2}$と5 答

$-\frac{a}{2}=-\frac{1}{2}a$なので，

aの係数は$-\frac{1}{2}$ 答

トレーニング5

(1) $7x$　(2) $3x$　(3) a

(4) $3x$　(5) $-a-3$

(6) $-a+1$

(7) $2x+6x-3=8x-3$ 答

(8) $-x-3x+7=-4x+7$ 答

(9) $5x-4x-2=x-2$ 答

(10) $-2x-1-3x+1=-5x$ 答

(11) $2x-8-3x-1=-x-9$ 答

(12) $-x+5-2x+9=-3x+14$ 答

(13) $-5+4a-3+6a=10a-8$ 答

(14) $-5a+5+2-4a=-9a+7$ 答

(15) $9x+3+6x-2=15x+1$ 答

(16) $x-7+x+12=2x+5$ 答

(17) $\frac{1}{2}x+3+\frac{1}{2}x-1$

$=\frac{2}{2}x+2$

$=x+2$ 答

(18) $-\frac{2}{3}x-8-\frac{4}{3}x+10$

$=-\frac{6}{3}x+2$

$=-2x+2$ 答

確認問題 22

(1) $7x\times3$

$=7\times3\times x$

$=21x$ 答

(2) $-5x\times(-6)$

$=-5\times(-6)\times x$

$=30x$ 答

(3) $14x \div 7$

$=\frac{14x}{7}$

$=2x$ 答

(4) $(-12x) \div (-8)$

$=\frac{-12x}{-8}$

$=\frac{3}{2}x$ 答 $\left(\frac{3x}{2}\text{でもよい}\right)$

(5) $15x \div \left(-\frac{5}{3}\right)$

$=15x \times \left(-\frac{3}{5}\right)$

$=15 \times \left(-\frac{3}{5}\right) \times x$

$=-9x$ 答

確認問題 23

(1) $8x+12$ (2) $6x-42$

(3) $(4x+2) \times (-3)$

$=-3(4x+2)$

$=-12x-6$ 答

(4) $(10x-15) \div (-5)$

$=-2x+3$ 答

トレーニング 6

(1) $16x-6-5x-10=11x-16$ 答

(2) $8x-10+24x-6=32x-16$ 答

(3) $-3x-2+14x-16=11x-18$ 答

(4) $-3x-27-2x+5=-5x-22$ 答

(5) $3x-15-8x+12=-5x-3$ 答

(6) $12x-18-12x+16=-2$ 答

(7) $28x+14+15x-10=43x+4$ 答

(8) $-28x-12+10-8x=-36x-2$ 答

(9) $-10x+20-15x-6=-25x+14$ 答

(10) $6x+8+35x-30=41x-22$ 答

(11) $\frac{1}{2} \times 8x + \frac{1}{2} \times 6 - \frac{1}{3} \times 9x$

$-\frac{1}{3} \times (-12)$

$=4x+3-3x+4$

$=x+7$ 答

(12) $\frac{2}{3} \times 15x + \frac{2}{3} \times (-18) - 2x - 6$

$=10x-12-2x-6$

$=8x-18$ 答

(13) $\frac{12(8x+1)}{6}$

$=2(8x+1)$

$=16x+2$ 答

(14) $\frac{-16(-x+3)}{4}$

$=-4(-x+3)$

$=4x-12$ 答

確認問題 24

(1) $80 \times a + 120 \times (a+2)$

$=80a+120(a+2)$

$=80a+120a+240$

$=200a+240$ (円) 答

(2) $x \times \left(1-\frac{2}{10}\right) \times 30$

$=x \times \frac{8}{10} \times 30$

$=24x$ (円) 答

(3) 時間$=\frac{\text{道のり}}{\text{速さ}}$より，行きにかかった時間は$\frac{x}{4}$時間，帰りは$\frac{x}{3}$時間なので，往復で$\frac{x}{4}+\frac{x}{3}=\frac{3}{12}x+\frac{4}{12}x$

$=\frac{7}{12}x$ (時間) 答

確認問題 25

(1) 右の図のように，⊐の組が4セットあって，それに赤色の1本を加えればよいから，

$3 \times 4 + 1 = 13$ (本) 答

(2) 正方形がn個のときも，

$3 \times n + 1 = 3n+1$ (本) 答

確認問題 26

(1) $a\times3-1=b$より，$3a-1=b$ 答

(2) $x\times\dfrac{3}{10}=y$より，$\dfrac{3}{10}x=y$ 答

または，$0.3x=y$

(3) 単位を，cmにそろえる。

1m＝100cmなので，

amは$100a$cm

よって，$100a-3b=c$ 答

単位をmにそろえると，

$a-\dfrac{3}{100}b=\dfrac{c}{100}$ となり，これでもよい。

文字と式まとめ　定期テスト対策A

1(1) $10a$　(2) $7xy$　(3) $-ab$

(4) $2a^3$　(5) $4x+6y$

(6) a^2-3b　(7) $\dfrac{x}{6}$　(8) $\dfrac{2x}{5}$

(9) $\dfrac{x-y}{4}$　(10) $\dfrac{x}{2}-3y$

2(1) 縦×横なので，

長方形の面積 答

単位はcm^2 答

(2) 縦×2＋横×2なので，

長方形の周の長さ 答

単位はcm 答

3(1) $a\times3+b\times2=3a+2b$（円） 答

(2) $a\times\dfrac{3}{10}=\dfrac{3}{10}a$（円） 答

または，$0.3a$（円）

(3) 時間＝$\dfrac{道のり}{速さ}$なので，

$\dfrac{a}{80}$（分） 答

4(1) 1gは1000mgだから，xgは

$1000\times x=1000x$（mg） 答

(2) 1分は$\dfrac{1}{60}$時間だから，a分は

$\dfrac{a}{60}$（時間） 答

または，$\dfrac{1}{60}a$（時間） 答

5(1) $4\times(-2)+5$

$=-8+5$

$=-3$ 答

(2) $2\times(-2)^2$

$=2\times4$

$=8$ 答

(3) $1-\dfrac{-2}{2}$

$=1+1$

$=2$ 答

6(1) $2a$　(2) $-3x+2$

(3) $4x+1$

(4) $x-3+7x+3$

$=8x$ 答

(5) $3x+7-2x+9$

$=x+16$ 答

(6) $-25x-19+8x-7$

$=-17x-26$ 答

7(1) $20x$　(2) $-24x$

(3) $14\times\left(-\dfrac{2}{7}\right)\times x$

$=-4x$ 答

(4) $\left(-\dfrac{1}{5}\right)\times x\times(-5)=x$ 答

(5) $6x+2-x+4$

$=5x+6$ 答

(6) $5x+15-8x+6$

$=-3x+21$ 答

(7) $-6x+3+7x-21$

$=x-18$ 答

(8) $18\times\dfrac{2x+1}{3}$

$=6(2x+1)$

$=12x+6$ 答

8(1) ［図］の組が4セットで，

右の図の赤い色をつけた4個を加えればよい。したがって，

$8\times4+4=36$（個） 答

(2) ［図］の組がnセットで，

それに4個を加える。したがって，

$8\times n+4=8n+4$（個） 答

9(1) $a\times2+5=b$より，$2a+5=b$ 答

(2) 道のり＝速さ×時間だから，

$x\times3+y\times2=a$より，

$3x+2y=a$ 答

文字と式まとめ 定期テスト対策B

1(1) $-2a-5b$ (2) $-7x+3x^3$

(3) $(2a+5)\div3=\dfrac{2a+5}{3}$ 答

(4) $\dfrac{4x}{yz}$

2 カッコの中は$x\times2+y$だから，クッキー2個とチョコレート1個の代金の合計。

よって，**クッキー2個とチョコレート1個を買い，1000円出したときのおつり** 答

3(1) $(a+b+c)\div3$

$=\dfrac{a+b+c}{3}$（点） 答

(2) $x\times\left(1+\dfrac{2}{10}\right)$

$=\dfrac{12}{10}x$

$=\dfrac{6}{5}x$（円） 答

(3) 時間＝$\dfrac{道のり}{速さ}$だから，

$\dfrac{x}{4}+\dfrac{y}{5}$（時間） 答

4(1) $-2\times(-3)\times4$

$=24$ 答

(2) $3\times(-3)-2\times4$

$=-9-8$

$=-17$ 答

(3) $2\times(-3)^2-(-3)\times4$

$=2\times9-(-12)$

$=18+12$

$=30$ 答

5(1) $3x-4+5-6x$

$=-3x+1$ 答

(2) $\dfrac{1}{2}x+\dfrac{5}{2}x+3-1$

$=3x+2$ 答

(3) $(-12)\times\dfrac{5x-1}{3}$

$=-4(5x-1)$

$=-20x+4$ 答

(4) $x-4-12-8x$

$=-7x-16$ 答

(5) $\dfrac{1}{2}\times8x+\dfrac{1}{2}\times10-\dfrac{1}{3}\times9x-\dfrac{1}{3}\times(-6)$

$=4x+5-3x+2$

$=x+7$ 答

(6) $\dfrac{2}{3}\times15x+\dfrac{2}{3}\times(-18)-\dfrac{3}{4}\times8x-\dfrac{3}{4}\times(-48)$

$=10x-12-6x+36$

$=4x+24$ 答

6(1)

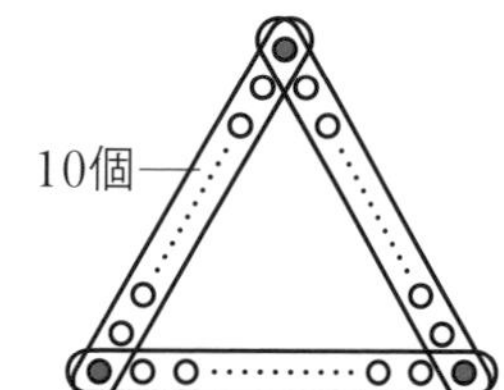

1辺に並ぶ10個の3組から，ダブっている赤色の石3個をひけばよいから，

$10\times3-3=27$（個） 答

(2) (1)と同様に考えて，1辺に並ぶn個の3組から，3個ひくから，

$n\times3-3=3n-3$（個） 答

7(1)

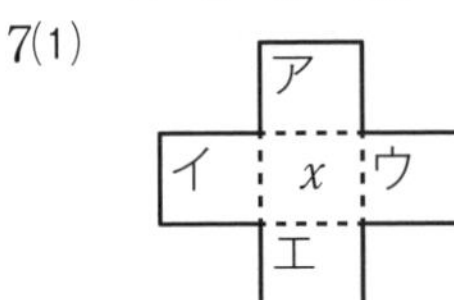

アは，xの1週間前の日付なので，$x-7$ 答

イは，xの1日前で，$x-1$ 答

ウは，xの1日後で，$x+1$ 答

エは，xの1週間後の日付なので，$x+7$ 答

(2) $(x-7)+(x-1)+x+(x+1)+(x+7)$

$=x-7+x-1+x+x+1+x+7$

$=5x$ 答

8(1) $a\times h\times\dfrac{1}{2}=S$より，$\dfrac{1}{2}ah=S$ 答

または，$\dfrac{ah}{2}=S$ 答

左辺と右辺が逆でも可。

(2) $x\times\left(1-\dfrac{1}{10}\right)\times a=b$より，

$\dfrac{9}{10}ax=b$ 答

(3) 点数の合計は，

$a\times15+b\times13=15a+13b$（点）

これを人数の合計28人でわって，

$(15a+13b)\div28=\dfrac{15a+13b}{28}$（点）

なので，

$\dfrac{15a+13b}{28}=c$ 答

(4) 道のり＝速さ×時間より，

$3\times x=5\times y-2$

よって，$3x=5y-2$ 答

第3章 方程式

確認問題 27

(1) $\boxed{x}\,\bigcirc\!\!\!\!-2=④$　左辺の -2 をなくすため，両辺に2を加える。

$x-2=4$

$x-2+2=4+2$　両辺に2を加える

$x=6$ 答

(2) $\boxed{x}+3=⑤$　左辺の $+3$ をなくすため，両辺から3をひく。

$x+3=5$

$x+3-3=5-3$　両辺から3をひく

$x=2$ 答

(3) $\boxed{3x}=-6$　項の場所はOK。x の係数3をなくすため，両辺を3でわる。

$3x=-6$

$\frac{{}^{1}\cancel{3}x}{\cancel{3}_{1}}=\frac{-\cancel{6}^{2}}{\cancel{3}_{1}}$　両辺を3でわる

$x=-2$ 答

(4) $\boxed{\frac{1}{2}x}=-3$　項の場所はOK。x の係数 $\frac{1}{2}$ をなくすため，両辺に2をかける。

$\frac{1}{2}x=-3$

$\frac{1}{2}x\times2=-3\times2$　両辺に2をかける

$x=-6$ 答

確認問題 28

(1) $3x-7=14$

$3x=14+7$

$3x=21$　3でわる

$x=7$ 答

(2) $2x-6=2$

$2x=2+6$

$2x=8$　2でわる

$x=4$ 答

(3) $5x=\boxed{-x}+24$

$5x\boxed{+x}=24$

$6x=24$　6でわる

$x=4$ 答

(4) $6x-3=5$

$6x=5+3$

$6x=8$　6でわる

$\frac{6x}{6}=\frac{8}{6}$

$x=\frac{4}{3}$ 答

確認問題 29

(1) $5x-2=\boxed{3x}+4$

$5x\boxed{-3x}=4+2$

$2x=6$　2でわる

$x=3$ 答

(2) $3x+5=\boxed{x}-3$

$3x\boxed{-x}=-3-5$

$2x=-8$　2でわる

$x=-4$ 答

(3) $x+1=\boxed{3x}-9$

$x\boxed{-3x}=-9-1$

$-2x=-10$　-2でわる

$x=5$ 答

(4) $-4x+9=3\boxed{+2x}$

$-4x\boxed{-2x}=3-9$

$-6x=-6$　-6でわる

$x=1$ 答

(5) $6+2x=\boxed{5x}-9$

$2x\boxed{-5x}=-9-6$

$-3x=-15$　-3でわる

$x=5$ 答

(6) $8x-7=\boxed{4x}-5$

$8x\boxed{-4x}=-5+7$

$4x=2$　4でわる

$\frac{4x}{4}=\frac{2}{4}$

$x=\frac{1}{2}$ 答

確認問題 30

(1) $3x-3=6$ （移項）
$3x=6+3$
$3x=9$ （÷3）
$x=3$ 答

(2) $2x+6=-x+9$ （移項）
$2x+x=9-6$
$3x=3$ （÷3）
$x=1$ 答

(3) $6x-2=3x+6+1$
$6x-3x=6+1+2$
$3x=9$
$x=3$ 答

(4) $-x-7+4=5x-10+1$
$-x-5x=-10+1+7-4$
$-6x=-6$
$x=1$ 答

トレーニング 7

(1) $x-1=5$
$x=5+1$
$x=6$ 答

(2) $x-6=3$
$x=3+6$
$x=9$ 答

(3) $-2x+6=0$
$-2x=-6$
$x=3$ 答

(4) $3x+2=14$
$3x=14-2$
$3x=12$
$x=4$ 答

(5) $4x=x+12$
$4x-x=12$
$3x=12$
$x=4$ 答

(6) $x-3=-2x$
$x+2x=3$
$3x=3$
$x=1$ 答

(7) $3x-4=-13$
$3x=-13+4$
$3x=-9$
$x=-3$ 答

(8) $3x+2=-10$
$3x=-10-2$
$3x=-12$
$x=-4$ 答

(9) $2x+15=8x-9$
$2x-8x=-9-15$
$-6x=-24$
$x=4$ 答

(10) $3x+1=x+5$
$3x-x=5-1$
$2x=4$
$x=2$ 答

(11) $5x-7=3x+7$
$5x-3x=7+7$
$2x=14$
$x=7$ 答

(12) $x+4=3x-6$
$x-3x=-6-4$
$-2x=-10$
$x=5$ 答

(13) $-2x+8=4x+2$
$-2x-4x=2-8$
$-6x=-6$
$x=1$ 答

(14) $-4x+5=12x+37$
$-4x-12x=37-5$
$-16x=32$
$x=-2$ 答

(15) $2x+6=14$
$2x=14-6$
$2x=8$
$x=4$ 答

(16) $3x+24=-9$
$3x=-9-24$
$3x=-33$

$x=-11$ 答

(17) $4-x-3=5$

$-x=5-4+3$

$-x=4$

$x=-4$ 答

(18) $2x-12=x-5$

$2x-x=-5+12$

$x=7$ 答

(19) $5x-10=-x+8$

$5x+x=8+10$

$6x=18$

$x=3$ 答

(20) $4-x+2=6+x$

$-x-x=6-4-2$

$-2x=0$

$x=0$ 答

(21) $3x+10x-14=-1$

$3x+10x=-1+14$

$13x=13$

$x=1$ 答

(22) $5x-15-x-3=0$

$5x-x=15+3$

$4x=18$

$x=\dfrac{9}{2}$ 答

(23) $3x-2=-x-6$

$3x+x=-6+2$

$4x=-4$

$x=-1$ 答

(24) $3x+3-5=4x-6$

$3x-4x=-6-3+5$

$-x=-4$

$x=4$ 答

確認問題 31

(1) 両辺を10倍して,

$5x+12=3x$

$5x-3x=-12$

$2x=-12$

$x=-6$ 答

(2) 両辺を10倍して,

$6x-20=3x+40$ （整数も10倍）

$6x-3x=40+20$

$3x=60$

$x=20$ 答

(3) 両辺を100倍して,

$-12x+46=10x-20$ （ケタに注意！）

$-12x-10x=-20-46$

$-22x=-66$

$x=3$ 答

確認問題 32

(1) 両辺に15をかけて,

$6x-45=5x$

$6x-5x=45$

$x=45$ 答

(2) 両辺に6をかけて,

$3x-6=4x+2$

$3x-4x=2+6$

$-x=8$

$x=-8$ 答

(3) 両辺に12をかけて,

$3(3x+5)=2(x-3)$

$9x+15=2x-6$

$9x-2x=-6-15$

$7x=-21$

$x=-3$ 答

(4) 両辺に10をかけて,

$5(x-2)-30=2(x-5)$

$5x-10-30=2x-10$

$5x-2x=-10+10+30$

$3x=30$

$x=10$ 答

確認問題 33

(1) $5x=60$

$x=12$ 答

(2) $4(x+4)=56$

$4x+16=56$

$4x=56-16$

$4x=40$

$x=10$ 答

(3) $5(2x-6)=4(x+6)$

$10x-30=4x+24$
$10x-4x=24+30$
$6x=54$
$x=9$ 答

確認問題 34

$x=2$を代入して，
$10-8a=4a-2$
$-8a-4a=-2-10$
$-12a=-12$
$a=1$ 答

トレーニング 8

1(1)　両辺を10倍して，
$5x-8=2$
$5x=2+8$
$5x=10$
$x=2$ 答

(2)　両辺を10倍して，
$7-5x=-3$
$-5x=-3-7$
$-5x=-10$
$x=2$ 答

(3)　両辺を10倍して，
$6x+2=5x+7$
$6x-5x=7-2$
$x=5$ 答

(4)　両辺を100倍して，
$12x-15=5x-1$
$12x-5x=-1+15$
$7x=14$
$x=2$ 答

(5)　両辺を3倍して，
$3+x=-5$
$x=-5-3$
$x=-8$ 答

(6)　両辺を10倍して，
$7x+10=-18$
$7x=-18-10$
$7x=-28$
$x=-4$ 答

(7)　両辺を6倍して，
$3x=2x-8$
$3x-2x=-8$
$x=-8$ 答

(8)　両辺を8倍して，
$4x-5=2x+4$
$4x-2x=4+5$
$2x=9$
$x=\frac{9}{2}$ 答

(9)　両辺を3倍して，
$12x-15=5x-1$
$12x-5x=-1+15$
$7x=14$
$x=2$ 答

(10)　両辺を4倍して，
$4x-(x-3)=6$　←カッコをつける
$4x-x+3=6$
$4x-x=6-3$
$3x=3$
$x=1$ 答

(11)　両辺を6倍して，
$2(2x-3)=3(x+2)$
$4x-6=3x+6$
$4x-3x=6+6$
$x=12$ 答

(12)　両辺を12倍して，
$3(3x-2)=60+2(x-5)$
$9x-6=60+2x-10$
$9x-2x=60-10+6$
$7x=56$
$x=8$ 答

2(1)　$2x=30$
$x=15$ 答

(2)　$5(x+1)=2(3x-2)$
$5x+5=6x-4$
$-x=-9$
$x=9$ 答

3　$x=-1$を代入して，
$-3-a=-2a-1$
$-a+2a=-1+3$

$a=2$ 答

確認問題 35

(1) ある数をxとする。

$x\times4+2=50$より，

$4x+2=50$

$4x=50-2$

$4x=48$

$x=12$　ある数を12とすると問題にあっている。

答 12

(2) ある数をxとする。

$x\times2+10=x\times4$より，

$2x+10=4x$

$2x-4x=-10$

$-2x=-10$

$x=5$　ある数を5とすると問題にあっている。

答 5

(3) ある数をxとする。

$(x-7)\times4=x\times2+8$より，

$4(x-7)=2x+8$

$4x-28=2x+8$

$4x-2x=8+28$

$2x=36$

$x=18$　ある数を18とすると問題にあっている。

答 18

確認問題 36

(1) 鉛筆の本数をx本とする。

$80x+150=630$

$80x=630-150$

$80x=480$

$x=6$　鉛筆を6本とすると，問題にあっている。

答 6本

(2) みかんの個数をx個とする。

合わせて15個買ったから，りんごは$(15-x)$個

よって，

$80x+150(15-x)+200=1820$

$80x+2250-150x+200=1820$

$80x-150x=1820-2250-200$

$-70x=-630$

$x=9$

みかん	りんご
x個	$15-x$個
合わせて15個	

みかんを9個とすると，りんごは6個となって問題にあっている。

よって，

みかん9個，りんご6個 答

トレーニング9

(1) ある自然数をxとする。

$(x-3)\times4=x\times2+4$より，

$4(x-3)=2x+4$

$4x-12=2x+4$

$4x-2x=4+12$

$2x=16$

$x=8$

8は自然数なので，問題にあっている。

よって，ある自然数は，8 答

(2) 鉛筆の本数をx本とする。

$1000-80x=280$

$-80x=280-1000$

$-80x=-720$

$x=9$

鉛筆を9本とすると，問題にあっている。

よって，答 9本

(3) ゼリーをx個買ったとする。プリンは$(10-x)$個買ったから，

$80x+120(10-x)=960$

$80x+1200-120x=960$

$80x-120x=960-1200$

$-40x=-240$

$x=6$

ゼリーを6個とするとプリンは4個となり，問題にあっている。

答 **ゼリー6個，プリン4個**

(4) 鉛筆の本数をx本とする。ボールペンは$(12-x)$本買った。

$60x+100(12-x)+300=1180$

$60x+1200-100x+300=1180$

$60x-100x=1180-1200-300$

$-40x=-320$

$x=8$

鉛筆を8本とすると，ボールペンは4本となり，問題にあっている。

答　鉛筆8本，ボールペン4本

(5)　今からx年前とする。

	父	子ども
現在	40歳	13歳
	$-x$ ↓	$-x$ ↓
x年前	$40-x$	$13-x$

父は$(40-x)$歳，
子どもは$(13-x)$歳であったから，

$$40-x=4(13-x)$$
$$40-x=52-4x$$
$$-x+4x=52-40$$
$$3x=12$$
$$x=4$$

4年前，父は36歳，子どもは9歳だったから，問題にあっている。

よって，**4年前**　答

(6)　弟の枚数をx枚とする。兄の枚数は$(2x-10)$枚。

その合計が200枚だから，

$$x+(2x-10)=200$$
$$x+2x=200+10$$
$$3x=210$$
$$x=70$$

弟を70枚とすると，兄は130枚となって，問題にあっている。

答　兄130枚，弟70枚

(別解)　弟の枚数をx枚とする。

合わせて200枚だから，
兄は$(200-x)$枚

よって，$200-x=2x-10$

このように解くこともできる。

(7)　母からx円もらったとする。

姉	妹
2000円	600円
$+x$ ↓	$+x$ ↓
$2000+x$	$600+x$

$$2000+x=2(600+x)$$
$$2000+x=1200+2x$$
$$x-2x=1200-2000$$
$$-x=-800$$
$$x=800$$

母から800円もらったとすると，姉は2800円，妹は1400円となり，問題にあっている。

よって，**800円**　答

(8)　4tトラックをx台とする。2tトラックは$(15-x)$台。

運べるじゃりの重さについて，

$$4x+2(15-x)=50$$
$$4x+30-2x=50$$
$$4x-2x=50-30$$
$$2x=20$$
$$x=10$$

4tトラックを10台とすると，2tトラックは5台となり，問題にあっている。

よって，**4tトラック10台，2tトラック5台**　答

確認問題 37　子どもの人数をx人とする。←数が少ない方をx

画用紙の枚数は，1人に5枚ずつ配ると25枚余るから$(5x+25)$枚，
1人に7枚ずつ配るには9枚足りないから$(7x-9)$枚。

よって，$5x+25=7x-9$

$$5x-7x=-9-25$$
$$-2x=-34$$
$$x=17\text{（人）}$$

画用紙の枚数は，$5x+25$に$x=17$を代入して，$5\times17+25=110$（枚）
問題にあっている。

画用紙110枚，子ども17人　答

確認問題 38　箱の個数をx個とする。

お菓子の個数は，1箱に8個ずつ入れると18個余るから，$(8x+18)$個

1箱に10個ずつ入れるとちょうど入

るから，$10x$（個）

よって，$8x+18=10x$

$$8x-10x=-18$$
$$-2x=-18$$
$$x=9\text{（個）}$$

お菓子の個数は，$10x$に$x=9$を代入して，90個。

問題にあっている。

答　お菓子90個，箱9個

確認問題 39　団体の人数をx人とする。

バス代は，1人1000円ずつ集めると6000円不足するから，$(1000x+6000)$円，1人1200円ずつ集めると2000円余るから，$(1200x-2000)$円。

バス代について，

$$1000x+6000=1200x-2000$$
$$1000x-1200x=-2000-6000$$
$$-200x=-8000$$
$$x=40\text{（人）}$$

バス代は

$1000\times40+6000=46000$（円）

問題にあっている。

答　団体の人数40人，バス代46000円

トレーニング10

1　子どもの人数をx人とする。

お菓子の個数は，$(8x-3)$個，$(7x+5)$個と表せる。

$$8x-3=7x+5$$
$$8x-7x=5+3$$
$$x=8\text{（人）}$$

お菓子の個数は$8\times8-3=61$（個）

問題にあっている。

答　子ども8人，お菓子61個

2　子どもの人数をx人とする。

みかんの個数は，$(3x+5)$個，$(4x-2)$個と表せる。

$$3x+5=4x-2$$
$$3x-4x=-2-5$$
$$-x=-7$$
$$x=7\text{（人）}$$

みかんの個数は$3\times7+5=26$（個）

問題にあっている。

答　子ども7人，みかん26個

3　生徒の人数をx人とする。

鉛筆の本数は，$(5x+30)$本，$(6x+4)$本と表せる。

$$5x+30=6x+4$$
$$5x-6x=4-30$$
$$-x=-26$$
$$x=26\text{（人）}$$

鉛筆の本数は$5\times26+30=160$（本）

問題にあっている。

答　生徒26人，鉛筆160本

4　子どもの人数をx人とする。

折り紙の枚数は，$(8x-16)$枚，$(6x-2)$枚と表せる。

$$8x-16=6x-2$$
$$8x-6x=-2+16$$
$$2x=14$$
$$x=7\text{（人）}$$

折り紙の枚数は$6\times7-2=40$（枚）

問題にあっている。

答　折り紙40枚，子ども7人

5　画用紙1枚の代金をx円とする。

持っていたお金は$(20x-50)$円，$(17x+10)$円と表せる。

$$20x-50=17x+10$$
$$20x-17x=10+50$$
$$3x=60$$
$$x=20\text{（円）}$$

持っていたお金は

$20\times20-50=350$（円）

問題にあっている。

答　画用紙１枚20円，持っていたお金350円

6　クラスの人数をx人とする。

花束の代金は，$(80x+200)$円，$(100x-500)$円と表せる。

$$80x+200=100x-500$$
$$80x-100x=-500-200$$
$$-20x=-700$$
$$x=35\ (人)$$

花束の代金は

$80\times35+200=3000$（円）。

問題にあっている。

答　**クラスの人数35人，花束の代金3000円**

7　クラスの人数をx人とする。

クラス会の費用は，$(300x-700)$円，$(250x+1000)$円と表せる。

$$300x-700=250x+1000$$
$$300x-250x=1000+700$$
$$50x=1700$$
$$x=34\ (人)$$

クラス会の費用は9500円。

問題にあっている。

答　**クラスの人数34人，クラス会の費用9500円**

確認問題 40　B君が出発してx分後に追いつくとする。

B君は$220x$m，A君は$100(x+12)$m進むから，

$$220x=100(x+12)$$
$$220x=100x+1200$$
$$220x-100x=1200$$
$$120x=1200$$
$$x=10\ (分)$$

B君が10分歩くとき，A君は22分歩くから，問題にあっている。

答　**10分**

確認問題 41　家を出発してx分後に出会うとする。

Aさんは$90x$m進み，Bさんは$70x$m進む。その合計が2.4kmになったときに出会うから，

$$90x+70x=2400$$
$$160x=2400$$
$$x=15\ (分)$$

問題にあっている。

答　**15分後**

確認問題 42　A，B間の道のりを$x$kmとする。

行きに$\frac{x}{6}$(時間)，帰りに$\frac{x}{4}$(時間)かかり，全部で$2\frac{1}{2}=\frac{5}{2}$(時間)かかったから，$\frac{x}{6}+\frac{x}{4}=\frac{5}{2}$

両辺を12倍して，$2x+3x=30$

$$5x=30$$
$$x=6\ (\text{km})$$

問題にあっている。

答　**6km**

トレーニング11

1　兄が家を出発してx分後に追いつくとする。

兄が進む道のりは$270x$m，弟が進む道のりは$90(x+10)$m

よって，$270x=90(x+10)$

$$270x=90x+900$$
$$270x-90x=900$$
$$180x=900$$
$$x=5\ (分)$$

問題にあっている。

答　**5分後**

2　B君が追いかけ始めてからx分後に追いつくとする。

B君が進む道のりは$260x$m，A君が進む道のりは$100(x+16)$m

よって，$260x=100(x+16)$

$$260x=100x+1600$$
$$260x-100x=1600$$
$$160x=1600$$
$$x=10\ (分)$$

B君が出発して10分後は，午前10

時26分。

進んだ道のりは，$260\times10=2600$(m)で，問題にあっている。

答　**午前10時26分，図書館から2600mの地点**

3　出発してx分後に出会うとする。

兄が進む道のりは$90x$m，弟が進む道のりは$80x$m

その和が一周の道のりと等しいとき出会うから，

$$90x+80x=5100$$
$$170x=5100$$
$$x=30\text{(分)}$$

問題にあっている。

答　**30分後**

4　A，B間の道のりを$x$kmとする。

行きにかかる時間は$\frac{x}{30}$時間，帰りは$\frac{x}{40}$時間，その和が$3\frac{1}{2}=\frac{7}{2}$時間。

よって，$\frac{x}{30}+\frac{x}{40}=\frac{7}{2}$

両辺を120倍して，

$$4x+3x=420$$
$$7x=420$$
$$x=60\text{(km)}$$

問題にあっている。

答　**60km**

5　A地からP地までの道のりを$x$kmとする。

P地からB地までは$(14-x)$km

A地からP地までに$\frac{x}{4}$時間，P地からB地までに$\frac{14-x}{6}$時間かかる。

よって，$\frac{x}{4}+\frac{14-x}{6}=3$

両辺を12倍して，

$$3x+2(14-x)=36$$
$$3x+28-2x=36$$
$$3x-2x=36-28$$
$$x=8\text{(km)}$$

問題にあっている。

答　**8km**

6　家から学校までの道のりをxmとする。

分速100mで行くと$\frac{x}{100}$分かかり，分速60mで行くと$\frac{x}{60}$分かかる。

よって，$\frac{x}{100}=\frac{x}{60}-5$

両辺を300倍して，$3x=5x-1500$

$$3x-5x=-1500$$
$$-2x=-1500$$
$$x=750\text{(m)}$$

問題にあっている。

答　**750m**

確認問題 43　妹の枚数をx枚とする。姉の枚数は$(280-x)$枚

姉		妹
$(280-x)$枚	：	x枚
4	：	3

$$(280-x):x=4:3$$
$$4x=3(280-x)$$
$$4x=840-3x$$
$$4x+3x=840$$
$$7x=840$$
$$x=120\text{(枚)}$$

問題にあっている。　答　**120枚**

確認問題 44　砂糖の重さをxgとする。

小麦粉		砂糖
200g	：	80g
120g	：	xg

$$200:80=120:x$$
（÷40）
$$5:2=120:x$$
$$5x=240$$
$$x=48\text{(g)}$$

問題にあっている。　答　**48g**

確認問題 45　母にもらった小づかいをx円とする。兄は$(2000+x)$円，弟

は$(1000+x)$円となり，その比が$7:5$だから，

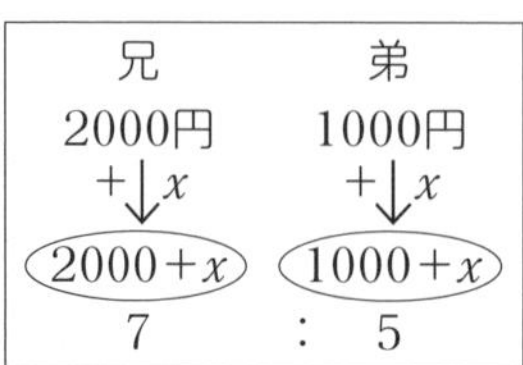

$$(2000+x):(1000:x)=7:5$$
$$5(2000+x)=7(1000+x)$$
$$10000+5x=7000+7x$$
$$5x-7x=7000-10000$$
$$-2x=-3000$$
$$x=1500\text{(円)}$$

1500円の小づかいをもらうと，兄は3500円，弟は2500円となって，問題にあっている。 答 **1500円**

トレーニング12

1　横の長さを$x$cmとする。縦と横の長さの比について，

$$21:x=3:5$$
$$3x=105$$
$$x=35\text{(cm)}$$

問題にあっている。 答 **35cm**

2　大人の入館料をx円とする。大人と子どもの入館料について，

$$x:650=8:5$$
$$5x=5200$$
$$x=1040\text{(円)}$$

問題にあっている。 答 **1040円**

3　男子の人数をx人とすると，女子の人数は$(450-x)$人。

その比が$8:7$より，

$$x:(450-x)=8:7$$
$$7x=8(450-x)$$
$$7x=3600-8x$$
$$7x+8x=3600$$
$$15x=3600$$
$$x=240\text{(人)}$$

男子を240人とすると，女子は210人となり，問題にあっている。

答 **240人**

4　大きい方の土地の面積を$x\text{m}^2$とする。小さい方は$(63-x)\text{m}^2$。

その比が$4:3$より，

$$x:(63-x)=4:3$$
$$3x=4(63-x)$$
$$3x=252-4x$$
$$3x+4x=252$$
$$7x=252$$
$$x=36\text{(m}^2\text{)}$$

大きい方の土地を36m^2とすると，小さい方は27m^2となって，問題にあっている。 答 **36m^2**

5　サラダ油の重さをxgとする。

サラダ油と酢の比について，

$$60:18=x:12$$
$$\div 6$$
$$10:3=x:12$$
$$3x=120$$
$$x=40\text{(g)}$$

問題にあっている。

答 **40g**

6　Bから Aにx個移すとする。

Aの箱には$(60+x)$個，

Bの箱には$(60-x)$個のみかんがある。

A		B
60個	← x個	60個
⇓		⇓
$60+x$		$60-x$
5	:	3

$$(60+x):(60-x)=5:3$$
$$3(60+x)=5(60-x)$$
$$180+3x=300-5x$$
$$3x+5x=300-180$$
$$8x=120$$
$$x=15\text{(個)}$$

BからAに15個移すと，Aには75個，

Bには45個となり，問題にあっている。 答 15個

方程式まとめ　定期テスト対策A

1(1) $4x+2x=60$
$6x=60$
$x=10$ 答

(2) $3x=11+7$
$3x=18$
$x=6$ 答

(3) $6x-8x=-6-8$
$-2x=-14$
$x=7$ 答

(4) $-5x+12x=52-10$
$7x=42$
$x=6$ 答

(5) $2x-6=5x-7$
$2x-5x=-7+6$
$-3x=-1$
$x=\frac{1}{3}$ 答

(6) $7+5x-5=10$
$5x=10-7+5$
$5x=8$
$x=\frac{8}{5}$ 答

(7) $8x-4=3x+21$
$8x-3x=21+4$
$5x=25$
$x=5$ 答

(8) $-2x-3-x=6x+6$
$-2x-x-6x=6+3$
$-9x=9$
$x=-1$ 答

2(1) $5x=24-3x$
$5x+3x=24$
$8x=24$
$x=3$ 答

(2) $9x-13=6x+2$
$9x-6x=2+13$
$3x=15$
$x=5$ 答

(3) $7+13x=-32$
$13x=-32-7$
$13x=-39$
$x=-3$ 答

(4) $22x-50=30x-18$
$22x-30x=-18+50$
$-8x=32$
$x=-4$ 答

3(1) 両辺を4倍して，
$2x+4=x-2$
$2x-x=-2-4$
$x=-6$ 答

(2) 両辺を6倍して，
$x+2x=-3$
$3x=-3$
$x=-1$ 答

(3) 両辺を10倍して，
$3x-10=8x+15$
$3x-8x=15+10$
$-5x=25$
$x=-5$ 答

(4) 両辺を12倍して，
$4(4x+2)=3(x-6)$
$16x+8=3x-18$
$16x-3x=-18-8$
$13x=-26$
$x=-2$ 答

4(1) $4x=36$
$x=9$ 答

(2) $2(x-1)=20$
$2x-2=20$
$2x=22$
$x=11$ 答

5(1) $x=1$を代入
$2-a=4-5$
$-a=4-5-2$
$-a=-3$

$a=3$ 答

(2) $x=-3$を代入

$-3a+6=-15+9$

$-3a=-15+9-6$

$-3a=-12$

$a=4$ 答

6(1) ある数をxとする。

$5x-18=2x$

$5x-2x=18$

$3x=18$

$x=6$

問題にあっている。 答 6

(2) ノート1冊x円とする。

$6x+50=770$

$6x=770-50$

$6x=720$

$x=120$(円)

問題にあっている。 答 120円

(3) りんごをx個とする。

みかんは$(20-x)$個。

$150x+60(20-x)+250=2530$

$150x+1200-60x+250=2530$

$150x-60x=2530-1200-250$

$90x=1080$

$x=12$(個)

りんごを12個とするとみかんは8個で，問題にあっている。

答 りんご12個，みかん8個

(4) 子どもの人数をx人とすると，鉛筆は$(5x+8)$本，$(7x-6)$本と表せる。

$5x+8=7x-6$

$5x-7x=-6-8$

$-2x=-14$

$x=7$(人)

鉛筆は$5\times7+8=43$(本)

問題にあっている。

答 子ども7人，鉛筆43本

7(1) 兄が出発してx分後に追いつくとする。

$200x=80(x+15)$

$200x=80x+1200$

$200x-80x=1200$

$120x=1200$

$x=10$(分)

兄が出発して10分後に追いつくとすると，問題にあっている。

答 10分後

(2) A市からB市までの道のりを$x$kmとする。

$\dfrac{x}{60}+\dfrac{x}{45}=7$

180倍して，$3x+4x=1260$

$7x=1260$

$x=180$(km)

問題にあっている。

答 180km

方程式まとめ　定期テスト対策B

1(1) $6x-2-5=4x+28+9$

$6x-4x=28+9+2+5$

$2x=44$

$x=22$ 答

(2) $4x+6=10x+30$

$4x-10x=30-6$

$-6x=24$

$x=-4$ 答

(3) 両辺を15倍して，

$6x+15=4x-5$

$6x-4x=-5-15$

$2x=-20$

$x=-10$ 答

(4) 両辺を6倍して，

$2(2x+1)-3x=6$

$4x+2-3x=6$

$4x-3x=6-2$

$x=4$ 答

(5) カッコをはずして，

$0.15x+0.06=0.08x-0.22$

両辺を100倍して，

$15x+6=8x-22$
$15x-8x=-22-6$
$7x=-28$
$x=-4$ 答

2(1) $2(x+2)=3(x-2)$
$2x+4=3x-6$
$2x-3x=-6-4$
$-x=-10$
$x=10$ 答

(2) $4(x-4)=3(x-1)$
$4x-16=3x-3$
$4x-3x=-3+16$
$x=13$ 答

3 $3x+5=-4$を解く。
$3x=-4-5$
$3x=-9$
$x=-3$
$ax-7=11$に$x=-3$を代入
$-3a-7=11$
$-3a=18$
$a=-6$ 答

4(1) 子どもの人数をx人とする。
$5x-12=4x-2$
$5x-4x=-2+12$
$x=10$(人)
みかんは$5\times10-12=38$(個)
子ども10人，みかん38個は，問題にあっている
答 みかん38個，子ども10人

(2) クラス会の人数をx人とする。
費用について，
$500x-1300=450x+400$
$500x-450x=400+1300$
$50x=1700$
$x=34$(人)
クラス会の費用は，
$500\times34-1300=15700$(円)
問題にあっている。
答 クラス会の人数34人，
費用15700円

(3) 一番小さい数をxとする。
x，$x+1$，$x+2$
$3(x+2)=2(x+x+1)-3$
$3x+6=2x+2x+2-3$
$-x=-7$
$x=7$
一番小さい数を7とすると，3つの数は7，8，9となり，問題にあっている。 答 7，8，9

(4) 兄が弟にx円あげたとする。

兄 弟
2300円 → x円 → 700円
⇓ ⇓
$2300-x$ $700+x$

$2300-x=2(700+x)$
$2300-x=1400+2x$
$-x-2x=1400-2300$
$-3x=-900$
$x=300$(円)
兄が弟に300円あげるとすると，兄は2000円，弟は1000円となり，問題にあっている。 答 300円

5(1) A町から峠までの道のりを$x$kmとする。峠からB町までは$(11-x)$km。

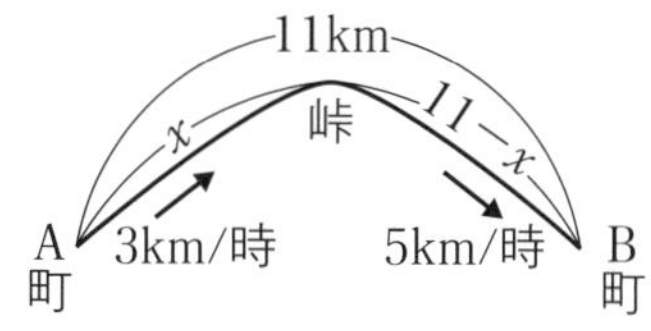

$$\frac{x}{3}+\frac{11-x}{5}=3$$
$5x+3(11-x)=45$
$5x+33-3x=45$
$5x-3x=45-33$
$2x=12$
$x=6$(km)
A町～峠を6kmとすると，峠～B町は5kmとなり，問題にあって

いる。答 6km

(2) A地からB地までを$x$kmとする。

時速4kmで行く方が時速3kmで行くよりも20分$=\frac{1}{3}$時間短い。

よって，$\frac{x}{4}=\frac{x}{3}-\frac{1}{3}$

両辺を12倍して，$3x=4x-4$

$$3x-4x=-4$$
$$-x=-4$$
$$x=4\,(\mathrm{km})$$

問題にあっている。答 4km

6(1) バターの重さをxgとする。

バター		小麦粉
40g	：	100g
xg	：	60g

$$40:100=x:60$$

÷20

$$2:5=x:60$$
$$5x=120$$
$$x=24\,(\mathrm{g})$$

問題にあっている。

答 24g

(2) ボールペン1本の値段をx円とする。

A君		B君
1200円		800円
$-4x$ ↓		$-2x$ ↓
$1200-4x$		$800-2x$
6	：	5

$$(1200-4x):(800-2x)=6:5$$
$$5(1200-4x)=6(800-2x)$$
$$6000-20x=4800-12x$$
$$-20x+12x=4800-6000$$
$$-8x=-1200$$
$$x=150\,(円)$$

ボールペン1本150円とすると，A君は600円，B君は500円となり，問題にあっている。答 150円

第4章 比例と反比例

確認問題 46

(1)

x	-3	-2	-1	0	1	2	3
y	9	6	3	0	-3	-6	-9

(2) $x=-8$を代入して，
$y=-3\times(-8)=24$ 答

確認問題 47

(1) 比例定数をaとして，$y=ax$とおく。
$x=6$，$y=-2$を代入。
$-2=6a$ ⤵ 入れかえ
$6a=-2$
$a=-\dfrac{1}{3}$
よって，$y=-\dfrac{1}{3}x$ 答

(2) $y=-\dfrac{1}{3}x$に$x=-18$を代入。
$y=-\dfrac{1}{3}\times(-18)=6$ 答

(3) $y=-\dfrac{1}{3}x$に$y=4$を代入。
$4=-\dfrac{1}{3}x$ ⤵ 3倍にして
$12=-x$
$-x=12$
$x=-12$ 答

トレーニング13

1(1) $y=-2x$ 答

(2) $y=ax$とおき，代入。
$12=3a$
$3a=12$
$a=4$ 答 $y=4x$

(3) $y=ax$とおき，代入。
$-9=-6a$
$-6a=-9$
$a=\dfrac{3}{2}$ 答 $y=\dfrac{3}{2}x$

(4) $y=ax$とおき，代入。
$\dfrac{5}{2}=\dfrac{1}{2}a$
$5=a$
$a=5$ 答 $y=5x$

2 $y=ax$とおき，代入。
$-6=8a$
$8a=-6$
$a=-\dfrac{3}{4}$
よって，式は$y=-\dfrac{3}{4}x$

(1) $y=-\dfrac{3}{4}x$に$x=-20$を代入。
$y=-\dfrac{3}{4}\times(-20)=15$ 答

(2) $y=-\dfrac{3}{4}x$に$y=9$を代入。
$9=-\dfrac{3}{4}x$
$36=-3x$
$x=-12$ 答

3(1) $y=ax$とおき，代入。
$-\dfrac{27}{2}=-\dfrac{3}{4}a$ ⤵ ×4
$-54=-3a$
$-3a=-54$
$a=18$ 答 $y=18x$

(2) $y=18x$に$y=-36$を代入。
$-36=18x$
$18x=-36$
$x=-2$ 答

4 $y=ax$とおき，$x=6$，$y=63$を代入。
$63=6a$
$6a=63$
$a=\dfrac{21}{2}$ よって，$y=\dfrac{21}{2}x$ 答
$y=\dfrac{21}{2}x$に$y=210$を代入。

$210=\dfrac{21}{2}x$

$420=21x$

$21x=420$

$x=20$　答　20L

確認問題 48

(1)　A (−3, 5), B (2, 1), C (5, −4), D (−3, −4), E (0, 3), F (−6, 0)

(2)　右の図のとおり。

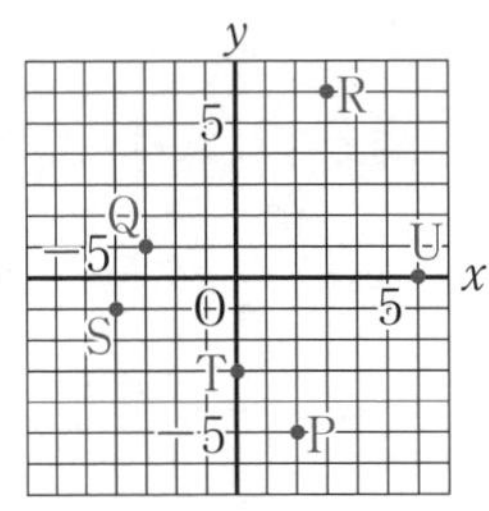

確認問題 49

(1)　$x=1$のときき$y=1$より，点(1, 1)と原点を結ぶ。

(2)　$x=5$を代入すると$y=2$となるから，点(5, 2)と原点を結ぶ。

(3)　$x=2$を代入すると$y=-3$となるから，点(2, −3)と原点を結ぶ。

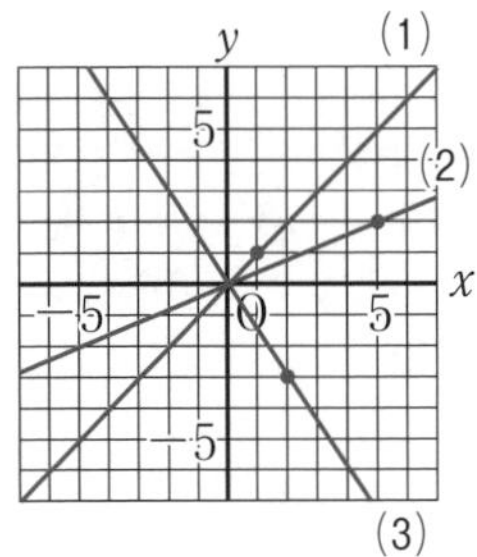

確認問題 50

(1)　点(4, 3)を通る。

$y=ax$とおき，$x=4$，$y=3$を代入。

$3=4a$

$4a=3$より，$a=\dfrac{3}{4}$　答　$y=\dfrac{3}{4}x$

(2)　点(3, −1)を通る。

$y=ax$とおき，代入。

$-1=3a$

$3a=-1$より，

$a=-\dfrac{1}{3}$　答　$y=-\dfrac{1}{3}x$

(3)　点(1, 2)を通る。

$y=ax$とおき，代入。

$2=a$

$a=2$　答　$y=2x$

(4)　点(1, −1)を通る。

$y=ax$とおき，代入。

$-1=a$

$a=-1$　答　$y=-x$

確認問題 51

(1)　$y=\dfrac{a}{x}$とおき，$x=2$，$y=9$を代入。

$9=\dfrac{a}{2}$

$18=a$　よって，$y=\dfrac{18}{x}$　答

(2)　$x=-6$を代入。

$y=\dfrac{18}{-6}=-3$　答

(3)　$y=3$を代入。$3=\dfrac{18}{x}$

xをかけて$3x=18$より，$x=6$　答

確認問題 52

(1)　$xy=a$に代入して，

$8\times\left(-\dfrac{15}{4}\right)=a$より，$a=-30$

答　$y=-\dfrac{30}{x}$

(2)　$y=-\dfrac{30}{x}$に$x=-5$を代入して，

$y=-\dfrac{30}{-5}=6$　答

(3)　$y=-\dfrac{30}{x}$に$y=10$を代入して，

$$10=-\frac{30}{x}$$ 両辺にxをかける
$$10x=-30$$
$$x=-3$$ 答

トレーニング14

1(1) $y=\frac{10}{x}$

(2) $y=-\frac{8}{x}$

(3) $y=\frac{a}{x}$とおき，代入。

$$6=\frac{a}{4}$$
$$24=a$$
$$a=24$$ 答 $y=\frac{24}{x}$

(4) $y=\frac{a}{x}$とおき，代入。

$$-5=\frac{a}{8}$$
$$-40=a$$
$$a=-40$$ 答 $y=-\frac{40}{x}$

(5) $y=\frac{a}{x}$とおき，代入。

$$9=\frac{a}{-3}$$
$$-27=a$$
$$a=-27$$ 答 $y=-\frac{27}{x}$

(6) $y=\frac{a}{x}$とおき，代入。

$$-4=\frac{a}{-12}$$
$$48=a$$
$$a=48$$ 答 $y=\frac{48}{x}$

2 $y=\frac{a}{x}$とおき，$x=-8$，$y=3$を代入する。

$3=\frac{a}{-8}$より$a=-24$

よって，式は$y=-\frac{24}{x}$

(1) $x=2$を代入。

$$y=-\frac{24}{2}=-12$$ 答

(2) $y=-6$を代入。

$$-6=-\frac{24}{x}$$
$-6x=-24$より，$x=4$ 答

3(1) $xy=a$に代入。$-\frac{9}{2}\times16=a$より，

$a=-72$ 答 $y=-\frac{72}{x}$

(2) $y=-\frac{72}{x}$に代入。

$$y=-\frac{72}{-24}=3$$ 答

(3) $y=-\frac{72}{x}$に代入。

$$36=-\frac{72}{x}$$ 両辺にxをかける
$$36x=-72$$
$$x=-2$$ 答

4(1) $y=\frac{24}{x}$

(2) $y=\frac{24}{x}$に$y=\frac{8}{3}$を代入。

$$\frac{8}{3}=\frac{24}{x}$$ 両辺に$3x$をかける
$$\frac{8}{3}\times3x=\frac{24}{x}\times3x$$
$$8x=72$$
$$x=9$$ 答 **毎分9L**

確認問題53

(1)

x	−9	−6	−3	−2	2	3	6	9
y	−2	−3	−6	−9	9	6	3	2

18や－18は，目盛りがないので省いた。

(2)

x	-6	-3	-2	-1	1	2	3	6
y	1	2	3	6	-6	-3	-2	-1

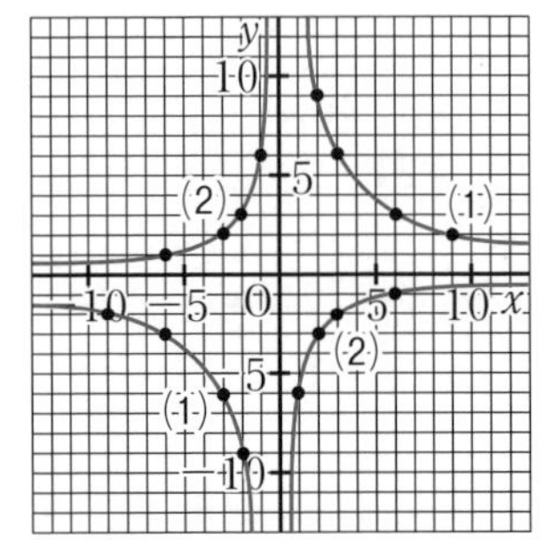

確認問題 54

①$y=\dfrac{a}{x}$とおく。点$(4, 2)$を通っている。

$x=4$，$y=2$を代入

$2=\dfrac{a}{4}$より，$a=8$　　答　$y=\dfrac{8}{x}$

②$y=\dfrac{a}{x}$とおく。点$(6,\ -4)$を通る。

$x=6$，$y=-4$を代入。

$-4=\dfrac{a}{6}$より，$a=-24$

答　$y=-\dfrac{24}{x}$

確認問題 55

yは時間なので，時間$=\dfrac{道のり}{速さ}$の公式にあてはめる。

(1)　$y=\dfrac{120}{x}$　　(2)　**反比例する**

(3)　時速45kmは速さなので，$x=45$を代入。

$y=\dfrac{120}{45}=\dfrac{8}{3}$(時間)

$\dfrac{8}{3}$時間$=2\dfrac{2}{3}$時間$=2\dfrac{40}{60}$時間

よって，2時間40分　答

確認問題 56

(1)　$1000\div200=5$（円）より，1gあたり5円　答

(2)　1gあたり5円のお茶xgでy円だから，$y=5x$　答

(3)　**比例する**

(4)　1800円は代金なので，$y=1800$を代入。

$1800=5x$

$5x=1800$

$x=360$　　答　360g

確認問題 57

㋐は比例，㋑は反比例，

㋒は$y=\dfrac{1}{3}x$と同じなので，比例。

$y=\dfrac{3}{x}$とまぎらわしいので，注意。

㋓は，＋1があるので，どちらでもない。

㋔は，両辺をxでわると$y=-\dfrac{6}{x}$となるので，反比例。

㋕は$-3x$を移項すると$y=3x$となるので，比例。

以上より，**比例**…㋐，㋒，㋕

反比例…㋑，㋔　答

比例と反比例まとめ　定期テスト対策 

1　xの値を決めたとき，それにともなってyの値がただ1つに決まるかどうかで判定する。

①決まる，②決まらない，③決まる，

④周の長さが決まっても，縦と横の組み合わせによって面積はいろいろ変わる。つまり，決まらない。

⑤決まる。

よって，①，③，⑤　答

2(1)　$y=ax$とおき，代入

$8=4a$

$a=2$ 答 $y=2x$

(2) $y=ax$とおき，代入。

$-4=6a$

$6a=-4$

$a=-\frac{2}{3}$ 答 $y=-\frac{2}{3}x$

3(1) $y=ax$とおき，代入。

$12=-18a$

$-18a=12$

$a=-\frac{2}{3}$ 答 $y=-\frac{2}{3}x$

(2) $y=-\frac{2}{3}x$に$y=-2$を代入すると，

$-2=-\frac{2}{3}x$

3倍

$-6=-2x$

$-2x=-6$

$x=3$ 答

4(1) $y=\frac{a}{x}$とおき，代入。

$2=\frac{a}{5}$

$10=a$

$a=10$ 答 $y=\frac{10}{x}$

(2) $y=\frac{a}{x}$とおき，代入。

$3=\frac{a}{-8}$ -8をかける

$-24=a$

$a=-24$ 答 $y=-\frac{24}{x}$

5(1) $y=\frac{a}{x}$とおき，代入。

$-9=\frac{a}{-6}$ -6をかける

$54=a$

$a=54$ 答 $y=\frac{54}{x}$

(2) $y=\frac{54}{x}$に$x=3$を代入。

$y=\frac{54}{3}=18$ 答

(3) $y=\frac{54}{x}$に$y=-27$を代入。

$-27=\frac{54}{x}$ xをかける

$-27x=54$

$x=-2$ 答

6 A$(-2, 5)$，B$(4, 3)$，C$(2, -4)$，D$(-4, -2)$，E$(2, 0)$，F$(0, -3)$

7 ①$y=ax$とおく。

点(1，2)を通っている。

$2=a$

$a=2$ 答 $y=2x$

②$y=ax$とおく。

点(3，2)を通っている。

$2=3a$

$3a=2$

$a=\frac{2}{3}$ 答 $y=\frac{2}{3}x$

③$y=ax$とおく。

点(3，-4)を通っている。

$-4=3a$

$3a=-4$

$a=-\frac{4}{3}$ 答 $y=-\frac{4}{3}x$

④$y=\frac{a}{x}$とおく。

点(8，2)を通っている。

$2=\frac{a}{8}$

$16=a$

$a=16$ 答 $y=\frac{16}{x}$

⑤$y=\frac{a}{x}$とおく。点(3，-3)を通っている。

$-3=\dfrac{a}{3}$

$-9=a$

$a=-9$　答　$y=-\dfrac{9}{x}$

8(1)　比例定数が負の比例だから，
②　答

(2)　反比例だから，③，④　答

(3)　$x=3$，$y=2$を代入して成り立つものを選び，①，④　答

9(1)　$300\div25=12$より，1Lで12km走る。よって，$y=12x$　答

(2)　$y=12x$に$y=156$を代入。

$156=12x$

$12x=156$

$x=13$　答　13L

比例と反比例まとめ　定期テスト対策B

1(1)　$y=ax$とおき，代入。

$-6=4a$

$4a=-6$

$a=-\dfrac{3}{2}$　答　$y=-\dfrac{3}{2}x$

(2)　$y=-\dfrac{3}{2}x$に$x=-\dfrac{8}{3}$を代入。

$y=-\dfrac{3}{2}\times\left(-\dfrac{8}{3}\right)=4$　答

2(1)　$y=\dfrac{a}{x}$とおく。$xy=a$に$x=-\dfrac{5}{4}$，$y=-\dfrac{12}{5}$を代入。

$-\dfrac{5}{4}\times\left(-\dfrac{12}{5}\right)=a$

$3=a$

$a=3$　答　$y=\dfrac{3}{x}$

(2)　$y=\dfrac{3}{x}$より，$xy=3$。これに$x=\dfrac{3}{5}$を代入。

$\dfrac{3}{5}y=3$

$3y=15$

$y=5$　答

3(1)　$y=1000-80x$，どちらでもない

(2)　$y=40x$，比例

(3)　$x\times y\times\dfrac{1}{2}=10$より，$xy=20$　（xでわる）

$y=\dfrac{20}{x}$

答　$y=\dfrac{20}{x}$，反比例

4(1)　この本は$9\times30=270$（ページ）ある。

$y=270\div x$より，$y=\dfrac{270}{x}$　答

(2)　$y=\dfrac{270}{x}$に$y=18$を代入

$18=\dfrac{270}{x}$

$18x=270$

$x=15$　答　15ページ

5(1)　①$y=ax$とおく。

点(4，2)を通るから，

$2=4a$

$4a=2$

$a=\dfrac{1}{2}$　答　$y=\dfrac{1}{2}x$

②$y=\dfrac{a}{x}$とおく。

$2=\dfrac{a}{4}$

$8=a$

$a=8$　答　$y=\dfrac{8}{x}$

(2)　$x=1$，2，4，8，-1，-2，-4，-8のとき，yの値も整数となる。
よって，8個　答

6(1)　0秒後から6秒後までだから，
$0\leqq x\leqq6$　答

(2)　BP＝$x$cm，AB＝8cmなので，

$y=x\times 8\times\frac{1}{2}$より，$y=4x$　答

(3)　$x=6$のとき$y=24$より，点(6, 24)と原点を通る直線の，$0\leqq x\leqq 6$の範囲だから，次の図のとおり。

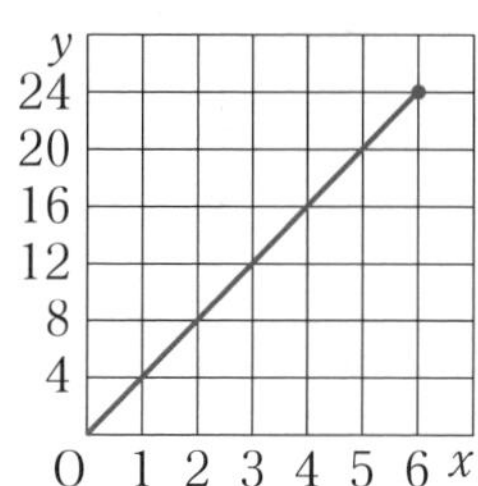

(4)　$y=4x$に$y=10$を代入

$10=4x$

$4x=10$

$x=\frac{5}{2}$　　答　$\frac{5}{2}$**秒後**

7(1)　**兄**　$y=100x$,

弟　$y=60x$

(2)　兄　$y=100x$に$y=600$を代入

$600=100x$

$x=6$　　(6, 600)を通る。

弟　$y=60x$に$y=600$を代入

$600=60x$

$60x=600$

$x=10$　　(10, 600)を通る。

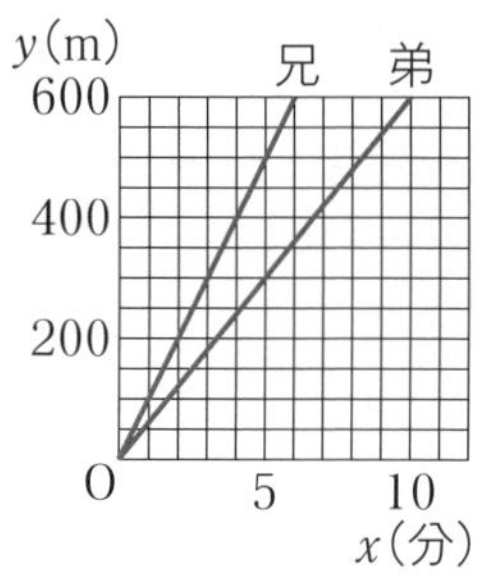

(3)　兄は出発して6分後に，弟は出発して10分後に学校に着くから，**4分遅く着いた**　答

第5章 平面図形

確認問題 58

(1)　cとdが平行だから，$c /\!/ d$　答

(2)　aとbが垂直だから，$a \perp b$　答

確認問題 59

360°が，1回折ると$\frac{1}{2}$倍，もう1回折るとその$\frac{1}{2}$倍となる。3回折ったから，$x=360° \times \frac{1}{2} \times \frac{1}{2} \times \frac{1}{2}=360° \times \frac{1}{8}$

$=45°$　答

確認問題 60

(1)　AがA′，CがC′に移動し，
△A′BC′へ移動する。

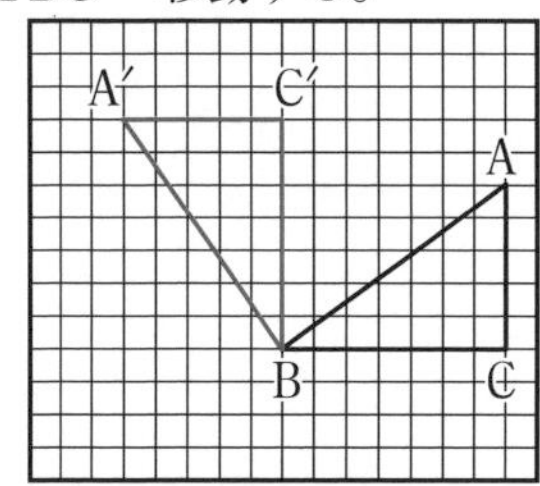

(2)　①点AがEに移るから，△EBCと重なる　答　㋑

②点AがB，点BがD，点CがEに移るから，△BDEと重なる。
答　㋐

③点AがE，点BがFに移るから，△EFCと重なる。　答　㋒

確認問題 61

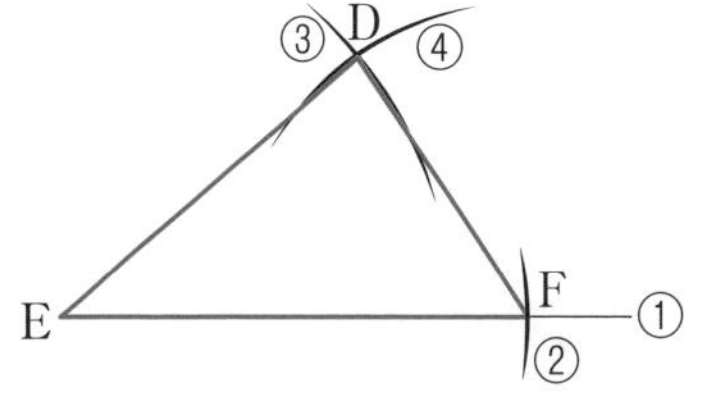

点Eをとり，Eから半直線をひく(①)。

BCの長さをとり，Eから円をかく(②)。①との交点をFとする。

ABの長さをとり，Eから円をかき(③)，ACの長さをとり，Fから円をかく(④)。③，④の交点をDとする。D，E，Fを結ぶ。

確認問題 62

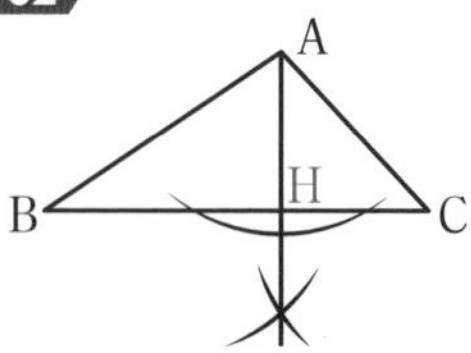

底辺と高さは垂直になるので，点Aから辺BCに垂線を下ろす。

その垂線と辺BCとの交点をHとする。

確認問題 63

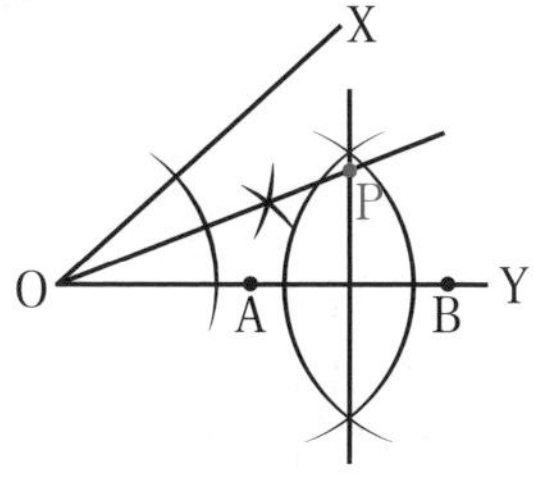

2点A，Bから等しい距離
→線分ABの垂直二等分線
2辺OX，OYから等しい距離
→∠XOYの二等分線
この2つの直線の交点がPとなる。

確認問題 64

(1)　円の面積　πr^2に$r=8$を代入。
$\pi \times 8^2=64\pi\ (\mathrm{cm}^2)$　答
円周の長さ　$2\pi r$に$r=8$を代入。
$2\pi \times 8=16\pi\ (\mathrm{cm})$　答

(2)　円の面積
$\pi \times \left(\frac{5}{2}\right)^2=\frac{25}{4}\pi\ (\mathrm{cm}^2)$　答
円周の長さ
$2\pi \times \frac{5}{2}=5\pi\ (\mathrm{cm})$　答

確認問題 65

(1)　面積$(\pi \times 12^2) \times \frac{60}{360}$

$= 144\pi \times \frac{1}{6}$

$= 24\pi\ (\mathrm{cm}^2)$　答

弧の長さ$(2\pi \times 12) \times \frac{60}{360}$

$= 24\pi \times \frac{1}{6}$

$= 4\pi\ (\mathrm{cm})$　答

(2)　面積$(\pi \times 6^2) \times \frac{150}{360}$

$= 36\pi \times \frac{5}{12}$

$= 15\pi\ (\mathrm{cm}^2)$　答

弧の長さ$(2\pi \times 6) \times \frac{150}{360}$

$= 12\pi \times \frac{5}{12}$

$= 5\pi\ (\mathrm{cm})$　答

確認問題 66

中心角を$x°$とする。

$$(2\pi \times 3) \times \frac{x}{360} = 2\pi \quad) \div \pi$$

$$6 \times \frac{x}{360} = 2 \quad) \times 360$$

$$6x = 720$$

$$x = 120$$

答　120°

確認問題 67

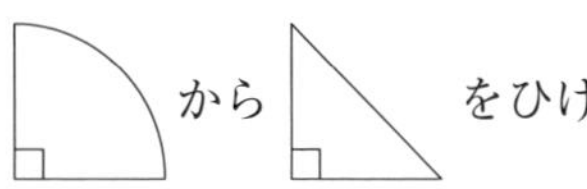

から　をひけば求められる。

$(\pi \times 4^2) \times \frac{90}{360} - 4 \times 4 \times \frac{1}{2}$

$= 16\pi \times \frac{1}{4} - 8$

$= 4\pi - 8\ (\mathrm{cm}^2)$　答

平面図形まとめ　定期テスト対策 A

1

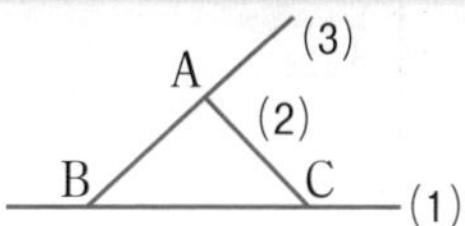

2

A　C　A′　C′　B　P　B′　Q

3

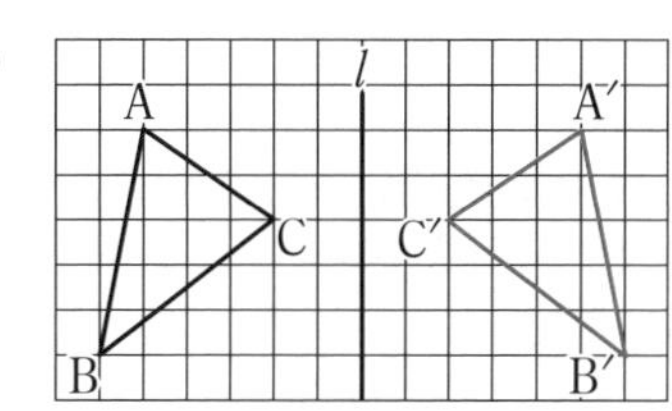

4

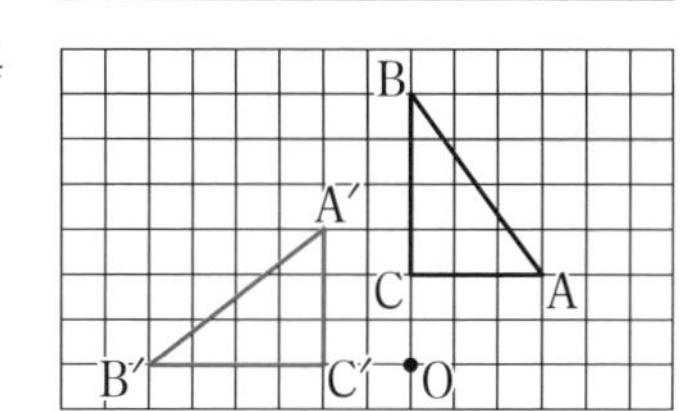

5 (1)

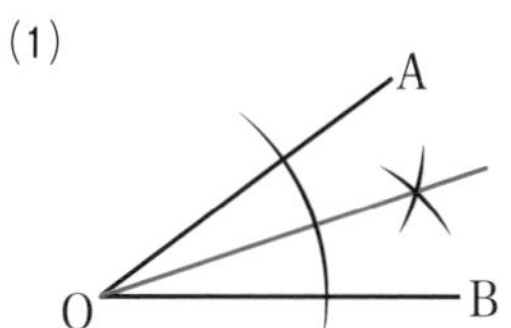

(2)

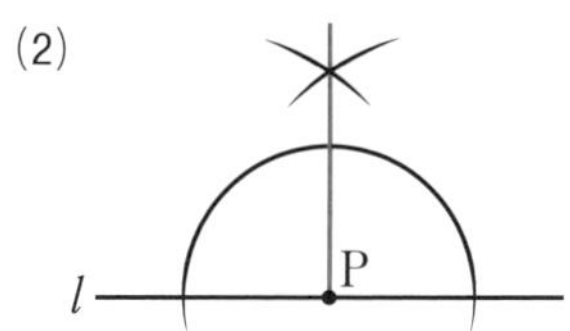

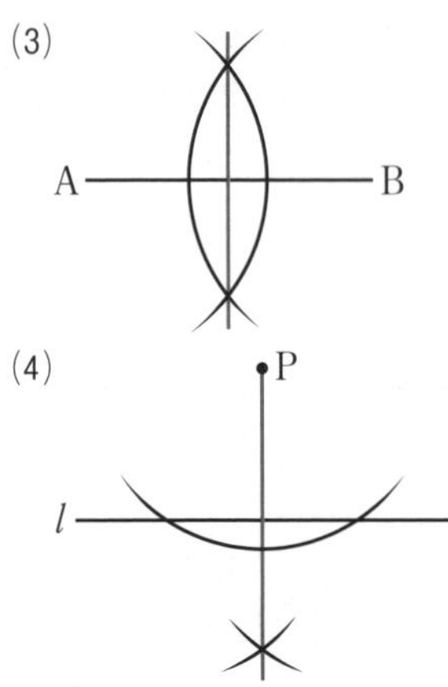

6　辺BCの中点をPとすれば，△ABPと△ACPは底辺が等しく，高さも等しいので，面積が等しくなる。

辺BCの垂直二等分線をかいて，点Pを作図する。

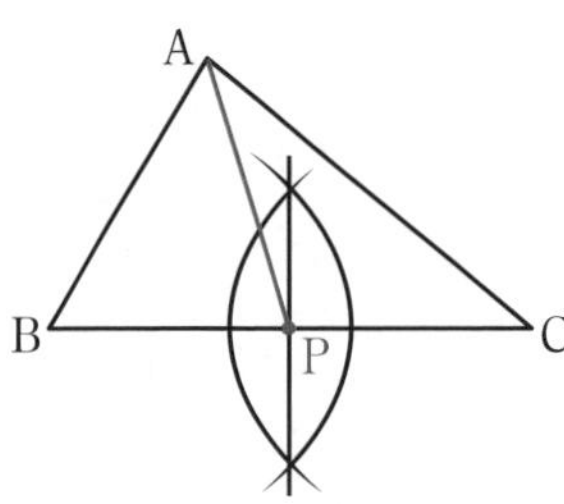

7　角の2辺から等しい距離にあるのは，角の二等分線上の点。

∠ABCの二等分線と辺ACとの交点がPである。

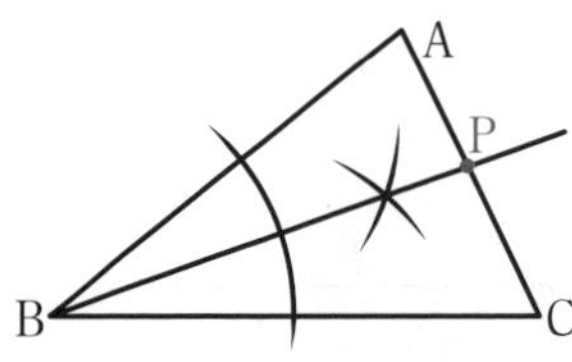

8(1)　弧の長さ

$$(2\pi\times4)\times\frac{45}{360}$$

$$=8\pi\times\frac{1}{8}$$

$$=\pi\ (\text{cm})$$ 答

面積

$$(\pi\times4^2)\times\frac{45}{360}$$

$$=16\pi\times\frac{1}{8}$$

$$=2\pi\ (\text{cm}^2)$$ 答

(2)　弧の長さ

$$(2\pi\times6)\times\frac{240}{360}$$

$$=12\pi\times\frac{2}{3}$$

$$=8\pi\ (\text{cm})$$ 答

面積

$$(\pi\times6^2)\times\frac{240}{360}$$

$$=36\pi\times\frac{2}{3}$$

$$=24\pi\ (\text{cm}^2)$$ 答

9(1)　中心角をx°とする。

$$(2\pi\times9)\times\frac{x}{360}=4\pi$$

πでわる

$$18\times\frac{x}{360}=4$$

約分

$$\frac{x}{20}=4$$

20倍

$$x=80$$

答　80°

(2)　中心角をx°とする。

$$(\pi\times6^2)\times\frac{x}{360}=12\pi$$

πでわる

$$36\times\frac{x}{360}=12$$

約分

$$\frac{x}{10}=12$$

10倍

$$x=120$$

答　120°

10(1)　長方形の面積に半円2つの面積をたす。

$$(4\times6)+(\pi\times2^2)\times\frac{1}{2}\times2$$

$=24+4\pi\ (\text{cm}^2)$ 答

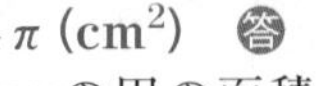

(2) 半径4cmの円の面積から，半径2cmの円の面積をひく。

$$\pi\times4^2-\pi\times2^2$$
$$=16\pi-4\pi$$

$=12\pi\ (\text{cm}^2)$ 答

平面図形まとめ 定期テスト対策B

1 (1)③，(2)⑤，(3)②，④，⑥

図形の向きに注意する。

2 2点から等しい距離にある点は，その2点を両端とする線分の垂直二等分線上にある。

線分ABの垂直二等分線と線分BCの垂直二等分線の交点をPとすれば，

PA＝PB，PB＝PCより

PA＝PB＝PC　となる。

線分ACの垂直二等分線を用いてもよい。

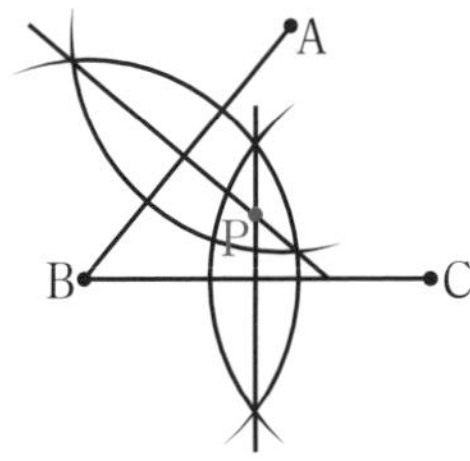

3 折り目の線によって，∠ABCが二等分されると，辺ABと辺CBが重なる。よって，∠ABCの二等分線が折り目の線である。

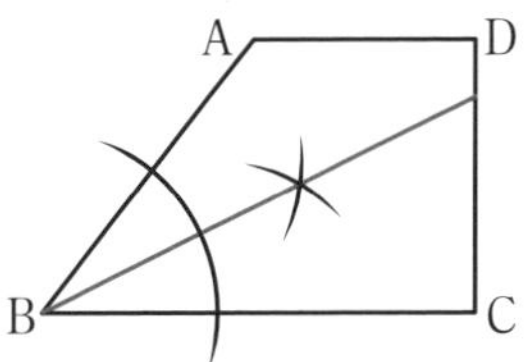

4 円の中心と接点を結んだ線分(半径)と直線ABは垂直である。

よって，Pから直線ABの垂線を立て，直線ACとの交点を中心Oとすればよい。

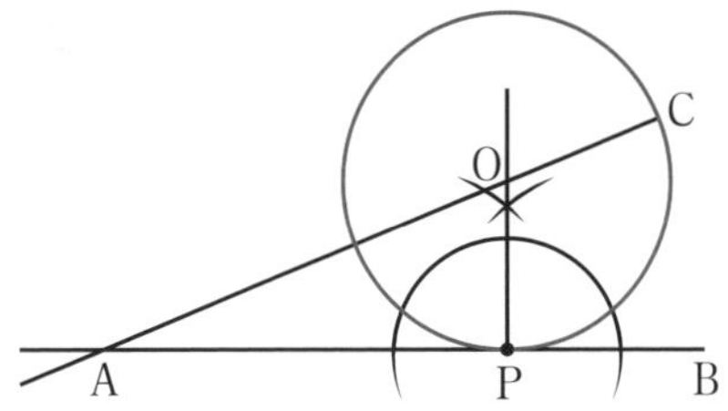

5 半直線OAをOの方に延長して直線にする。

Oからこの直線の垂線を立て，左の直角を二等分すれば，

∠BOA＝90°＋45°＝135°となる。

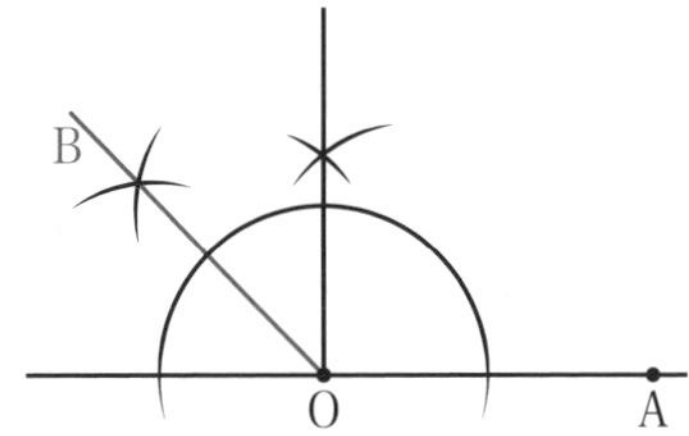

6 弧の長さ

$$\left(2\pi\times\frac{9}{2}\right)\times\frac{120}{360}$$
$$=9\pi\times\frac{1}{3}$$

$=3\pi\ (\text{cm})$ 答

面積

$$\pi\times\left(\frac{9}{2}\right)^2\times\frac{120}{360}$$
$$=\frac{81}{4}\pi\times\frac{1}{3}$$

$=\frac{27}{4}\pi\ (\text{cm}^2)$ 答

7 中心角

中心角をx°とする。

$$(\pi\times4^2)\times\frac{x}{360}=10\pi$$

$$16\times\frac{x}{360}=10$$

$$16x=3600$$

$$x=225$$ 答　225°

弧の長さ

$$(2\pi\times4)\times\frac{225}{360}$$

$$=8\pi\times\frac{5}{8}$$

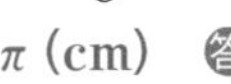

$=5\pi$ (cm)　答

8(1)　半径8cm，中心角90°のおうぎ形の面積から，半円の面積をひく。

$$(\pi\times8^2)\times\frac{90}{360}-(\pi\times4^2)\times\frac{1}{2}$$

$$=64\pi\times\frac{1}{4}-16\pi\times\frac{1}{2}$$

$$=16\pi-8\pi$$

$=8\pi$ (cm^2)　答

(2)　正方形の面積から，中心角90°のおうぎ形2つ分の面積をひく。

$$4\times4-(\pi\times2^2)\times\frac{90}{360}\times2$$

$$=16-4\pi\times\frac{1}{4}\times2$$

$=16-2\pi$ (cm^2)　答

(3)　三角形－おうぎ形で求める。

$$4\times4\times\frac{1}{2}-(\pi\times4^2)\times\frac{45}{360}$$

$$=8-16\pi\times\frac{1}{8}$$

$=8-2\pi$ (cm^2)　答

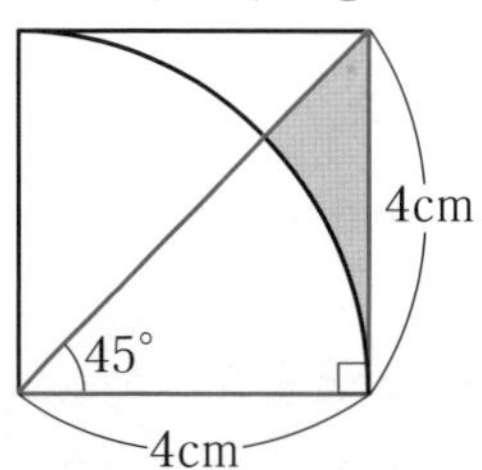

(4)　次の図で，赤い線で囲まれた図形は，おうぎ形CBD－△CBDで求められる。

$$(\pi\times6^2)\times\frac{90}{360}-6\times6\times\frac{1}{2}$$

$$=36\pi\times\frac{1}{4}-18$$

$=9\pi-18$ (cm^2)

求める面積はその2倍だから，

$2(9\pi-18)=18\pi-36$ (cm^2)　答

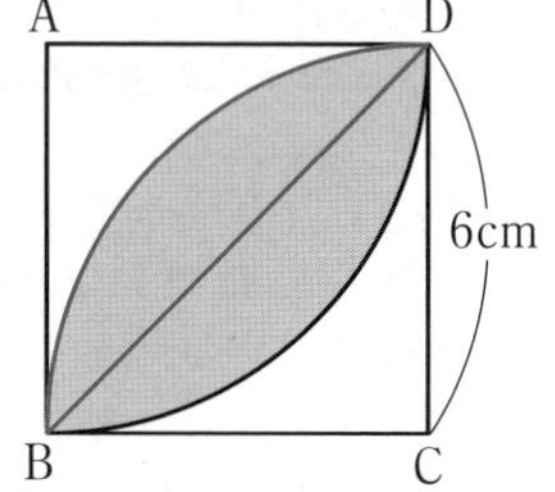

第6章 空間図形

確認問題 68

面の数…底面が2枚，側面が6枚で計8枚

辺の数…底面に6本ずつで12本，側面に6本で計18本

頂点の数…底面に6個ずつで12個

答 **面の数8，辺の数18，頂点の数12**

確認問題 69

名　称	正四面体	正六面体	正八面体	正十二面体	正二十面体
面の形	正三角形	正方形	正三角形	正五角形	正三角形
1つの頂点に集まる面の数	3	3	4	3	5

確認問題 70

名称	正四面体	正六面体	正八面体	正十二面体	正二十面体
面の数	4	6	8	12	20
面の形	正三角形	正方形	正三角形	正五角形	正三角形
1つの頂点に集まる面の数	3	3	4	3	5
辺の数	6	12	12	30	30
頂点の数	4	8	6	20	12

たとえば，正二十面体の辺の数は，$3\times20\div2=30$，頂点の数は，$3\times20\div5=12$

確認問題 71

(1) 辺ABと交わらない面で，
面DEF 答

(2) AB⊥BE，
AB⊥BCより，
AB⊥面BCFE
答 **面BCFE**

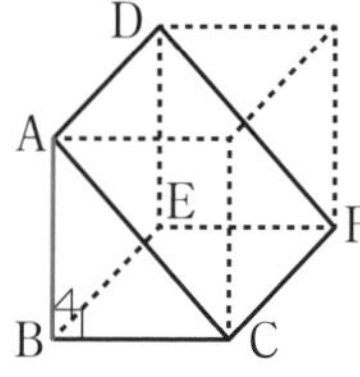

確認問題 72

(1) **辺DE**

(2) 面ABEDで，AB⊥DA，AB⊥EB
面ABCで，AB⊥CB
よって，**辺DA，辺EB，辺CB** 答

(3) 辺ABと同じ平面にない辺を求めて，辺DF，辺CF，辺EF

または，平行な辺，交わる辺に×印をつけ，それ以外を求める。

答 **辺DF，辺CF，辺EF**

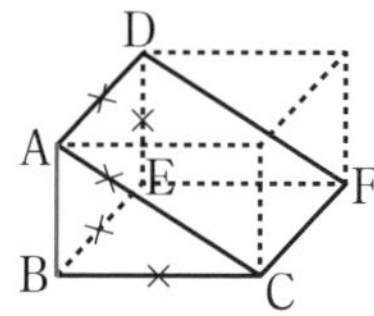

確認問題 73

(1) すべての面が正方形なので，**立方体** 答 正六面体でもよい。

(2) 底面が円の錐体なので，**円錐** 答

(3) 底面が六角形の錐体なので，
(正)六角錐 答

確認問題 74

(1) 平面図が三角形，立面図が二等辺三角形より，**(正)三角錐** 答

(2) 平面図が四角形，立面図が長方形より，**四角柱** 答

(3) 平面図も立面図も円なので，**球** 答

確認問題 75

(1) 底面が長方形の四角錐。

$$(3\times4)\times5\times\frac{1}{3}=20\ (\text{cm}^3)$$ 答

(2) 底面は，上底4cm，下底6cm，高さ3cmの台形だから，底面積は

$$(4+6)\times3\times\frac{1}{2}=15\text{cm}^2$$

四角柱だから，

$15\times6=90\ (\text{cm}^3)$ 答

(3) 底面は半円　$\pi\times4^2\times\frac{1}{2}\times10$

$=80\pi\ (\text{cm}^3)$ 答

確認問題 76

(1)　底面積は$8\times15\times\frac{1}{2}=60$ (cm^2)

側面の長方形の横の長さは，底面の周と等しく，$8+15+17=40$cm

よって，側面積は$12\times40=480$ (cm^2)

(表面積) $=60\times2+480$

$=$ **600 (cm^2)**　答

(2)　底面積は$\pi\times4^2=16\pi$ (cm^2)

側面の長方形の横の長さは，底面の円周と等しいので，

$2\pi\times4=8\pi$ (cm)

よって，

(側面積) $=10\times8\pi=80\pi$ (cm^2)

(表面積) $=16\pi\times2+80\pi$

$=$ **112π (cm^2)**　答

確認問題 77

(1)　中心角は，$360°\times\frac{底面の半径}{母線}$より，

$360°\times\frac{4}{8}=$ **180°**　答

(2)　底面積は，$\pi\times4^2=16\pi$ (cm^2)

側面積は，

$\pi\times8^2\times\frac{180}{360}=32\pi$ (cm^2)

よって，

(表面積) $=16\pi+32\pi$

$=$ **48π (cm^2)**　答

確認問題 78

(1)　(体積) $=\frac{4}{3}\pi\times6^3$

$=$ **288π (cm^3)**　答

(表面積) $=4\pi\times6^2$

$=$ **144π (cm^2)**　答

(2)　球の$\frac{1}{4}$の立体

(体積) $=\left(\frac{4}{3}\pi\times3^3\right)\times\frac{1}{4}$

$=$ **9π (cm^3)**　答

表面積は，球の$\frac{1}{4}$の曲面の面積に，半円2つ分の面積を加える。

よって，

(表面積) $=(4\pi\times3^2)\times\frac{1}{4}$

$+(\pi\times3^2)\times\frac{1}{2}\times2$

$=9\pi+9\pi$

$=$ **18π (cm^2)**　答

トレーニング 15

1(1)　$3\times4\times5=$ **60 (cm^3)**　答

(2)　$\left(5\times6\times\frac{1}{2}\right)\times8\times\frac{1}{3}$

$=$ **40 (cm^3)**　答

(3)　$(\pi\times5^2)\times9=$ **225π (cm^3)**　答

(4)　$(\pi\times6^2)\times9\times\frac{1}{3}$

$=$ **108π (cm^3)**　答

2(1)　(底面積) $=14\times12\times\frac{1}{2}$

$=84$ (cm^2)

(側面積) $=20\times(13+14+15)$

$=840$ (cm^2)

よって，

(表面積) $=84\times2+840$

$=$ **1008 (cm^2)**　答

(2)　(底面積) $=6\times6=36$ (cm^2)

(側面積) $=\left(6\times8\times\frac{1}{2}\right)\times4$

$=96$ (cm^2)

よって，

(表面積) $=36+96$

$=$ **132 (cm^2)**　答

(3)　(底面積) $=\pi\times5^2=25\pi$ (cm^2)

側面の長方形の横の長さは底面の円周に等しく，

$2\pi\times5=10\pi$ (cm)

よって，

(側面積) $=12\times10\pi$

$=120\pi\,(\mathrm{cm}^2)$
(表面積) $=25\pi\times2+120\pi$
$=\mathbf{170\pi\,(cm^2)}$ 答

3(1)　(中心角) $=360^\circ\times\dfrac{5}{12}=\mathbf{150^\circ}$ 答

(2)　(底面積) $=\pi\times5^2=25\pi\,(\mathrm{cm}^2)$

(側面積) $=(\pi\times12^2)\times\dfrac{150}{360}$
$=60\pi\,(\mathrm{cm}^2)$

よって,
(表面積) $=25\pi+60\pi$
$=\mathbf{85\pi\,(cm^2)}$ 答

4　球の$\dfrac{3}{4}$の立体

(体積) $=\left(\dfrac{4}{3}\pi\times4^3\right)\times\dfrac{3}{4}$
$=\mathbf{64\pi\,(cm^3)}$ 答

表面積は, 曲面に, 半径4cmの半円2つ分の面積を加える。
よって,

(表面積) $=(4\pi\times4^2)\times\dfrac{3}{4}$
$+(\pi\times4^2)\times\dfrac{1}{2}\times2$
$=48\pi+16\pi$
$=\mathbf{64\pi\,(cm^2)}$ 答

空間図形まとめ　定期テスト対策 A

1(1)　平面だけで囲まれた立体だから,
ア, イ, オ, カ 答

(2)　角錐だから, **イ, カ** 答

(3)　柱体だから, **ア, ウ, オ** 答

2(1)　ア　**合同**　　イ　**正多角形**
ウ　**面**

(2)　エ　**正四面体**　　オ　**正八面体**
カ　**正二十面体**

3(1)　**面の数5, 辺の数9, 頂点の数6**

(2)　**面の数6, 辺の数10, 頂点の数6**

4

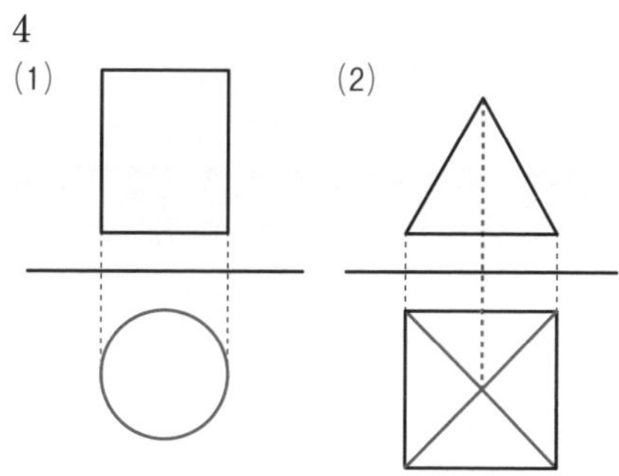

5　平行な面…**面EFGH**
垂直な面…**面AEFB, 面BFGC, 面CGHD, 面DHEA**

6(1)　**辺AD, 辺CF**

(2)　**辺AB, 辺DE, 辺CB, 辺FE**

(3)　**辺AC, 辺DF**

7(1)　$\left(8\times3\times\dfrac{1}{2}\right)\times6=\mathbf{72\,(cm^3)}$ 答

(2)　$(\pi\times5^2)\times4=\mathbf{100\pi\,(cm^3)}$ 答

(3)　$(5\times5)\times6\times\dfrac{1}{3}=\mathbf{50\,(cm^3)}$ 答

8(1)　底面積は$12\times9\times\dfrac{1}{2}=54\,(\mathrm{cm}^2)$

側面積は,
$10\times(12+9+15)=360\,(\mathrm{cm}^2)$
よって,
(表面積) $=54\times2+360$
$=\mathbf{468\,(cm^2)}$ 答

(2)　(底面積) $=\pi\times3^2=9\pi\,(\mathrm{cm}^2)$,
(側面積) $=8\times(2\pi\times3)$
$=48\pi\,(\mathrm{cm}^2)$
よって,
(表面積) $=9\pi\times2+48\pi$
$=\mathbf{66\pi\,(cm^2)}$ 答

9(1)　(中心角) $=360^\circ\times\dfrac{4}{9}=\mathbf{160^\circ}$ 答

(2)　(底面積) $=\pi\times4^2=16\pi\,(\mathrm{cm}^2)$

(側面積) $=(\pi\times9^2)\times\dfrac{160}{360}$
$=36\pi\,(\mathrm{cm}^2)$

よって，
(表面積) $=16\pi+36\pi$
$=52\pi\ (\mathrm{cm}^2)$ 答

空間図形まとめ　定期テスト対策B

1(1) 正四面体，正八面体，正二十面体
(2) 正四面体，正六面体，正十二面体

2(1) 辺EF，辺FG，辺HG，辺EH
(2) 辺DC，辺EF，辺HG
(3) 辺AEと辺BFは，延長すると交わる。平行な辺，交わる辺を除いて，辺AD，辺EH，辺DC，辺HG，辺DH 答

3

	正四面体	正八面体	正十二面体
面の数	4	8	12
面の形	正三角形	正三角形	正五角形
1つの頂点に集まる面の数	3	4	3
辺の数	$3\times4\div2$ $=6$	$3\times8\div2$ $=12$	$5\times12\div2$ $=30$
頂点の数	$3\times4\div3$ $=4$	$3\times8\div4$ $=6$	$5\times12\div3$ $=20$

4(1) 底面の半径3cmより，
$6\times(2\pi\times3)=36\pi\ (\mathrm{cm}^2)$ 答
(2) 球の半径3cmより，
$4\pi\times3^2=36\pi\ (\mathrm{cm}^2)$ 答
球の表面積は，それがちょうど入る円柱の側面積と常に等しい。

5(1) 底面の半径2cmの円柱だから，
$(\pi\times2^2)\times5=20\pi\ (\mathrm{cm}^3)$ 答
(2) (底面積) $=\pi\times2^2=4\pi\ (\mathrm{cm}^2)$，
(側面積) $=5\times(2\pi\times2)$
$=20\pi\ (\mathrm{cm}^2)$
よって，
(表面積) $=4\pi\times2+20\pi$
$=28\pi\ (\mathrm{cm}^2)$ 答

6 (底面積) $=\pi\times3^2=9\pi\ (\mathrm{cm}^2)$
側面のおうぎ形の中心角は，
$360^\circ\times\dfrac{3}{6}=180^\circ$ より，
(側面積) $=(\pi\times6^2)\times\dfrac{180}{360}$
$=18\pi\ (\mathrm{cm}^2)$
よって，
(表面積) $=9\pi+18\pi$
$=27\pi\ (\mathrm{cm}^2)$ 答

7 半球と円錐がくっついた立体ができる。
$$\left(\frac{4}{3}\pi\times3^3\right)\times\frac{1}{2}+(\pi\times3^2)\times4\times\frac{1}{3}$$
$=18\pi+12\pi$
$=30\pi\ (\mathrm{cm}^3)$ 答

8 大きい円錐の体積から，小さい円錐の体積をひいて求める。
$$(\pi\times6^2)\times10\times\frac{1}{3}-(\pi\times3^2)\times5\times\frac{1}{3}$$
$=120\pi-15\pi$
$=105\pi\ (\mathrm{cm}^3)$ 答

第7章 データの整理と確率

確認問題 79

(1) (値の合計)÷20で求められる。
$72 \div 20 = 3.6$　答 3.6(点)

(2) 最も多く現れたのは5なので,
最頻値は5(点)　答

(3) 小さい順に並べかえる。
1 1 1 2 2 2 3 3 3 ③
④ 4 5 5 5 5 5 6 6 6
度数が20で偶数なので,○印をつけた10番目と11番目の平均が中央値となる。よって,3.5(点)　答

確認問題 80

(1) 4kg

(2) 32kg以上36kg未満の階級

(3)

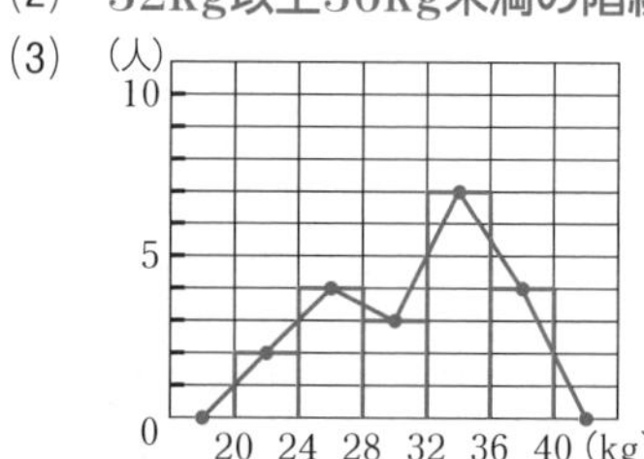

確認問題 81

階級値を用いて求める。
$(7\times5+9\times8+11\times12+13\times4+15\times1)\div30=10.2$(℃)　

確認問題 82

(1)①

階級(分)	相対度数	
	A中	B中
5以上10未満	0.20	0.40
10 ～15	0.26	0.28
15 ～20	0.34	0.14
20 ～25	0.13	0.12
25 ～30	0.07	0.06
計	1.00	1.00

(2)②

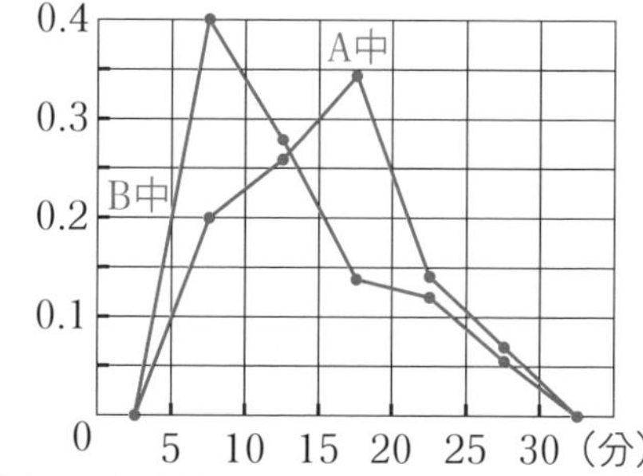

(3) A中学校

確認問題 83

(1)

投げた回数	20	100	200	500	1000
表が出た回数	8	39	79	191	381
表が出た相対度数	0.40	0.39	0.40	0.38	0.38

(2) 1000回投げたときの相対度数で,
0.38　答

データの整理と確率 定期テスト対策A

1

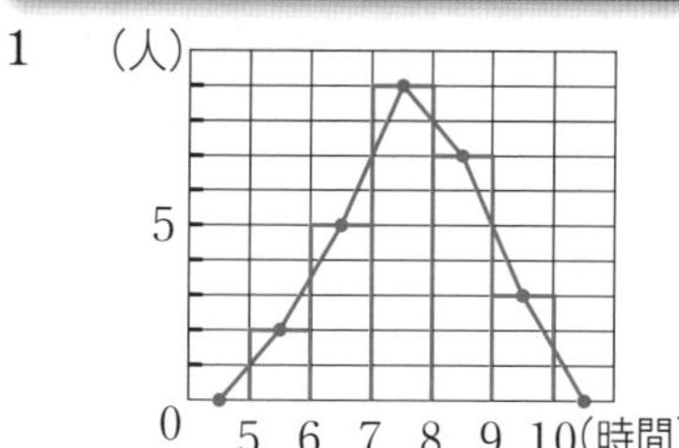

2

階級(点)	度数(人)
40以上 50未満	1
50 ～ 60	2
60 ～ 70	4
70 ～ 80	7
80 ～ 90	4
90 ～100	2
計	20

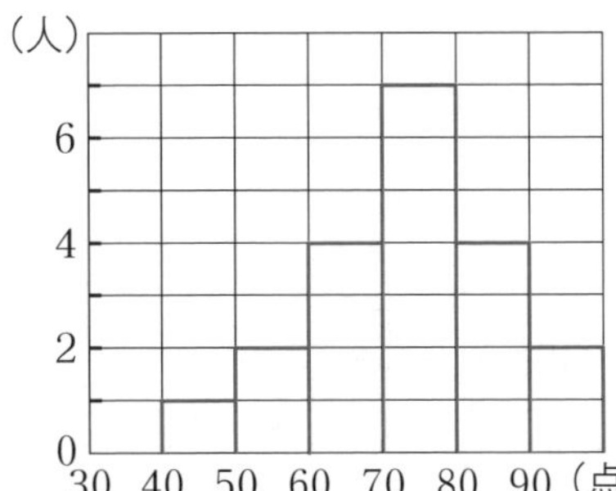

3 階級値を用いる。

(1×6+3×8+5×10+7×4+9×2)÷30=**4.2(冊)** 答

4(1) **4m**

(2)

階級(m)	度数(人)	累積度数
6以上10未満	2	2
10 ～14	7	9
14 ～18	10	19
18 ～22	16	35
22 ～26	5	40
計	40	

(3) 14m以上18m未満の階級の累積度数なので，**19人** 答

5(1)

階級(分)	度数(人)	相対度数	累積相対度数
0以上 5未満	4	0.10	0.10
5 ～10	8	0.20	0.30
10 ～15	10	0.25	0.55
15 ～20	12	0.30	0.85
20 ～25	4	0.10	0.95
25 ～30	2	0.05	1.00
計	40	1.00	

(2) 15分以上20分未満の階級の累積相対度数0.85より，**85%** 答

6

投げた回数	20	50	100	200	1000
上向きの回数	6	16	33	64	311
上向きの相対度数	0.30	0.32	0.33	0.32	0.31

一番回数の多いときの相対度数を確率とみなすので，確率は**0.31** 答

データの整理と確率 定期テスト対策B

1(1) **30分**

(2) 90分以上120分未満の階級で，最頻値はその階級値を答えるので，**105分** 答

(3)

階級(分)	Aグループ相対度数	Bグループ相対度数
30以上 60未満	0.04	0.05
60 ～ 90	0.16	0.10
90 ～120	0.32	0.20
120 ～150	0.24	0.25
150 ～180	0.20	0.35
180 ～210	0.04	0.05
計	1.00	1.00

(4)

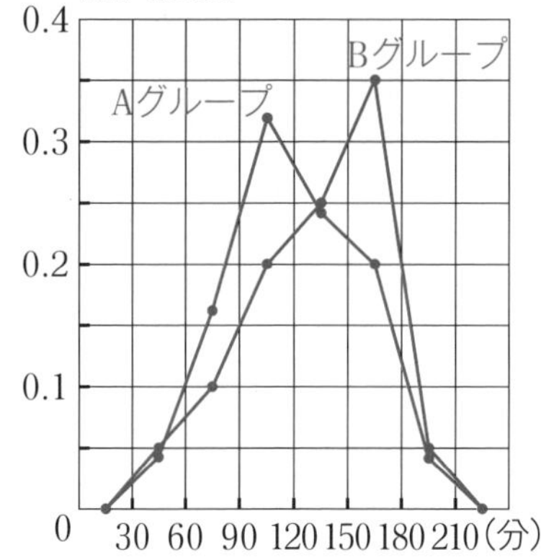

(5) **Bグループ**

2(1)

階級(kg)	度数(人)	累積度数(人)
16以上20未満	10	10
20 ～24	35	45
24 ～28	53	98
28 ～32	72	170
32 ～36	45	215
36 ～40	35	250
計	250	

(2) 累積度数より，150番目の生徒は**28kg以上32kg未満の階級** 答

3(1)

階級(分)	度数(人)	相対度数	累積相対度数
0以上 20未満	6	0.12	0.12
20 ～ 40	10	0.20	0.32
40 ～ 60	12	0.24	0.56
60 ～ 80	13	0.26	0.82
80 ～100	5	0.10	092
100 ～120	4	0.08	1.00
計	50	1.00	

(2) 40分以上60分未満の階級の累積相対度数0.56より，**56%** 答

4

投げた回数	10	20	50	100
5か6が出た回数	4	7	16	34
5か6が出た相対度数	0.40	0.35	032	0.34

さいころの目の出方は6通り。5と6の目の出方は2通りなので，

$\frac{2}{6}=\frac{1}{3}$ 答

MEMO

カバーイラスト：日向あずり
本文イラスト（顔アイコン）：けーしん
本文デザイン：田中真琴（タナカデザイン）
校正：多々良拓也，友人社
組版：ニッタプリントサービス

●著者紹介

横関俊材（よこぜき　としき）
　学校法人河合塾数学科講師。
　薬学部卒業後、大手製薬会社の学術部で10年間勤務し、生徒に教えることが好きで河合塾講師に転身。わかりやすい授業・成績を伸ばす指導に定評があり、生徒・保護者からの信頼も厚い。河合塾の教室長を長年勤め、難関高校に多くの中学生を合格させてきた実績がある。
　現在は、中学生の指導を続けつつ、河合塾における講師研修の中心者としても活躍している。

中1数学が面白いほどわかる本

2021年1月29日　初版発行
2022年6月25日　再版発行

著者／横関 俊材

発行者／青柳 昌行

発行／株式会社KADOKAWA
〒102-8177　東京都千代田区富士見2-13-3
電話 0570-002-301(ナビダイヤル)

印刷所／株式会社加藤文明社印刷所

●お問い合わせ
https://www.kadokawa.co.jp/（「お問い合わせ」へお進みください）
※内容によっては、お答えできない場合があります。
※サポートは日本国内のみとさせていただきます。
※Japanese text only

定価はカバーに表示してあります。

ISBN 978-4-04-604771-7　C6041